生产经营单位全员安全培训系列教材

交通运输与物流仓储安全知识读本

《生产经营单位全员安全培训系列教材》编委会

主　编：王海勇

副主编：梁　锋

审　订：刘　博

气象出版社
China Meteorological Press

内容提要

本书旨在提高交通运输与仓储物流业员工的安全素质和能力，保障交通运输与仓储物流业生产经营单位的安全生产。本书主要介绍了交通运输与物流仓储法律法规、通用安全生产基础知识、交通运输安全基本知识、物流仓储安全、交通事故的预防与处理、现场紧急救护与紧急处置基本知识等内容，并附有交通运输与物流仓储行业的典型事故案例。本书可供交通运输与仓储物流业员工培训使用，也可供安全生产管理人员工作参考。

图书在版编目(CIP)数据

交通运输与物流仓储安全知识读本/王海勇主编.
北京：气象出版社，2013.7
生产经营单位全员安全培训系列教材
ISBN 978-7-5029-5737-7

Ⅰ.①交… Ⅱ.①王… Ⅲ.①交通运输安全-安全培训-教材 ②物流-仓库管理-安全培训-教材 Ⅳ.①U491 ②F253.4

中国版本图书馆 CIP 数据核字(2013)第 140920 号

出版发行：气象出版社
地　　址：北京市海淀区中关村南大街 46 号　　**邮政编码**：100081
总 编 室：010-68407112　　**发 行 部**：010-68409198，68407948
网　　址：http://www.cmp.cma.gov.cn　　**E-mail**：qxcbs@cma.gov.cn
策　　划：彭淑凡　　**责任编辑**：郭健华
终　　审：章澄昌　　**责任技编**：吴庭芳
封面设计：燕　彤
印　　刷：北京京科印刷有限公司
开　　本：850 mm×1168 mm　1/32　　**印　　张**：10.5
字　　数：270 千字
版　　次：2013 年 8 月第 1 版　　**印　　次**：2013 年 8 月第 1 次印刷
定　　价：25.00 元

前 言

随着我国经济的迅速发展,物流作为一个独特的产业正受到高度的重视。交通运输和物流有着非常密切的关系,而且利用交通运输业独特的优势发展现代物流将成为我国交通运输业的一个新的经济增长点。从宏观物流来看,现代社会的物流系统非常庞大和复杂。经物流过程,不可胜数的原材料流入工业化国家庞大的制造体系中,然后通过千千万万的市场营销渠道,把各种各样的产品配送到亿万顾客手中,原材料从产地到车间、成品从车间到消费地的流动,形成了一个巨大的经济体系和关系链。交通运输业自身拥有先天优势,在物流活动中,运输始终处于核心地位。运输承担了物品在空间各个环节的位置转移任务,解决了供给者和需求者之间场所分离的问题,是物流创造"空间效应"的主要功能要素,具有以时间效用(速度)换取空间效用的特殊功能,也是城市、区域、国家以及国际物流发展的驱动器。国内运输企业存在的问题大多是规模小,经济效益差,结构雷同,经营分散,资金匮乏,技术落后,缺乏活力和竞争力;硬件配置不佳,自货自运比例过大,非专业运力发展过快;专业运输所占比例过低;技术状况差,现代化、专业化的运输队伍数量少;管理观念落后,管理体制滞后。由于存在上述问题,交通运输与物流业一直以来事故频发。如何提高企业员工安全素质与能力,提升企业安全管理水平,是摆在我们面前迫切需要解决的问题。

本文从交通运输与物流仓储法律法规入手,首先简要介绍了安全生产基础知识,涉及安全标志、培训、劳动防护用品、用电安全、消防、危险化学品、高处作业和搬运等基本安全知识；在第三章交通运输安全基本知识中，介绍了从业人员基本安全素质要求和车辆安全管理要求，并分专业介绍了旅客运输、货物运输、水运、航空运输及铁路运输安全基本知识；第四章物流仓储安全，从物流仓储人员基本素养、物流仓储作业安全及仓库防火安全等方面论述了物流仓储安全管理的基本内容；第五章交通事故的预防与处理，介绍了交通事故预防和事故现场处理基本知识，同时还介绍了交通事故理赔基本知识与处理流程；第六章现场紧急救护与紧急处置基本知识，介绍了交通物流常见职业伤害的救护与处理基础知识，涉及中毒、触电、烧（烫）伤和中暑处理的相关知识；最后一章，则以事故案例的形式剖析了事故发生的原因、事故处理结果、相关整改措施以及提升管理的相关建议。本书从安全管理和技术的角度，全面论述了交通物流业相关的安全知识，对于提高企业员工安全素质与能力，提升企业安全管理水平具有重要的意义。

在本书编写的过程中，得到了我的家人、同事和朋友的大力支持与帮助。其中，第五章和第六章主要由梁锋执笔，第二章和第七章由同事王真进行资料收集和整理，第三章得到了中国民航大学杜红兵教授的指导与帮助，全书由刘博同志审订。还有许多为本书的编写提供宝贵建议和帮助的专家，由于篇幅所限，无法一一列举，在此一并表示感谢！

由于笔者时间和水平有限，错误之处在所难免，恳请广大读者批评指正！

王海勇

2013 年 6 月

目　录

第一章　交通运输与物流仓储法律法规

第一节　我国的安全生产方针

一、安全生产方针的由来

我国安全生产方针的提出与周恩来总理密切相关。1957 年，周恩来总理为中国民航题词“保证安全第一，改善服务工作，争取飞行正常”；1959 年周恩来总理视察河北井陉煤矿时，再次强调安全第一；1979 年，当时的航空工业部在一份工作文件中正式把“安全第一、预防为主”作为安全工作的指导思想；1983 年 5 月 18 日，国务院发布文件，进一步明确“安全第一、预防为主”的指导思想；1987 年 3 月 26 日，原国家劳动部在全国劳动安全监察工作会议上，正式决定将“安全第一、预防为主”作为我国安全生产工作的方针；2002 年《安全生产法》第一次以法律的形式将这一方针予以确定，称为“八字方针”。

随着社会经济的发展，人们对安全生产的规律有了更深刻的认识，对如何做好安全工作也有了全新的视角。2005 年，党的十六届五中全会在总结我国安全生产工作经验的基础上，正式提出了“安全第一、预防为主、综合治理”的工作方针，明确要求坚持“安全发展”；随后，我国《国民经济和社会发展第十一个五年规划纲要》重申了这一安全生产工作方针;2006 年 3 月 27 日,中央政治局进行第三次集体学习,胡锦涛同志再次强调了这一方针;2006 年 10 月,党的十六届六中全会把这一方针确定为构建社会主义和谐社会的重要措施。至此,“安全第一、预防为主、综合治理”这一安全生产的“十二字”方针正式确立。

二、对安全生产方针的理解与认识

1.“安全第一”

(1)“安全第一”的含义

“安全第一”是安全生产方针的基础。其含义指安全生产是一切经济部门和生产企业的头等大事,在经济建设、科技研究、社会生活、商贸经营过程中,要求组织者、指挥者、管理者和直接参与生产劳动、社会实践的人们都必须牢固树立安全第一的思想,始终把安全放在首位,自觉地把贯彻安全生产方针当作应尽的义务和神圣的职责。当安全与生产发生矛盾时,必须首先解决安全问题,保证劳动者在安全的条件下进行生产劳动,保障其生产及活动不会对周围人身及环境产生危害。只有在保证安全的前提下,生产才能正常地进行下去,才能充分发挥职工的生产积极性,提高劳动生产率,促进经济建设的发展和保持社会稳定。

(2)“安全第一”生产方针的考核

“安全第一”是否真正落到实处,可从如下几点进行考核:

①把“安全第一”作为生产的指导思想和行动准则,把劳动者的安全与健康放在第一位。在生产过程中,要树立起人是最宝贵、人的生命是最重要的思想,心须把保护职工的生命安全和身体健康作为首要的工作来抓。这是因为人是生产力中的决定因素,生产是靠人去进行的,劳动者的工作环境、安全状况和生产积极性直接影响劳动生产率。

②在规划、组织和从事生产时,必须首先认真分析生产过程中存

在或可能发生的危险，并分析存在的有害因素的类别、数量、性质和危害程度以及危害的途径与后果、可能产生危险和有害作用的过程、设备、场所、物料、对象和环境。简言之，危险预知是第一位的，因为这是有针对性地采取有效预防措施的前提，只有了解在安全方面存在什么问题才能有针对性地去解决。

③各岗位上的生产人员，必须首先接受安全教育，并经考核合格才能上岗。在各自岗位上进行生产时，必须把遵守各项安全生产制度、严格执行安全操作规程摆在第一位，不得违章作业、冒险蛮干。

④当生产与安全发生矛盾时，必须坚持"生产服从安全"的原则，把安全作为一切工作的前提条件，在确保安全的情况下才能进行生产。在处理生产与安全的矛盾时，不能把安全与生产对立起来，顾此失彼。

⑤是否注重安全投入，安全经费是否有制度保障。

⑥是否建立了安全责任制，行政首长对安全负第一位的责任是否落到实处。

⑦在评价生产工作时，实行安全"一票否决权"。安全生产搞不好的单位不能获评先进，安全生产抓不好的领导不能算是称职的领导。

(3)安全与生产之间的关系

安全与生产是辩证统一的关系。安全是人类生存与发展活动中永恒的主题，也是当今乃至未来人类社会重点关注的主要问题之一。人类在不断地发展进化的同时，也一直与生存发展活动中所存在的安全问题进行着不懈的斗争。人类对安全的认识和重视度是与社会的发展和文明进化成正比的。安全是一个相对的概念，危险性是对安全性的隶属度，当危险性低于某种程度时，人们就认为是安全的。安全与生产是始终形影不离的一对孪生姐妹，只是人们如何通过科学的认识、判断和决策，将安全风险控制在许可的范围之内，以求得经济利益的最大化。如一艘船舶载货航行于某一特定的航区，如果干舷比证书规定的还要高，显然安全系数大，但经济效益低；相反，如果超载，单位效益高，可是却带来极大的安全风险，亦有可能酿成灾难。因此，正确处理二者的辩证统一关系，明确“生产必须安全，安全促进生产”的道理至关重要。

“安全第一”是指在生产经营活动中始终把安全问题放在所有问题之前，当安全与生产发生矛盾时，实行安全优先原则。抓生产的同时必须抓安全，在生产活动中把安全工作放在首位，实现安全工作的三个转变：即从事故后的处理向事故前的预测、预防转变；从定性管理向定量管理转变；从传统管理向现代科学管理转变。

2.“预防为主”

(1)“预防为主”的含义

“预防为主”其基本出发点源自生产过程中的事故是能够预防的观点。除了自然灾害之外，凡是由于人类自身的活动造成的危害，总有其产生的因果关系。探索事故的原因，采取有效的对策，原则上讲就能够预防事故的发生。事故是由隐患转化为危险，再由危险转化为事故的。隐患是事故的源头，危险是隐患转化为事故过程中的一种状态。要避免事故，就要控制这种“转化”，把事故消灭在萌芽状态。

(2)事故可预防性理论

根据事故特性的研究分析，可认识到事故有如下性质：

①事故的因果性。

②事故的随机性。

③事故的潜伏性。

④事故的可预防性。

(3)事故的预防对策

①事故的宏观预防对策：安全法制对策；工程技术对策；安全管理对策；安全教育对策。

②人为事故的预防对策：强化人的安全行为，预防事故发生；改

变人的异常行为，控制事故发生。

③设备因素导致事故的预防对策。

④环境因素导致事故的预防对策。

⑤时间因素导致事故的预防对策。

(4)“预”与“防”之间的关系

“预防为主”是安全生产方针的核心和具体体现，是实施安全生产的根本途径。安全工作千头万绪，必须始终将“预防”作为首要任务予以统筹考虑。除了自然灾害造成的事故以外，任何生产事故都是可以预防的。关键的是，必须将安全工作的立足点纳入“预防为主”的轨道，防患于未然。

预：预先，事先，在事情发生或进行之前预备、预测、预报、预防。以施工作业安全而言，必须预先分析危险点、危险源、危险场地、危险对象，预测和评价危害程度，发现和掌握危险呈现的时间、过程和演变规律，划分等级，分责控制，采取科学手段、措施，把可能导致事故发生的所有机理或因素消除在事故发生之前。

防：预先做好准备以避免损失，加以防备、防守、防护、防范，进行科学决策。针对预先分析的各种危险点、危险源、危险场地、危险对象及危害程度，研究制定科学的防护技术措施和管理手段，把危险转化为安全或将事故的危害程度控制在可接受水平范围内，达到最佳的安全效果。

“预防”应含有“预”和“防”两层意思，预在先，防在后。“预”指预测和预报，它需要科技监测、分析论证及逻辑推理；“防”则需要投入及行动。对于可预知的安全问题，必须设法防范；对于没有办法或暂时不能防范的，必须以“止”代“防”，“止”是无奈之下的“防”，如禁止作业、禁止放炮等，故称“防止”；对于目前暂时没法或没有把握预知的安全问题，只能采取制定应急预案的办法。预测需要科技，防范也需要科技，安全科技发展是实现预防效果的基本条件，而安全投入则是安全科技发展的必要条件。坚持预防为主，就是把安全生产工作的关口前移，超前防范，建立预教、预测、预想、预报、预警、预防的递进式、立体化事故隐患预防体系，改善安全状况，预防安全事故。在新时期，预防为主的方针又有了新的内涵，即通过建设安全文化、健全安全法制、提高安全科技水平、落实安全责任、加大安全投入，筑牢安全防线。具体地说，就是促进安全文化建设与社会文化建设的互动，提高全员安全意识；建立健全安全法律体系和规章制度，如《安全生产法》、安全生产许可制度、隐患排查、治理和报告制度等等，依靠法制的力量促进安全事故防范；大力实施“科技兴安”战略，把安全生产状况的根本好转建立在依靠科技进步和提高劳动者素质的基础上；强化安全生产责任制和问责制，创新安全生产监管体制，严厉打击安全生产领域的腐败行为；健全和完善中央、地方、企业共同投入机制，提升安全生产投入水平，增强基础设施的安全保障能力。

安全生产和防范安全事故工作，关系到国家利益和人民生命财产安全，关系到经济发展和社会的长治久安。江泽民同志曾指出：“隐患险于明火、防范胜于救灾、责任重于泰山”。

“明者防祸于未萌，智者图患于将来”。“预防为主”，即通过有效的管理和技术手段，防止人的不安全行为、物的不安全状态及不良环境的出现，从而使事故发生的概率降到最低。

3.“综合治理”

在安全生产方针中充实了“综合治理”，使方针更为完善，同时也使民众看到，在经济和社会发展方面，党和政府审时度势，对安全工作进行“综合治理”，体现了党和政府关注民生的爱心和立足当前、着眼长远的能力和决心。

综合治理，对于安全生产工作中的腐败现象具有很大威慑力，对于强化全民安全意识具有很大推动力。综合治理的根本任务是：第一，为实行“预防为主”扫除障碍；第二，为达到预防效果提供条件。治理，需要立法严密、执法严明、监管有力、指导有术；综合，要使“政府统一领导、部门依法监管、企业全面负责、群众监督参与、全社会广泛支持”的安全工作格局强化到每个人的心中，把治理的责任落到实处。实施综合治理，是由我国安全生产中出现的新情况和面临的新形势所决定的。在社会主义市场经济条件下，利益主体多元化，不同利益主体对待安全生产的态度和行为差异很大，需要因情制宜、综合防范。由于安全生产涉及的领域广泛，每个领域的安全生产又各具特点，因此需要防治手段的多样化。实现安全生产，必须从文化、法制、科技、责任、投入入手，多管齐下，综合施治。此外，安全生产法律政策的落实，需要各级党委和政府的领导、有关部门的合作以及全社会的参与。目前我国的安全生产既存在历史积淀的沉重包袱，又面临经济结构调整、增长方式转变带来的挑战，要从根本上解决安全生产问题，就必须实施综合治理。从近年来安全监管的实践来看，综合治理是落实安全生产方针政策、法律法规的最有效手段。因此，综合治理具有鲜明的时代特征和很强的针对性，是我们党在安全生产新形势下作出的重大决策，体现了安全生产方针的新发展。

国务院于 2004 年 1 月 9 日以国发〔2004〕2 号文下发了《国务院关于进一步加强安全工作的决定》，要求“构建全社会齐抓共管的安全生产工作格局”，要求“认真落实各级政府领导安全生产责任”，“做好宣传教育和舆论引导工作”，认真查处各类事故，坚持事故“四不放过”原则。

第二节 交通运输与物流仓储相关安全生产法律

一、我国交通运输物流相关法律制度简介

物流业涉及诸多服务领域，但最主要的是运输、仓储和电子商务。在这三者中，运输又是实现物的流动的关键。因此，物流法律制

度首先是运输法律制度，然后是信息立法以及物流系统中需要调整关系的其他相关法律，本节简要介绍交通运输及物流仓储涉及相关安全生产方面的法律和法规。

运输法律制度是物流法律制度最重要的组成部分，我国运输法律制度是按照不同运输方式进行立法的。1949 年新中国成立以来，我国运输业的立法和实践经历了建国初期的计划经济体制阶段、十一届三中全会后至 1988 年的初步开放阶段以及从那以后的快速发展阶段。经过 50 余年的探索和发展，我国已经建立了包括公路运输、铁路运输、航空运输、水路运输、货运代理等方面的运输业的法律法规体系。

1. 公路运输相关法律法规

在我国目前的基础设施中，公路的使用率是相对较高的。在短途物流配送中，公路运输的作用显得尤为重要。由于公路运输具有机动、灵活、适应性强、速度快，特别是可实现“门到门”运输以及为铁路、水路、航空等运输方式集散商品的特点，所以一直以来都是我国较为传统的运输方式之一，发展速度也相对较快。公路运输相关法律法规也相对比较健全。除了《中华人民共和国公路法》《道路交通安全法》之外，还有《汽车货物运输规则》《道路货物运输服务业管理办法》《中华人民共和国道路交通管理条例》《城市道路管理条例》《道路零担货物运输管理办法》等一系列法律规范。

2. 水路运输相关法律法规

水路运输是最古老的运输方式，其优点在于运载能力大、成本低、能耗少、投资省，缺点是速度较慢、受自然条件的限制较多。我国在水路运输方面的法律规范主要有《中华人民共和国海商法》、《中华人民共和国海上交通安全法》、《中华人民共和国水路运输管理条例》以及《中华人民共和国国际海运条例》等，水路运输与公路运输一样管理部门多，法律调整容易产生冲突和矛盾，因此也需要部门协调和统一规划。

此外，由于我国已加入 WTO，水路运输与国际接轨，统一相关法规成为当务之急。2002 年 1 月 1 日起实施的《中华人民共和国国际海运条例》参照了国际惯例，引入新的管理制度，设立了调查与争端解决机制，并进一步转变了政府对行业管理的职能和调控手段，取消和弱化了政府管理部门原有的行政和审批职能，同时规范了政府管理部门的行政行为，从而使得进入中国国际航运市场的中外企业开展相关的经营活动有了基本的行为准则。

3. 铁路运输相关法律法规

铁路运输在我国是仅次于公路运输的一种运输方式，其优点在于载重量大、速度较高、成本较低、抗风险能力强，缺点是初期投资大、建设周期长、运输灵活性差、短距离运输成本较高。我国在铁路运输方面的法律法规主要有《中华人民共和国铁路法》《铁路运输安全保护条例》《铁路货物运输管理规则》《铁路货运事故处理规则》等。

4. 航空运输相关法律法规

在现有的运输方式中，舰空运输是最新的，也是利用程度最低的运输方式，其运输速度最快、机动、灵活，但费用最大，在短途运输中速度快的优势很难发挥作用。我国关于航空运输的立法，除《中华人民共和国民用航空法》外，主要还有《通用航空飞行管制条例》《中华人民共和国民用航空安全保卫条例》《航空货物运输合同实施细则》等规范。在国际方面，我国先后签署、批准了 20 多个国际公约和议定书，并与 80 余个国家签订了双边航空运输协定，形成了我国的民用航空运输法律体系，但是这些法律法规中有许多内容因航空业的迅速发展而显得相对滞后，并缺乏可操作性，在一定程度上限制了我国航空运输业的发展。

5. 货运代理相关法律法规

货运代理是现代运输物流的一种普遍形态。关于货运代理的法律规定主要有原外经贸部颁布的《中华人民共和国国际货物运输代理业管理规定》及《实施细则》，该规定借鉴了联合国亚太经济社会委员会(ESCAP)和国际货运代理协会联合会(FIATA)的有关条款，明确了国际货运代理人的法律地位。在外经贸部颁布的《外商投资国际货物运输代理企业审批规定》中，对中外合资企业从事国际货物运输代理业务的条件和报批程序作出了规定。

现有的货运代理法规在一定程度上缓解了货运代理业的混乱局面，但远远不能解决现实存在着的问题，原因就在于法律层次较低，条文过于笼统，缺乏可操作性。主要表现为管理权限不能统一，未能明确无权承运人签发单证的法律地位等基本的法律问题。

二、交通运输物流政策法规体系构成状况

目前，我国物流管理还比较分散，涉及物流系统各环节的管理分别由有关部门与协会承担。与物流有关的政府部门主要有国家发展和改革委员会、商务部、工业信息产业部、交通运输部（国家铁路总局、中国民用航空局及中国邮政总公司）。对于交通运输而言，主要的管理部门是交通运输部。

我国现行交通运输物流法规体系主要有法律、行政法规、部门规章和地方性法规，是由调整交通运输物流各种社会关系的法律规范构成的一个层次分明的有机整体。在体系的最上层是法律，其下层是行政法规，再下层是部门规章和地方性法规、自治条例、单行条例。此外，还有地方政府规章和国际条约、国际间协定。由于地方性法规、自治条例、单行条例等数量众多，调整范围各不相同，本文讨论的范围是法律、行政法规和部门规章及由它们构成的法规体系。就交通运输的范畴，主要是讨论公路、水路运输在物流过程中发生的一些特定的法律关系。

1. 法律

法律是指全国人大及其常务委员会制定和修改的法律以及所作

的决议和决定。迄今为止，交通运输物流方面的相关法律有《公路法》《道路交通安全法》《海商法》《海上交通安全法》《铁路法》《民用航空法》《海关法》《港口法》等。

2. 行政法规

按照国务院《行政法规制定程序暂行条例》第二条规定，行政法规是指由国务院领导和管理国家各项行政工作，根据宪法和法律，并按照该条例的规定制定的关于政治、经济、教育、科技、文化、外事等各类法规的总称，主要是一些条例、规定、办法以及发布的其他规范性文件。我国现行的交通运输物流法规体系中包括以各种运输方式分别立法的国务院制定的众多法规。比如，《危险化学品安全管理条例》《公路运输条例》《航道管理条例》《水路运输管理条例》《公路管理条例》《道路交通安全法实施条例》《内河交通安全管理条例》《海上交通事故调查处理条例》《国际海运条例》等。

3. 部门规章

部门规章是各运输部门根据其职权和国务院的授权依据有关法律法规制定的有关解释和实施细则，主要包括一些规定、通知、意见、办法以及其他规范性文件。比如《邮政行业安全监督管理办法》《道路旅客运输及客运站管理规定》《港口危险货物安全管理规定》《内河交通事故调查处理规定》《船舶载运危险货物安全监督管理规定》《交通运输突发事件应急管理规定》《道路危险货物运输管理规定》《放射性物品道路运输管理规定》《汽车货物运输规则》《中华人民共和国机动车驾驶员培训管理规定》《内河运输船舶标准化管理规定》《国内船舶运输经营资质管理规定》《老旧运输船舶管理规定》等。

第二章　通用安全生产基础知识

第一节　安全色、安全标志及安全标签

一、安全色基本知识

安全色标就是用特定的颜色和标志，形象而醒目地给人们以提示、提醒、指示、警告或命令。掌握了安全色标的知识可以使我们避免进入危险场所或做有危险的事；一旦遇到意外紧急情况时，就能使我们及时、正确地采取措施或安全撤离；在日常工作中也可以经常提醒我们遵章守纪、小心谨慎，注意安全。

1. 安全色

安全色是用来表达禁止、警告、指令、提示等安全信息含义的颜色。它的作用是使人们能够迅速发现和分辨安全标志，提醒人们注意安全，以防发生事故。

我国安全色四种标准颜色规定为红、黄、蓝、绿。

红色：含义是禁止、停止。用于禁止标志。机器设备上的紧急停止手柄或按钮以及禁止触动的部位通常都用红色，有时也表示防火。

黄色：含义是警告和注意。如厂内危险机器和警戒线，行车道中线、安全帽等。

绿色：含义是提示，表示安全状态或可以通行。车间内的安全通道、行人和车辆通行标志、消防设备和其他安全防护设备的位置表示都用绿色。

蓝色：含义是指令，必须遵守。

2. 对比色

能使安全色更加醒目的颜色，称为对比色或反衬色。

黑、白互为对比色，白色明度最高，反之明度愈低。白色反射率高，在心理上有清洁感，黑色和其他颜色相配对，能使其他颜色显得美观。

对安全色来说，黄色的对比色用黑色，其余红、蓝、绿的对比色用白色。

黑色用于安全标志的文字、图形符号和警告标志的几何边框。

白色作为安全标志红、蓝、绿的背景色，也可以用于安全标志的文字和图形符号。

3. 警示线及安全线

警示线是界定和分隔危险区域的标志线，分为红色、黄色和绿色三种。按照需要，警示线可喷涂在地面或者制作成色带设置。

名称及图形符号	设置范围及地点
红色警示线	高毒物品作业场所、放射作业场所、紧邻事故危害源周边
黄色警示线	一般有毒物品作业场所、紧邻事故危害区域的周边
绿色警示线	事故现场救援区域的周边

安全线是工矿企业中用以划分安全区域与危险区域的分界线。厂房内安全通道的标示线、铁路站台上的安全线都是属于此列。根

据国家有关规定，安全线用白色，宽度不小于 60 mm。在生产过程中，有了安全线的标示，我们就能区分安全区域和危险区域，有利于我们对危险区域的认识和判断。

二、安全标志基本知识

安全标志是由安全色、几何图形和图形符号所构成，用以表达特定的安全信息。此外，还有补充标志，它是安全标志的文字说明，必须与安全标志同时使用。

安全标志的作用主要在于引起人们对不安全因素的注意，预防事故发生，但不能代替安全操作规程和防护措施。

GB 2894—2008 将安全标志分为禁止标志、警告标志、指令标志和提示标志四类。

1. 禁止标志

禁止标志的含义是禁止人们的不安全行为，其基本形式为带斜杠的圆形框。圆形和斜杠为红色，图形符号为黑色，衬底为白色。

2. 警告标志

警告标志的含义是提醒人们对周围环境加以注意，以避免可能发生的危险，其基本形式是正三角形边框。三角形边框及图形符号为黑色，衬底为黄色。

3. 指令标志

指令标志的含义是强制人们必须做出某种动作或采用防范措施，其基本形式是圆形边框。图形符号为白色，衬底色为蓝色。

4. 提示标志

提示标志的含义是向人们提供某种信息（如标明安全设施或场所等），其基本形式是正方形边框。图形符号为白色，衬底色为绿色。

GB 2894—2008 安全标志图片见附件。

第二节　安全生产培训

安全培训(Safety Training)是安全生产管理工作中一项十分重要的内容,是提高全体劳动者安全生产素质的一项重要手段。所谓安全培训,一般是指以提高安全监管监察人员、生产经营单位从业人员和从事安全生产工作的相关人员的安全素质为目的的教育培训活动。

随着国家对安全工作的重视,很多企业也加大了资金投入,逐步完善安全防护设备以减少事故的发生。诚然,加大投入、完善安全防护设备对确保生产安全是必需的,但设备只是实现本质安全的条件,人才是实现本质安全的决定因素,再先进的设备也要受人控制,对安全生产来说,人比设备更重要。《国务院安委会关于进一步加强安全培训工作的决定》(安委〔2012〕10 号)中明确提出“培训不到位是重大安全隐患”,因此企业更要注重员工的安全培训。近几年全国每年因安全生产事故死亡的人数约 13 万人,平均每天约 356 人死于事故,平均每小时死亡 15 人,而同时因事故造成的经济损失更是惊人,这还是在全社会高度重视安全生产工作的情况下发生的,这就有必要对现阶段安全生产形势进行严肃的反思。到底是因为何种原因造成这种局面?一个重要原因就是全民的安全素质还比较薄弱,包括企业、经营者、劳动者对安全生产知识、理念等还未有一个全面系统的认识,从业人员的安全意识和防范能力也有待提高。

一、安全生产培训的目的

(1)加强和规范生产经营单位安全培训工作,提高从业人员安全素质,防范伤亡事故,减轻职业危害。

(2)熟悉并能认真贯彻执行安全生产方针、政策、法律、法规及国家标准、行业标准。

(3)基本掌握本行业、本工作领域有关的安全分析、安全决策、事故预测和防范等方面的知识。

(4)熟悉安全管理知识,具有组织安全生产检查、事故隐患整改、事故应急处理等方面的组织管理能力。

(5)了解其他与本行业、本工作领域有关的必要的安全生产知识与能力。

二、安全生产培训的意义

(1)提高安全生产的意识。这是安全生产培训的主要目的之一,没有一个重视安全生产的意识,是不可能做到安全生产这四个字的。而现在存在的普遍情况是广大经营者、劳动者安全意识非常薄弱,也正是这一因素,导致安全事故越来越多,使本可以避免的一些事故也还是层出不穷地发生。

(2)增加安全生产的知识。有了安全生产意识,并不能完全遏制安全事故的发生,还应具备丰富的安全生产知识。很多经营者只是对安全生产有个大概的认识,对具体的安全生产知识、理论并不熟悉,通过培训可以增加自身的安全生产知识,将所学的知识运用到日常管理中,控制企业的安全事故。

(3)消灭安全事故的苗头。安全生产,重在预防,如何有效地将事故在萌芽状态中消灭,这就涉及企业平时的管理制度,特别是隐患排查制度是否得到严格的执行。通过培训,可帮助企业更好地开展隐患排查,从而从源头上消灭安全事故的苗头。

(4)减少安全事故的发生。安全事故是否减少发生是衡量一家企业是否成功开展安全工作的重要指标。通过培训,可以大大提高各企业负责人对安全生产的重视,继而减少安全事故的发生。

三、安全培训的类型

1. 根据培训对象分类

(1)对新工人的“三级”安全教育。所谓“三级”,即入厂培训、车间培训、班组培训。入厂培训即新工人到厂后由劳动或人事部门及培训部门负责组织安排,由安全技术部门进行安全知识培训,并经考试合格后,才准分配到车间(队);车间培训即由车间(队)主任(队长)或主管安全的负责人负责安全培训,考试合格后,方准分配到班组;班组培训即由班组长或班安全员负责,进行实际操作安全技术培训。

(2)对特种作业人员的安全教育。对入厂的新工人除了进行“三级”教育外,还应对特种作业人员进行特种培训。特种作业人员是指他所从事的工作极易发生伤亡事故,不仅危害本人,而且还会危害他人安全的作业人员,如电工、起重工、焊接工、车辆驾驶、爆破等作业人员。对特种作业人员不仅要进行专门的安全培训,还必须取得安全合格证后,方能独立工作。

(3)新岗位、新技术的培训。采用新的生产方法,添设新技术设备、制造新产品或调换工人工作时,必须对工人进行新岗位和新的操作方法的安全培训。

(4)经常对工人进行本岗位安全操作规程和有关安全卫生法规制度的培训。

(5)对各级行政、技术管理干部的培训,主要是进行职业安全卫生法规、安全技术知识和工作经验教训的培训。

2. 根据培训内容分类

(1)安全生产思想培训。主要包括安全生产方针政策培训、法制培训、典型经验及事故案例培训。通过学习方针、政策,提高生产经营单位各级领导和全体职工对安全生产重要意义的认识,使其在日常工作中坚定地树立“安全第一”的思想，正确处理好安全与生产的关系，确保安全生产。

通过安全生产法制培训，使各级领导和全体职工了解和懂得国家有关安全生产的法律、法规和生产经营单位各项安全生产规章制度；使生产经营单位各级领导能够依法组织经营管理，贯彻执行“安全第一，预防为主，综合治理”的方针；使全体职工依法进行安全生产，依法保护自身安全与健康权益。

通过典型经验和事故案例培训，可以使人们了解安全生产对企业发展、个人和家庭幸福的促进作用以及事故发生对企业、对个人、对家庭带来的巨大损失和不幸，从而坚定安全生产的信念。

(2)安全生产知识培训。主要包括一般生产技术知识培训、一般安全技术知识培训和专业安全技术知识培训。就是说，通过培训，提高生产技能，防止误操作；掌握一般职工必须具备的、最起码的安全技术知识，以实现对工厂危险因素的识别、预防和处理；对于特殊工种的工人，要进一步掌握专门的安全技术知识，防止受特殊危险因素的危害。

(3)安全管理理论和方法的培训。通过培训提高各级管理人员的安全管理水平，总结以往安全管理的经验，推广现代安全管理方法的应用。

四、安全培训的实施

1. 安全培训的前期——准备阶段

安全培训的准备阶段是十分重要的。因为大多安全培训的特点是参与式的培训，而且涉及的学科也很广泛，对我们所聘任培训教师的专业知识及培训技能的要求很高，所以需要培训教师花更多的时间，更细致地从多方面进行准备。

(1)培训教师的确定

培训教师的确定主要取决于培训的内容。培训的内容主要分为两个方面。首先对于专业知识较强的培训，可以选择在这方面的知识较为全面的人员作为培训教师，而他的培训技能水平并不十分重要，他只需要掌握简单的培训技能即可；另一方面对于专注组织活动的培训，则需要培训教师具有很强的培训技能和领导组织能力，使参加培训学员可以很好地融入培训教师所组织的活动。安全培训大都是由以上两个方面组成，在决定培训教师的时候，可以综合以上两个方面，根据所涉及的专业，选择多个培训教师，不同专长的人负责相应的部分，以达到最好的培训效果。同时培训教师对受训学员的了解、对参训人员经历、背景、能力、态度和文化程度的了解是选择培训目标、内容、方法的基础。因此，培训教师要认真分析所有受训学员的情况，以便因材施教。

(2)培训目标的确定

每一次安全培训目标的制定需要考虑受训学员的关注方向、受训学员的背景以及他们的文化程度的情况等等。制定合理的目标，才能顺利地达到培训效果。

(3)培训教材的选择

培训教材的选择要考虑受训学员的文化程度和接受程度。安全培训有些时候是专业性很强的培训，对于不同文化程度的受训学员，选择的培训教材既要有别于其他的课程，又要通俗易懂。专业性太强的培训教材会降低培训的效果。大多安全培训是具有参与性的，对培训过程中的案例、展示所要用到的材料要有充分的准备。

(4)培训方法的准备

根据课程的需要及受训学员的不同，需要选择不同的培训方法。一般来说，最好选择交流、实践、讲解相结合的方法，以加深受训学员与培训教师之间、受训学员之间的相互认识，提升培训的参与性。

2. 安全培训的中期——实施阶段

安全培训中期的主要工作是组织好授课环节，而授课环节最重要的是培训教师所掌握的知识、方法等等。

(1)培训方法

培训教师应根据不同的培训内容选择不同的培训方法。根据安全培训的特点,一般综合的安全培训都会用到头脑风暴法,即众多人围绕一个特定的兴趣领域讨论,从而产生新的观点。这是一种在安全培训中很常用的方法,具有很强的参与性。

(2)培训技巧

一次培训的成功与否在很大程度上取决于培训教师的水平,而培训教师的水平不仅是专业知识水平,培训技巧也是关键的一部分。下面简单介绍一下成功的培训教师的一些授课技巧:

①采用轮流的方式,使每人都有发言的机会;

②与那些想要主导讨论的人进行交流,以引导其他人畅所欲言地发表观点;

③直接向那些沉默不语的人提问;

④感谢积极参加讨论的人,然后听取其他人的想法。培训教师可以通过以下方式创造学习气氛:强调从反馈中学习的重要性;进行角色模仿,并及时进行反馈;建立学习交流,鼓励互相学习。

(3)培训时的沟通

培训时的相互沟通是十分重要的,培训教师千万不要工作在“真空”中,否则会为忽视参与者而付出代价。在培训的过程中,培训者首先要了解受训学员说什么和为什么这样说,继而了解受训者想要的东西,比如内容的改进、方式的改变、节奏的改变,使培训不断适应参与者的要求,进而达到理想的培训效果。

3. 安全培训的后期——评估阶段

(1)培训评估

评估是培训的重要组成部分,是考察培训是否达到目的、培训方法是否合理的重要方法。培训评估可分为以下四个方面:一是受训学员反应。在培训结束时,向受训学员发放满意度调查表,征求受训者对培训的反应和感受。二是学习的效果。确定受训学员在培训结束时，是否在知识、技能、态度等方面得到了提高。三是能力的改变。这一阶段的评估要确定培训参加者在多大程度上通过培训而发生了能力上的改进，可以通过对参与者进行正式的测评或以非正式的方式如观察来进行。四是产生的效果。这一阶段的评估要考察的不是受训学员的情况，而是从企业的范围内综合考察，了解受训学员所在部门因培训而带来的改变效果。

(2)培训后的沟通

培训的结束并不意味着与受训学员的联系就此中断，培训结束后需要与受训学员及时进行沟通反馈，了解学员对改进培训内容和方法有什么建议。

第三节　劳动防护用品的正确使用与维护

劳动防护用品，是指保护劳动者在生产过程中的人身安全与健康所必备的一种防御性装备，对于减少职业危害起着相当重要的作用。

劳动防护用品按照防护部位分为 9 类：

(1)头部护具类。用于保护头部，防撞击、挤压伤害、防物料喷溅、防粉尘等的护具。主要有玻璃钢、塑料、橡胶、玻璃、胶纸、防寒和竹藤安全帽以及防尘帽、防冲击面罩等。

(2)呼吸护具类。预防尘肺和职业病的重要防护品。按用途分为防尘、防毒、供氧三类，按作用原理分为过滤式、隔绝式两类。

(3)眼防护具。用以保护作业人员的眼睛、面部，防止受外来伤害。分为焊接用眼防护具、炉窑用眼护具、防冲击眼护具、微波防护具、激光防护镜以及防 X 射线、防化学、防尘等眼防护具。

(4)听力护具。长期在 90 dB(A)以上或短时在 115 dB(A)以上环境中工作时应使用听力护具。听力护具有耳塞、耳罩和帽盔三类。

(5)防护鞋。用于保护足部免受伤害。目前主要产品有防砸、绝缘、防静电、耐酸碱、耐油、防滑鞋等。

(6)防护手套。用于手部保护，主要有耐酸碱手套、电工绝缘手套、电焊手套、防X射线手套、石棉手套等。

(7)防护服。用于保护职工免受劳动环境中的物理、化学因素的伤害。防护服分为特殊防护服和一般作业服两类。

(8)防坠落护具。用于防止坠落事故发生。主要有安全带、安全绳和安全网。

(9)护肤用品。用于外露皮肤的保护。分为护肤膏和洗涤剂。

下面重点介绍几类常见劳动防护用品的正确使用与维护常识。

一、头部防护用品及其使用常识

头部防护用品是为了防御头部不受外来物体打击和其他因素危害而配备的个人防护装备。根据防护功能要求，目前主要有一般防护帽、防尘帽、防水帽、防寒帽、安全帽、防静电帽、防高温帽、防电磁辐射帽、防昆虫帽等九类产品。

在工伤、交通死亡事故中，因头部受伤致死的比例最高，大约占死亡总数的35.5%，其中因坠落物撞击致死的为首，其次是交通事故。使用安全帽能够避免或减轻上述伤害。

1. 安全帽的种类

对人体头部受外力伤害时起防护作用的帽子为安全帽，它由帽壳、帽衬、下颏带、后箍等组成。安全帽分为六类：通用型安全帽、乘车型安全帽、特殊安全帽、军用钢盔、军用保护帽和运动员用保护帽。其中通用型和特殊型安全帽属于劳动保护用品。

(1)通用型安全帽

这类帽子有只防顶部冲击的、既防顶部又防侧向冲击的两种，具有耐穿刺特点，用于建筑、运输等行业。有火源场所使用的通用型安全帽还具有耐燃的特点。

(2)特殊型安全帽

①电业用安全帽。帽壳绝缘性能很好,电气安装、高电压作业等行业使用得较多。

②防静电安全帽。帽壳和帽衬材料中加有抗静电剂,用于有可燃气体或蒸汽及其他爆炸性物品的场所,即指《爆炸危险场所电气安全规程》规定的0区、1区,可燃物的最小引燃能量在0.2 mJ以上。

③防寒安全帽。低温特性较好,利用棉布、皮毛等保暖材料做面料,在温度不低于−20℃的环境中使用。

④耐高温、辐射热安全帽。热稳定性和化学稳定性较好,在消防、冶炼等有辐射热源的场所里使用。

⑤抗侧压安全帽。机械强度高,抗弯曲,用于林业、地下工程、井下采煤等行业。

⑥带有附件的安全帽。为了满足某项使用要求而带相应附件的安全帽。

2. 安全帽的使用

据有关部门统计,坠落物撞击致伤的人数中有15%是因安全帽使用不当造成的,所以不能以为戴上安全帽就能保护头部免受冲击伤害。在实际工作中还应了解和做到以下几点:

(1)任何人进入生产现场或在厂区内外从事生产和劳动时,必须戴安全帽(国家或行业有特殊规定的除外;特殊作业或劳动采取措施后可保证人员头部不受伤害并经过安监部门批准的除外)。

(2)戴安全帽时,必须系紧安全帽带,保证各种状态下不脱落;安全帽的帽檐,必须与目视方向一致,不得歪戴或斜戴。

(3)不能私自拆卸帽上部件和调整帽衬尺寸,以保持垂直间距和水平间距符合有关规定值,用来预防冲击后触顶造成的人身伤害。

(4)严禁在帽衬上放任何物品;严禁随意改变安全帽的任何机构;严禁用安全帽充当器皿或坐具使用。

(5)安全帽必须有说明书,并指明使用场所以供作业人员合理使用。

(6)应经常保持帽衬清洁,不干净时可用肥皂水和清水冲洗。用完后不能放置在酸碱、高温、日晒、潮湿和有化学溶剂的场所。

(7)使用中受过较大冲击的安全帽不能继续使用。

(8)若帽壳、帽衬老化或损坏,降低了耐冲击和耐穿透性能,不得继续使用,要更换新帽。

(9)防静电安全帽不能作为电业用安全帽使用,以免造成触电。

(10)安全帽的使用期限,从制造完成之日起计算,植物枝条编织帽不超过两年,塑料帽、纸胶帽不超过两年半,玻璃钢(维纶钢)帽、橡胶帽不超过三年半。

二、呼吸器官防护用品及其使用常识

呼吸器官防护用品是为防御有害气体、蒸气、粉尘、烟、雾从呼吸道吸入,直接向使用者提供氧气或清洁空气,保证尘、毒污染或缺氧环境中作业人员正常呼吸的防护用品。

呼吸器官防护用品主要有防尘口罩(面罩)和防毒口罩(面罩)。

1. 防尘口罩、面罩的使用

(1)作业场所除粉尘外,还伴有有毒的雾、烟、气体或空气中氧含量不足18%时,应选用隔离式防尘用具,禁止使用过滤式防尘用具。

(2)淋水、湿式作业场所选用的防尘用具应带有防水装置。

(3)劳动强度大的作业,应选用吸气阻力小的防尘用具。有条件时,尽量选用送风式口罩或面罩。

(4)使用前要检查部件是否完整,如有损坏必须及时修理或更换。此外,应注意检查各连接处的气密性,特别是送风口罩或面罩,看接头、管路是否畅通。

(5)佩戴要正确,系带和头箍要调节适度,对面部应无严重压迫感。

(6)复式口罩和送风口罩头盔的滤料要定期更换,以免增大阻力。电动送风口罩的电源电量要充足，保证按时充电。

(7)各式口罩的主体(口鼻罩)脏污时，可用肥皂水洗涤。洗后应在通风处晾，切忌曝晒、火烤，避免接触油类、有机溶剂等。

(8)防尘用具宜专人专用，使用后及时装入塑料袋内，避免挤压、损坏。

(9)对于长管面具，在使用前应对导气管进行查漏，确定无漏洞后才能使用。导气管的进气端必须放置在空气新鲜、无毒无尘的场所中。所用导气管长度以 10 m 内为宜，以防增加通气阻力。当移动作业地点时，应特别注意不要猛拉、猛拖导气管，并严防压、戳、拆等。

2. 防毒口罩、面具的使用

防毒口罩、面具可分为过滤式和隔离式两类。过滤式防毒用具是通过滤毒罐、盒内的滤毒药剂滤除空气中的有毒气体再供人呼吸，因此劳动环境中的空气含氧量低于 18%时不能使用。通常滤毒药剂只能在确定了毒物种类、浓度、气温后在一定的作业时间内起防护作用，所以过滤式防毒口罩、面具不能用于险情重大、现场条件复杂多变和有两种以上毒物的作业。隔离式防毒用具是依靠输气导管将无污染环境中的空气送入密闭防毒用具内供作业人员呼吸，它使用于缺氧、毒气成分不明或浓度很高的污染环境中。

使用防毒口罩、面具时应注意以下几点：

(1)使用防毒口罩时，严禁随便拧开滤毒盒盖，避免滤毒盒剧烈震动，以免引起药剂松散，同时应防止水和其他液体滴溅到滤毒盒上，降低防毒效能。

(2)使用防毒口罩过程中，对有臭味的毒气，当嗅到轻微气味时，说明滤毒盒内的滤毒剂失效。对于无味毒气，则要看安装在滤毒盒里的指示纸或药剂的变色情况而定。一旦发现防毒药剂失效，应立刻离开有毒场所，并停止使用防毒口罩，重新更换药剂后方可使用。

(3)佩戴防毒口罩时，系带应根据头部大小调节松紧，两条系带应自然分开套在头顶的后方。过松和过紧都容易造成漏气或感到不舒服。

(4)防毒面具使用中应注意正确佩戴，如头罩一定要选择合适的规格，罩体边缘与头部贴紧。另外，要保持面具内气流畅通无阻，防止导气管扭弯压住，影响通气。

(5)当在作业现场突然发生意外事故出现毒气而作业人员一时无法脱离时，应立即屏住气，迅速取出面罩戴上；当确认头罩边缘与头部密合或佩戴正确后，猛呼出面具内余气，方可投入正常使用。

(6)防毒面具某一部件损坏，以致不能发挥正常作用，而且来不及更换面具的情况下，使用者可采取下列应急处理方法，然后迅速离开有毒场所：

①头罩或导气管发现孔洞时，可用手捏住。若导气管破损，也可将滤毒罐直接与头罩连接使用，但应注意防止因罩体增重而发生移位漏气。

②呼气阀损坏时，应立即用手堵住出气孔，呼气时将手放松，吸气时再堵住。

③发现滤毒罐有小孔洞时，可用手、黏土或其他材料堵塞。

(7)使用后的防毒面具，要清洗、消毒、洗涤后晾干，切勿火烤、曝晒，以防材料老化。滤毒罐用后，应将顶盖、底塞分别盖上、堵紧，防止滤毒剂受潮失效。对于失效的滤毒罐，应及时报废或更换新的滤毒剂和作再生处理。

(8)一时不用的防毒面具，应在橡胶部件上均匀撒上滑石粉，以防黏合。现场备用的面具，放置在专用的柜内，并定期维护和注意防潮。

3. 正压式空气呼吸器使用及维护方法

正压式空气呼吸器是石油化工企业必备的应急救援器材，特别适用于在浓烟、毒气、蒸汽或缺氧的恶劣环境下进行灭火、抢险救灾和救护工作。熟练使用空气呼吸器是每名岗位员工必须掌握的基本技能，正确使用空气呼吸器是保证应急处理和救援工作安全进行的前提。

(1)空气呼吸的主要部件

正压空气呼吸器(SCBA)是一种能使佩带者呼吸器官与作业环境隔绝，靠本身携带气瓶中的压缩空气供佩带者使用，并使面罩内始终保持微正压的呼吸防护用品。主要由气瓶、压力表、减压器、安全阀、供气阀、背架和全面罩组成，如图 2-1 所示。

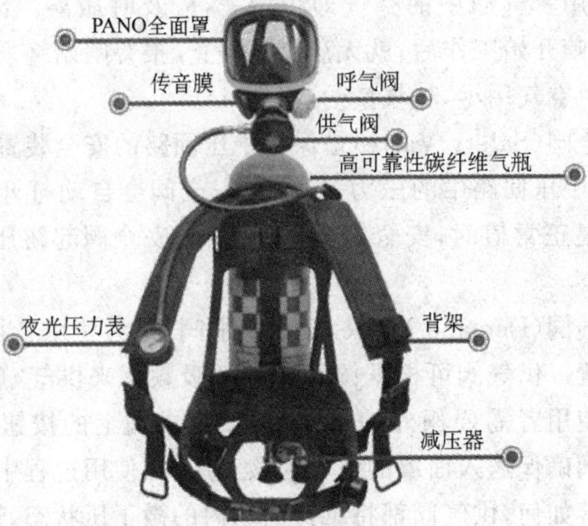

图 2-1　正压空气呼吸器示意图

下面分别对各部件进行介绍。

①气瓶(Carbon Cylinder)是用于储存压缩空气的装置，采用高强度铝合金内胆，碳纤维缠绕并加树脂固化，最外层附着高强度硬塑料保护层，设计充装压力 300 bar(1 bar＝100 kPa)，气瓶容积有2 L、4.7 L、6.8 L 和9 L四个规格。每个气瓶都有国家主管部门的检验标志。

②压力表(Pressure Gauge)是指示气瓶中压力的装置。当瓶阀开启时,压力表指示出气瓶中的压力。压力表有泄流装置,即使压力表连接管断裂时,也能保证使用者可安全撤离。压力表带夜光功能,0～55 bar 的区域用红色标示。

③减压器(Pressure Reducer)是将气瓶中的高压空气减压为中压空气的装置,用四个螺丝固定在背板上。无论气瓶中的压力是多少,减压器出口的中压空气始终保持约 7 bar 的压力。减压器带有报警哨,当气瓶中空气压力降至 50～60 bar 时,报警哨启动,响起哨声,提醒使用者气瓶中的空气即将用完,应及时撤离。出于安全考虑,当报警哨开始工作后,就无法令其停止,报警哨始终发出报警声,直到气瓶中空气用尽,耗气量约 5 L/min。

④安全阀(Safety Valve)是保护中压回路的安全装置,位于黑色护套内,当中压回路中的压力过高时,安全阀会自动打开泄压,当中压压力恢复正常值时,安全阀会重新关闭,安全阀起跳压力为 11±2 bar。

⑤供气阀(Demand Valve)又称需求阀,是为使用者提供呼吸用空气的装置。供气阀可根据佩戴者的呼吸频率来供气,如果出现呼吸困难或使用者需要额外的空气,可按需求阀上的按钮,以增大气流。供气阀确保送入面罩的空气为微正压,在使用过程中,无论使用者呼吸节奏如何,供气阀都将维持面罩内的微正压状态,这可以避免有害物质或气体的渗入。

⑥背架(Backpack)是支撑气瓶及其他部位的装置,由轻质聚丙烯材料制成,耐冲击和酸腐蚀。背板上有三处把手,可以任意抓握整套装备。肩带由阻燃和防滑织物组成,佩戴更舒适。腰带的搭扣由耐用的尼龙材料制成,调节方便。背架可以装备不同容量的气瓶,同时还便于进行单双瓶的改装。

⑦全面罩(Full Face Mask)是将佩戴者呼吸系统与环境空气隔绝,并为佩戴者提供呼吸空气的终端装置。全面罩配有单向呼气阀、

口鼻罩、传音膜、快松扳扣系统。

(2)使用方法

①压力检查。打开气瓶阀，观察压力表的读数。压力应大于200 bar(建议240 bar以上)，然后再关闭瓶阀，观察压力表的读数，应无变化。

②管路气密性检查。对管路进行检查，确保使用前管路无泄漏。

③报警哨检查。轻轻按动供气阀上黄色按钮，观察压力变化，注意压力变化不要太快。当压力到达55 bar附近报警哨必须开始报警。

④打开瓶阀。再打开瓶阀至少两周，防止瓶阀意外关闭。

⑤背上空气呼吸器。双手交叉或采用背挎式，抓住两肩带，将呼吸器穿在身上，使用者向上跳，同时双手向下、向后拉肩带，压力表放置在胸前，以便观察压力变化。

⑥面罩完整性检查。检查面罩是否有缺损，特别是侧缘、目镜、阀门和束带部分。

⑦佩戴面罩。套上颈部束带，将面罩由下颌部套入，由上至下调节束带，使其束紧。

⑧面罩的气密性检查。用手掌心堵住面罩的接口，吸气然后屏住呼吸，使用者应感觉到面罩紧贴脸部，说明面罩与面部贴紧密。

⑨将供气阀与面罩连接。供气阀与面罩连接采用快速插头方式。单手捏住供气阀两边的按钮，另一手扶住面罩，将供气阀插到面罩下面的圆孔中，听到”咔嚓”一声，说明已连接好。

⑩观察压力变化。工作时，使用者要注意压力的变化，当报警哨响起时，使用者必须开始撤离危险区域，气瓶中的空气只能使用6至8分钟。

(3)使用结束后的操作

①使用完毕后，先用手捏紧侧面的两个黄色按钮，取下供气阀，供气阀会自动停止供气。

②向前扣面罩上快速扳扣，面罩松开，将面罩取下。

③将瓶阀关闭，按供气阀上的按钮将剩余的气体放掉。

④将空气呼吸器重新充气，面罩消毒，放到指定位置备用。

(4)维护保养

①将空气呼吸器远离灰尘和潮湿的环境，并便于取用。每次使用后，用柔软的棉布或海绵对面罩进行清洁和消毒，将面罩浸入含20%肥皂液和80%水的溶液中，然后用50%酒精溶液冲洗消毒，用清水冲洗干净，再用干布吸干水，悬挂于背光处晾干。

②每周检查气瓶压力，气瓶压力低于200 bar时，要及时补气。每月检测面罩其他和其他部件的性能，更换不良部件。

③气瓶每3年进行水压试验，获得具有资质机构的检验合格证。

三、眼面部防护用品及其使用常识

预防烟雾、尘粒、金属火花和飞屑、热、电磁辐射、激光、化学飞溅等伤害眼睛或面部的个人防护用品称为眼面部防护用品。

眼面部防护用品种类很多，根据防护功能，大致可分为防尘、防水、防冲击、防高温、防电磁辐射、防射线、防化学飞溅、防风沙、防强光九类。

1. 焊接用眼镜、面罩的使用

据统计，电光性眼炎在工矿企业的焊接作业中比较常见，其主要原因在于挑选的防护眼镜不合适，因此有关的作业人员应掌握下列一些使用防护眼镜的基本办法：

(1)使用的眼镜和面罩必须经过有关部门检验。

(2)挑选、佩戴合适的眼镜和面罩，以防作业时脱落和晃动，影响使用效果。

(3)眼镜框架与脸部要吻合，避免侧面漏光。必要时应使用带有护眼罩或防侧光型眼镜。

(4)防止面罩、眼镜受潮、受压，以免变形损坏或漏光。焊接用面罩应该具有绝缘性，以防触电。

(5)使用面罩式护目镜作业时，累计 8 小时至少更换一次保护片。防护眼镜的滤光片被飞溅物损伤时，要及时更换。

(6)保护片和滤光片组合使用时，镜片的屈光度必须相同。

(7)对于送风式、带有防尘、防毒面罩的焊接面罩，应严格按照有关规定保养和使用。

(8)当面罩的镜片被作业环境的潮湿烟气及作业者呼出的潮气罩住，使其出现水雾，影响操作时，可采取下列措施解决：

①水膜扩散法。在镜片上涂上脂肪酸或硅胶系的防雾剂，使水雾均等扩散。

②吸水排除法。在镜片上浸涂界面活性剂(PC 树脂系)，将附着的水雾吸收。

③真空法。对某些具有二重玻璃窗结构的面罩，可采取在二层玻璃间抽真空的方法。

2. 防电磁辐射眼具的使用

电磁辐射是看不见、听不到、摸不着的，但是某些频率的微波会产生温热感觉。在受到辐射至发现身体某一部分不适时有一个较长的潜伏期，当发现时，往往已经造成不良的后果。因此，对电磁辐射的防护不能掉以轻心。

(1)首先在工作现场确定辐射场强超过微波最大允许辐射量区域，并挂上警告标志。当作业人员进入该区域时，必须穿戴屏蔽服和防微波眼镜。

(2)在实际工作中，应根据辐射源的工作频率和工作地点的辐射强度来选择屏蔽服和眼镜。

(3)尽量使用带护眼罩的防微波眼镜，以防微波的绕射对眼睛产生不良影响。

(4)使用过程中避免接触油脂、酸碱或其他脏污物质，以免影响屏蔽效果。

(5)除了上述以外,采取不直看任何辐射器件(馈能喇叭、开口波导、反射器),尽可能远离辐射源,对场源设置屏蔽等措施,也能有效地避免电磁辐射。

四、听觉器官防护用品

能够防止过量的声能侵入外耳道,使人耳避免噪声的过度刺激,减少听力损失,预防由噪声对人身引起不良影响的个体防护用品,称为听觉器官防护用品。听觉器官防护用品主要有耳塞、耳罩和防噪声头盔三大类。

听觉器官防护用品的使用方法:

(1)佩戴耳塞时,先将耳廓向上提起使外耳道口呈平直状态,然后手持塞柄将塞帽轻轻推入外耳道内与耳道贴合。

(2)不要使劲太猛或塞得太深,以感觉适度为止,如隔声不良,可将耳塞慢慢转动到最佳位置,隔声效果仍不好时,应另换其他规格的耳塞。

(3)使用耳塞及防噪声头盔时,应先检查罩壳有无裂纹和漏气现象。佩戴时应注意罩壳标记顺着耳型戴好,务必使耳罩软垫圈与周围皮肤贴合。

(4)在使用护耳器前,应用声级计定量测出工作场所的噪声,然后算出需衰减的声级,以挑选各种规格的护耳器。

(5)防噪声护耳器的使用效果不仅决定于这些用品质量好坏,还需使用者养成耐心使用的习惯并掌握正确佩戴的方法。如只戴一种护耳器隔声效果不好,也可以同时戴上两种护耳器,如耳罩内加耳塞等。

五、手部防护用品

具有保护手和手臂的功能,供作业者劳动时戴用的手套称为手部防护用品,通常人们称为劳动防护手套。

手部防护用品按照防护功能分为十二类，即一般防护手套、防水手套、防寒手套、防毒手套、防静电手套、防高温手套、防 X 射线手套、防酸碱手套、防油手套、防振手套、防切割手套、绝缘手套。每类手套按照材料又能分为许多种。

防护手套的使用方法：

(1)首先应了解不同种类手套的防护作用和使用要求，以便在作业时正确选择，切不可把一般场合用手套当作某些专用手套使用。如棉布手套、化纤手套等作为防振手套来用，则效果很差。

(2)在使用绝缘手套前，应先检查外观，如发现表面有孔洞、裂纹等应停止使用。

绝缘手套使用完毕后，按有关规定保存好，以防老化造成绝缘性能降低。使用一段时间后应复检，合格后方可使用。使用时要注意产品分类色标，像 1 kV 手套为红色、7.5 kV 为白色、17 kV 为黄色。

(3)在使用振动工具作业时，不能认为戴上防振手套就安全了，应注意工作中安排一定的时间休息，随着工具自身振频提高，可相应将休息时间延长。对于使用的各种振动工具，最好测出振动加速度，以便挑选合适的防振手套，取得较好的防护效果。

(4)在某些场合下，所戴手套大小应合适，避免手套指过长，被机械绞入或卷住，使手部受伤。

(5)对于操作高速回转机械作业时，可使用防振手套。某些维护设备和注油作业时，应使用防油手套，以避免油类对手的侵害。

(6)不同种类手套有其特定用途和性能，在实际工作时一定结合作业情况来正确使用和区分，以保护手部安全。

第四节　用电安全常识

随着生活水平的不断提高，生活与工作中用电的地方越来越多，因此，我们有必要掌握一些最基本的安全用电常识，以便有效地保护人身和财产安全。

一、关于人体触电的知识

1. 触电的种类

电击：就是通常所说的触电，触电死亡的绝大部分是电击造成的。

电伤：由电流的热效应、化学效应、机械效应以及电流本身作用所造成的人体外伤。

2. 电流伤害人体的因素

伤害程度一般与下面几个因素有关：

(1)通过人体电流的大小。通过人体的电流强度取决于触电电压和人体电阻，一般人体电阻在 1000～2000 Ω，通常女性阻抗要比男性低。通过人体的电流越大，热的生理反应和病理反应越明显，引起心室颤动所需的时间越短，致命的危险性越大。人体电击后能够自主摆脱的电流，一般认为工频 30 mA 以下、直流 50 mA 以下。

(2)电流通过人体时间的长短。通电时间越长，电击伤害程度越严重。电流通过人体的持续时间越长，人体电阻由于出汗、击穿、电解而下降，体内积累局外电能越多，中枢神经反射越强烈，且可能与心脏易损期重合，对人体的危险性越大。

(3)电流通过人体的部位。电流通过人体脑部和心脏时最危险，从外部来看，左手至脚的触电最危险，脚到脚的触电对心脏影响最小。流过心脏的电流越多、电流路线越短危险性越大。人体在电流的作用下，没有绝对安全的途径。电流通过心脏会引起心室颤动及至心脏停止跳动而导致死亡；电流通过中枢神经及有关部位，会引起中枢神经强烈失调而导致死亡；电流通过头部，严重损伤大脑，亦可能使人昏迷不醒而死亡；电流通过脊髓会使人截痪;电流通过人的局部肢体亦可能引起中枢神经强烈反射而导致严重后果。

(4)通过人体电流的频率。40～60 Hz交流电对人危害最大,我国使用的交流电频率为50 Hz。

(5)触电者的身体状况。患有心脏病、中枢神经系统疾病、肺病的人电击后的危险性较大;精神状态不良、醉酒的人触电的危险性较大;妇女、儿童、老人触电的后果比青壮年严重。

3. 对人体作用电流的划分

(1)感知电流

引起人的感觉的最小电流称感知电流,人接触到这样的电流会有轻微麻感,一般成年男性平均感知电流有效值为1.1 mA,成年女性约为0.7 mA。

(2)摆脱电流

人触电后能自行摆脱的最大电流称为摆脱电流,一般成年男性平均摆脱电流有效值为16 mA,成年女性约为10.5 mA,儿童较成年人小。

(3)致命电流

在较短时间内危及生命的电流,称为致命电流。电流达到50 mA以上,就会引起心室颤动有生命危险,100 mA以上的电流就足以致死。

以工频电流为例,当1 mA左右的电流通过人体时,会产生麻刺等不舒服的感觉;10～30 mA的电流通过人体,会产生麻痹、剧痛、痉挛、血压升高、呼吸困难等症状,但通常不至于有生命危险;电流达到50 mA以上,就会引起心室颤动而有生命危险;100 mA以上的电流,足以致人于死地。各种电流值对人体的影响如表2-1所示。

表 2-1　各种电流值对人体影响

电流(mA)	50 Hz 交流电	直流电
0.6～1.5	手指开始感觉发麻	无感觉
2～3	手指感觉强烈发麻	无感觉
5～7	手指肌肉感觉痉挛	手指感觉灼热和刺痛
8～10	手指关节与手掌感觉痛，手已难以脱离电源，但尚能摆脱电源	灼热感增加
20～25	手指感觉剧痛，迅速麻痹，不能摆脱电源，呼吸困难	灼热更增，手的肌肉开始痉挛
50～80	呼吸麻痹，心房开始震颤	强烈灼痛，手的肌肉痉挛，呼吸困难
90～100	呼吸麻痹，持续 3 min 或更长时间后，心脏麻痹或心房停止跳动	呼吸麻痹

4. 触电的方式

(1)单相触电

在低压电力系统中，若人站在地上接触到一根火线，即为单相触电或称单线触电，人体接触漏电的设备外壳，也属于单相触电。

(2)两相触电

人体不同部位同时接触两相电源带电体而引起的触电叫两相触电。

(3)接触电压、跨步电压触电

接触电压：人站在地上触及设备外壳所承受的电压。

跨步电压：人站立在设备附近地面上，两脚之间所承受的电压。

当外壳接地的电气设备绝缘损坏而使外壳带电，或导线断落发生单相接地故障时，电流由设备外壳经接地线、接地体(或由断落导线经接地点)流入大地，向四周扩散，在导线接地点及周围形成强电场。

5. 安全电压

安全电压是指使通过人体的电流不超过允许范围的电压，又称安全特低电压。其保护原理是:通过对系统中可能作用于人体的电压进行限制,从而使触电时流过人体的电流受到抑制,将触电危险性控制在没有危险的范围内。

(1)特低电压区段

交流(工频):无论是相对地或相对相之间均不大于 50 V(有效值)。

直流(无纹波):无论是极对地或极对极之间均不大于 120 V。

(2)特低电压限值

限值是指任何运行条件下,任何两导体间不可能出现的最高电压值。我国的特低电压限值规定为:工频有效值的限值为 50 V、直流电压的限值为 120 V。我国标准还推荐:当接触面积大于 1 m^2、接触时间超过 1 s 时,干燥环境中工频电压有效值的限值为 33 V、直流电压限值为 70 V;潮温环境中工频电压有效值的限值为 16 V、直流电压限值为 35 V。

(3)安全电压额定值

我国将安全电压额定值(工频有效值)的等级规定为:42 V、36 V、24 V、12 V 和 6 V。具体选用时,应根据使用环境、人员和使用方式等因素确定。

①特别危险环境中使用的手持电动工具应采用 42 V 安全电压。

②有电击危险环境中使用的手持照明灯和局部照明灯应采用 36 V 或 24 V 安全电压。

③金属容器内、特别潮湿处等特别危险环境中使用的手持照明灯应采用 12 V 安全电压。

④水下作业等场所应采用 6 V 安全电压。

当电气设备采用 24 V 以上安全电压时,必须采取防护直接接触电击的措施。

二、人身触电原因及预防措施

我国每年因触电死亡人数达数千人之多，而大多数事故发生在用电设备和配电装置上，在所有用电事故中，无法预料和不可抗拒的事故还是极少数的，大量的用电事故还是可以采取切实的措施来预防的。防止发生用电事故的对策，主要就是必须牢固树立“安全第一”思想，贯彻“预防为主”的方针，认真落实保证安全的组织措施和技术措施，做到防患于未然。

1. 防止人身触电伤亡事故的基本对策

(1)加强用电安全管理的组织措施

①人员管理。从事电力作业人员必须具备必要的电气知识和业务技能，具备必要的安全知识和紧急救护方法。从事电力作业的人员必须经电力部门培训、考核并取得“进网作业许可证”后，方可进网作业。严禁非电力专业人员操作电气设备。

②规章制度。必须认真贯彻执行《电业安全工作规程》的有关规定和本企业根据企业特点制定的工作规程及规章制度，以确保工作人员人身及设备的安全，并使电气设备始终保持在良好、安全的运行状态。

③安全教育和宣传。除了对职工及电工进行“安全第一”思想教育，并通过技术培训、岗位练兵、反事故演习等方式提高人员的技术、业务水平以外，还要大力开展安全用电宣传，普及安全用电基本知识，使所有用电群众掌握安全用电的基本方法。可以采用群众喜闻乐见的多种形式，如办培训班、广播、戏剧小品、图片、板报、标语等宣传教育方式，进行群众性的安全教育工作，提高广大用户的安全意识和安全用电水平。

④用电管理和安全检查。定期进行安全检查，对查出的缺陷、隐患及时进行处理，及时纠正用电中的不安全因素和违章行为。用电管理要严把“三关”，即把好投运质量关、操作技术关、安全维护关。

(2)防止人身触电事故的技术措施

触电可分为直接触电和间接触电。直接触电指直接接触或过分接近正常运行的带电体而造成的触电;间接触电是指触及正常时不带电、因故障而带电的金属导体而造成的触电。对于不同种类的触电事故,应采取不同的安全防护措施。

①直接触电的防护措施:可采取对带电导体实施绝缘、屏护、隔离或保持足够的安全间距,或在安全电压下用电或装漏电保护装置等措施。

②间接触电的防护措施:可采取对带电导体实施加强绝缘,或进行电气隔离、保护接地,或使用安全电压、自动断开电源(包括保护接零、漏电保护装置)等措施。

2. 防止人身触电伤亡事故的一般措施

在所有人身触电伤亡事故中,既有作业人员违章、误操作造成的事故,也有由于电气设备制造不良或运行中出现故障使操作者触电伤亡的事故,还有由于电气设备安装不合格对周围群众造成的触电事故,以及非电工人员随便处理电气事务而造成的事故等。

下面根据造成用电事故的几种原因,具体分析应采取的相应措施。

(1)私拉乱接

造成触电原因是:

①置国家电力技术规程、制度于不顾,制造了人为的不安全因素,如私设电网、用电捕鱼、私拉乱接各种电气设备等,导致了人为触电伤亡及电气火灾事故的发生。

②安装质量低劣,乱拉乱扯,扰乱了农村低压电网的整体布局。

③非电工安装、操作电气设备,造成安装无标准,操作无程序,管理无规章,运行无制度等的不安全局面。据统计,因私拉乱接造成的触电死亡人数占触电死亡人数的五分之一。

为防止此类事故的发生,应做到:

①严禁使用挂钩线、破股线、地爬线和绝缘不合格的导线。

②严禁采用“一相一地”方式用电。

③不得私自攀登、操作电力设备。

④不能购买质量低劣的电气设备。

⑤严禁私设电网，严禁用电网捕鱼、狩猎、捕鼠或灭害。

⑥用电要申请，安装修理找电工，不准私拉乱接用电设备。

(2)违章作业

造成触电原因是：

①安全意识不强，缺乏安全技术、遵章守纪的教育。

②思想麻痹大意，存在侥幸心理。

③管理人员对各种因素缺乏了解。

④安全措施不到位。

⑤视规章制度于不顾，没有严格按规程办事。

为防止此类事故的发生，应做到：

①加强安全教育，提高安全意识，严格执行“三票三制”。

②认真学习各种规程制度，不断提高理论和技术水平。

③在电力线附近建筑施工必须严格按电力规程进行，建筑物对电力线路的距离必须符合规程要求。

④作业人员每年应接受相应的培训、考试，经考试合格方能上岗作业。

⑤不得在电力线下盖房、打球、打场、堆柴草、栽树和竹子等。

⑥严格按安全规程进行作业，严禁逾时停、送电。

⑦对有触电危险的工作应设专人监护，专职监护人不得兼任其他工作。

⑧完善规章制度，落实安全职责，严肃劳动纪律，严格安全考核，狠抓习惯性违章。

(3)设备安装不合格

造成触电原因是：

①违反电力有关规程，没有按规程要求进行作业和质量把关。

②采用不合格的电气材料。

③安全意识不强，缺乏对电气安全知识的了解和认识。

为防止此类事故的发生，应做到：

①加强人员培训和教育，提高人员素质。坚持原则，按章办事，把好安装质量关。

②不准私拉乱接用电设备，采用合格的电气设备。

③严格执行各种规程、制度，按章办事。

④工作要认真，不得有半点马虎，不能不懂装懂。

⑤定期进行设备维护检修，消除事故隐患。对三类设备（设备本身有缺陷或资料缺失）进行改造，提高设备健康水平。

(4)设备失修

造成触电原因是：

①维护管理不善，线路设备带病运行，没有及时处理设备缺陷。

②工作责任心不强，缺乏安全用电认识。

为防止此类事故的发生，应做到：

①加强设备管理，明确安全职责范围。

②加强线路设备的巡视检查，发现问题及时处理。

③加强漏电保护器的运行管理，确保"三率"（安装率、运行率、灵敏率）100％。

(5)缺乏安全用电常识

造成触电原因是：文化素质低，缺乏安全用电常识，安全观念淡薄，因无知而引起的事故。

为防止此类事故的发生，应做到：

①大力普及安全用电知识的宣传教育，通过培训、广播、宣传画、影片等形式，使安全用电知识家喻户晓。

②临时用电设备用电，事先须征得供电部门同意方能安装，经检查合格，才能投入运行。

③非专业人员或电工不得从事电力工作,电力工作要严格按规程操作。

(6)维护不善

造成触电原因是:对电力线路设备缺乏维护管理,电力线路设备存在事故隐患,或由于使用、修理不当而造成意想不到的触电事故。

为防止此类事故的发生,应做到:

①努力提高电力线路的安全运行水平,每年应对电力设备进行一次全面的检修。

②应定期或不定期对线路进行巡视检查,发现问题及时处理。

③开展保护电力设施的宣传教育工作,组织义务护线员,做到积极防治。

④安装维修严格按规程要求,不得有半点马虎。

(7)与弱电线路搭接

造成触电原因是:电力线路与广播、通讯线相搭接而引起人身意外事故。

为防止此类事故的发生,应做到:

①广播线和电话线要和电力线分杆架设,不能绑在同一个绝缘子上。

②电力线路与弱电线路交叉时,电力线应架设在弱电线路的上方,最小垂直距离不得低于规程要求。

(8)自然灾害

造成的触电原因是:由于雷电、暴雨、台风等自然灾害而引起触电事故。

为防止此类事故的发生,应做到:

①除了解避雷常识外,还要因地因时灵活运用,如雷电时不要靠近高大建筑、电杆等,雷电时尽量不用电器设备。

②大风天气外出时,应注意观察周围有无电杆倒塌,不要接触断线和电器设备。

③发现倒杆断线应及时采取措施，派人看守，并要及时告知电力部门派员处理。

(9)因破坏电力设施而造成的触电

电力设施属于国家财产，受国家法律保护，禁止任何单位或个人从事危害电力设施的行为。破坏电力设施属于违法行为，情节严重的将判处死刑。《电力设施保护条例》规定，任何单位或个人不得从事下列危害电力线路设施的行为：向电力线路设施射击；向导线抛掷物体；在架空电力线路导线两侧各 300 m 的区域内放风筝；擅自在导线上使用电器设备；利用杆塔、拉线作起重牵引地锚；擅自攀登杆塔或在杆塔上架设电力线、通信线、广播线，安装广播喇叭；在杆塔、拉线上牵挂牲畜，悬挂物体，攀附农作物；在杆塔、拉线基础的规定范围内取土、打桩、钻探开挖或倾倒酸、碱、盐及其他有害化学物品；在杆塔或杆塔与拉线之间修筑道路；拆卸杆塔或拉线上的器材，移动、损坏永久性标志或标示牌。

三、电气防火、防爆、防雷常识

1. 电气防火

(1)电气火灾产生的原因

几乎所有的电气故障都可能导致电气着火，如设备材料选择不当、过载、短路或漏电、照明及电热设备故障、熔断器的烧断、接触不良以及雷击、静电等，都可能引起高温、高热或者产生电弧、放电火花，从而引发火灾事故。

(2)电气火灾的预防和紧急处理

①预防方法。应按场所的危险等级正确地选择、安装、使用和维护电气设备及电气线路，按规定正确采用各种保护措施。在线路设计上，应充分考虑负载容量及合理的过载能力；在用电上，应禁止过度超载及乱接乱搭电源线；对需在监护下使用的电气设备，应“人去电停”；对易引起火灾的场所，应注意加强防火，配置防火

器材。

②电气火灾的紧急处理。首先应切断电源，同时，拨打火警电话报警。不能用水或普通灭火器（如泡沫灭火器）灭火，应使用干粉二氧化碳或"1211"等灭火器灭火，也可用干燥的黄沙灭火。

2. 电气防爆

(1)由电引起的爆炸

主要发生在含有易燃、易爆气体、粉尘的场所。

(2)防爆措施

在有易燃、易爆气体、粉尘的场所，应合理选用防爆电气设备，正确敷设电气线路，保持场所良好通风；

应保证电气设备的正常运行，防止短路、过载；

应安装自动断电保护装置，对危险性大的设备应安装在危险区域外；

防爆场所一定要选用防爆电机等防爆设备，使用便携式电气设备应特别注意安全；

电源应采用三相五线制与单相三线制，线路接头采用熔焊或钎焊。

3. 防雷

雷电产生的强电流（20 000 A）、高电压（200 kV）、高温热（30 000℃）具有很大的破坏力和多方面的破坏作用，给电力系统、给人类造成严重灾害。

(1)雷电形成与活动规律

雷鸣与闪电是大气层中强烈的放电现象。雷云在形成过程中，由于摩擦、冻结等原因，积累起大量的正电荷或负电荷，产生很高的电位。当带有异性电荷的雷云接近到一定程度时，就会击穿空气而发生强烈的放电。

雷电活动规律：南方比北方多，山区比平原多，陆地比海洋多，热而潮湿的地方比冷而干燥的地方多，夏季比其他季节多。

一般来说，下列物体或地点容易受到雷击：

①空旷地区的孤立物体、高于 20 m 的建筑物如水塔、宝塔、尖形屋顶、烟囱、旗杆、天线、输电线路杆塔等。在山顶行走的人畜，也易遭受雷击。

②金属结构的屋面、砖木结构的建筑物或构筑物。

③特别潮湿的建筑物、露天放置的金属物。

④排放导电尘埃的厂房、排放废气的管道和地下水出口、烟囱冒出的热气(含有大量导电质点、游离态分子)。

⑤金属矿床、河岸、山谷风口处、山坡与稻田接壤的地段、土壤电阻率小或电阻率变化大的地区。

(2)防雷常识

①为防止感应雷和雷电侵入波沿架空线进入室内，应将进户线最后一根支承物上的绝缘子铁脚可靠接地。

②雷雨时，应关好室内门窗，以防球形雷飘入；不要站在窗前、阳台上或有烟囱的灶前；应离开电力线、电话线、无线电天线 1.5 米以外。

③雷雨时，不要洗澡、洗头，不要呆在厨房、浴室等潮湿的场所。

④雷雨时，不要使用家用电器，应将电器的电源插头拔下。

⑤雷雨时，不要停留在山顶、湖泊、河边、沼泽地、游泳池等易受雷击的地方，最好不用带金属柄的雨伞。

⑥雷雨时，不能站在孤立的大树、电线杆、烟囱和高墙下，不要乘坐敞篷车和骑自行车。避雨应选择有屏蔽作用的建筑或物体，如汽车、电车、混凝土房屋等。

⑦如果有人遭到雷击，应不失时机地进行人工呼吸和胸外心脏按压，并送医院抢救。

第五节　消防安全常识

一、火灾的分类和常见火源

火灾:指时间或空间上失去控制的燃烧所造成的灾害事件。

1. 火灾的分类

(1)火灾按照物质分为A、B、C、D、E五类。

①A类火灾:指固体物质火灾。这种物质往往具有有机物性质,一般在燃烧时能产生灼热的余烬。如木材、棉、毛、麻、纸张火灾等。

②B类火灾:指液体火灾和可熔化的固体火灾。如汽油、煤油、原油、甲醇、乙醇、沥青、石蜡火灾等。

③C类火灾:指气体火灾。如煤气、天然气、甲烷、乙烷、丙烷、氢气火灾等。

④D类火灾:指金属火灾。指钾、钠、镁、钛、锆、锂、铝镁合金火灾等。

⑤E类火灾:电气类火灾。

(2)根据火灾性质分为:

①特大火灾:具有以下情形之一的为特大火灾:死亡十人以上(含十人);重伤二十人以上;受灾五十户以上;烧毁财物损失五十万元以上。

②重大火灾:具有下列情形之一的,为重大为灾:死亡三人以上;重伤十人上;死亡、重伤十人以上;受灾三十户以上;烧毁财物损失五万元以上。

③一般火灾:不具有以上情形的燃烧事故为一般火灾。

2. 常见火灾发生的原因

(1)炉灶设备位置不当,靠近可燃物;

(2)烟囱设备不当,靠近可燃物;

(3)使用炉火不慎,无人管理;

(4)小孩玩火;

(5)在堆放可燃物附近燃放鞭炮、吸烟;

(6)使用灯火不慎;

(7)电气设备安装使用不当;

(8)电气短路;

(9)机器摩擦发热;

(10)静电放电;

(11)粉尘爆炸着火;

(12)熬炼;

(13)雷击起火;

(14)违章用电;

(15)自燃;

(16)违反操作规程,将可相互产生化学反应作用的物质混放在一起;

(17)危险区域吸烟等。

二、燃烧常识

1. 燃烧的概念

人们通过长期用火实践和多次科学实验证明,燃烧是一种发热发光的化学反应。燃烧是一种游离基的连锁反应,因此,燃烧必须是发光发热的,但发光发热的现象不一定是燃烧(如灯泡发光发热属于物理反应)。

2. 燃烧的必要条件

(1)要有可燃物。凡能与空气中的氧或其他氧化剂起剧烈反应的物质,一般都称为可燃物。如木材、纸张、汽油、酒精、氢气、乙炔、钠、镁等。

(2)要有助燃物。凡能帮助和支持燃烧的物质都叫助燃物。如空气、氧气、氯、溴、氯酸钾、高锰酸钾等。

(3)要有着火源(也叫着火点/着火温度)。凡能引起可燃物质燃烧的热能源都叫着火源。最常见的有明火焰、炽热体、火星和电火花等。

3. 燃烧的特点

一切物质的燃烧都不是它本身的燃烧,而是物质蒸发出来的气体的燃烧。根据这一总的特点,下面我们就具体分析一下固体、液体、气体物质燃烧的各自特点:

(1)固体(有一定的体积,并有一定的形状)

根据其构成,可分为简单和复杂两种。

简单的物质:如硫(S)、磷(P)、钾(K)等,它们燃烧的特点是:首先熔化,然后蒸发、燃烧。

复杂的物质:如木材、煤等,它们由数十种化学成分组成,其燃烧的特点是:首先在加热中分解其组成结构,放出气体或液体产物后着火燃烧。

(2)液体(具有一定的体积,但无一定的形状)

一切能燃烧的液体都能蒸发,但能蒸发的液体不一定都能燃烧。液体燃烧,也都是烧它蒸发的气体。

液体燃烧的特点是:开始较为缓慢,后来由于温度逐步升高,蒸发量不断加剧,因此,燃烧也就逐渐猛烈,直至达到最大燃烧值。

(3)气体(无一定体积,也无一定形状)

气体物质的燃烧所需要的温度仅仅是用于将气体加热到燃点的

程度。因此，它燃烧的开始即达到其燃烧的最大数值，直到最后固定不变。

综上所述，从物质燃烧是它蒸发的气体燃烧看，固、液、气三态物质的（火灾）危险性是不一样的。固态物质在常温下一般不会蒸发，比较安全；液态物质在常温下大多能蒸发，它比固体（态）物质火灾危险性大；气态物质在常温下就具备了燃烧条件——气态，因此其火灾危险比其他“两态”物质更大。

4. 燃烧的阶段

火灾有一个由小到大的发展过程，这个发展过程一般要经过三个阶段：

（1）初起阶段：火源面积较小，燃烧强度弱；火焰本身放出的辐射热能不多；烟和气体流动速度比较慢。初起阶段是扑救的最好时机，只要发现及时，用很少的人力和消防器材、工具，就能把火扑灭。

（2）发展阶段：燃烧强度增大，温度上升，热烟充满了房屋，室内可燃物质被加热；气体对流加强，燃烧速度增快，燃烧面积迅速扩大，形成了燃烧的发展阶段。此阶段可能发生严重的情况如烟火已窜出了门窗和房屋、局部建筑物构件被破坏（烧穿），建筑物内充满烟雾，火势突破了外壳等，温度可达 700℃以上。从灭火的角度来看，这是关键阶段。在燃烧发展阶段内，必须投入相当的力量，采取正确的措施，来控制火势的发展，以便进一步加以扑灭。

（3）猛烈阶段：火焰包围了整个可燃材料，燃烧面积迅速扩大到了限度，燃烧强度大，辐射热强，燃烧物质分解出大量的燃烧产物，温度和气体对流达到最大的数值，可燃材料迅速被烧尽，不燃材料和结构的机械强度受到破坏，可能发生变形或倒塌。处于猛烈阶段的火灾是很复杂的，必须组织较大的灭火力量，经过较长的时间，才能控制火势、扑灭火灾。

5. 燃烧的种类

(1)闪燃

即像闪电一样的燃烧。凡是易燃液体蒸气遇到明火、火种而引起的瞬间燃烧,叫做闪燃。在闪燃时的温度叫闪点。

(2)爆燃

爆燃就是爆炸,但爆炸不等于是爆燃。爆炸包括物理反应和化学反应两种。而爆燃只属于化学反应,也是一种瞬间的燃烧,也可以说是物质分解放出大量热和气体的现象。这些热和气体速度向四周推去,而产生很大压力,形成冲击波,所以爆燃具有较大的破坏作用。

爆燃的特点:①速度快(几千分之一秒至几万分之一秒)

②压力大(上千上万兆帕)

③温度高(1 500～4 500℃)

(3)自燃

①本身自燃:凡没有外界热源或明火作用,而是由于物质内部自行发热、燃烧的叫本身自燃。它的特点是由内向外烧。

②加热自燃:把可燃物加热到着火温度以上,不与火焰接触就能燃烧,这种燃烧就叫加热自燃。加热自燃的原因有熬炼、摩擦、化学反应中的高热、辐射热、导电过负荷等。

③接触自然:一种物质接触另一种物质而自燃。如高锰酸钾接触甘油或松节油、氯化汞接触硫黄、镁接触磷酸盐等。

(4)着火

可燃物接触明火或明火接触可燃物而发生的持续燃烧叫着火。

三、灭火的原则与基本方法

1. 灭火的一般原则

(1)报警早,损失少

报警应沉着冷静,及时准确、简明扼要地报出起火部门和部位、燃烧的物质、火势大小；如果拨叫119火警电话，还必须讲清楚起火单位名称、详细地址、报警电话号码，到消防车可能来到的路口接应，并主动及时地介绍燃烧的性质和火场内部情况，以便迅速组织扑救。

(2)边报警，边扑救

在报警同时，要及时扑救初起火，初起阶段由于燃烧面积小，燃烧强度弱，放出的辐射热量少，因此是扑救的有利时机，只要不错过时机，可以用很少的灭火器材，如一桶黄沙或少量水就可以扑灭，所以，就地取材、不失时机地扑灭初起火灾是极其重要的。

(3)先控制，后灭火

在扑救火灾时，应首先切断可燃物来源，然后争取灭火一次成功。

(4)先救人，后救物

在发生火灾时，如果人员受到火灾的威胁，人和物相比，人是主要的，应贯彻执行救人第一、救人与灭火同步进行的原则，先救人后疏散物资。

(5)防中毒，防窒息

在扑救有毒物品时要正确选用灭火器材，尽可能站在上风向，必要时要佩戴面具，以防中毒或窒息。

(6)听指挥，莫惊慌

平时加强防火灭火知识学习，并积极参与消防训练，才能做到一旦发生火灾不会惊慌失措。

2. 灭火的基本方法

根据物质燃烧的原理，灭火的基本方法就是为了破坏燃烧必须具备的基本条件和反应过程所采取的一些措施。

(1)隔离法：就是将火源处周围的可燃物质隔离或将可燃物质移走，没有可燃物，燃烧就会中止。运用隔离法灭火方式很多，比较常用的有：迅速将燃烧物移走；将火源附近的可燃、易燃易爆和助燃物品移走；关闭可燃气体、液体管路的阀门，以减少和阻止可燃物质进入燃烧区；设法阻拦疏散的液体，如采取泥土、黄沙、水泥筑堤等方法；及时拆除与火源毗连的易燃建筑物等。

(2)窒息法：就是阻止空气注入燃烧区或用不燃物质冲淡空气，使燃烧物得不到足够的氧气而熄灭。用这种方法扑灭火灾所用的灭火剂和器材有二氧化碳、氮气、水蒸气、泡沫、石棉被等。用窒息法扑灭火灾的方法(式)有：用不燃或难燃的物件直接覆盖在燃烧的表面上，隔绝空气，使燃烧停止；将水蒸气或不燃气体灌进起火的建筑物内或容器、设备中，冲淡空气中的氧，以达到熄火程度；设法密闭起火建筑物或容器、设备的孔洞，使其内部氧气在燃烧反应中消耗，燃烧由于得不到氧气的供应而熄灭。

(3)冷却法：就是将灭火剂直接喷射到燃烧物上，使燃烧物的温度低于燃点，燃烧停止；或者将灭火剂洒到火源附近的物体上，使其不受火焰辐射热的威胁，避免形成新的火点。冷却法是灭火的主要方法，常用水灭火，因水的热容大，汽化所需的热量大，而且能迅速在燃烧物表面上散开和渗入内部，水接触燃烧物时，大部分流散而使物体受到冷却，部分水蒸发变成蒸汽也吸收大量热，所以能将燃烧物的温度降到燃点以下。泡沫和二氧化碳等灭火剂也起到一定的冷却作用，但在一定的条件下不如水的效能大。

(4)抑制灭火法：就是使灭火剂参与燃烧的连锁反应，使燃烧过程中产生的游离基消失，形成稳分子或低活性的游离基，从而使燃烧反应停止。采用这种方法一定要足够数量的灭火剂准确地喷射在燃烧区内，使灭火剂参与和中断燃烧反应，否则将起不到抑制燃烧反应的作用，达不到灭火的目的；同时要采取必要的冷却降温措施，以防复燃。

四、常见灭火器的种类和使用方法

灭火器是一种可由人力移动的轻便灭火器具，它能在其内部压力作用下，将所充装的灭火剂喷出，用来扑救火灾。灭火器种类繁多，其适用范围也有所不同，只有正确选择灭火器的类型，才能有效地扑救不同种类的火灾，达到预期的效果。我国现行的国家标准将灭火器分为手提式灭火器和车推式灭火器。下面就人们经常见到和接触到的手提式灭火器的分类、适用及使用方法作一简要的介绍。

1. 灭火器的分类

(1)按充装的灭火剂分类

灭火器按充装的灭火剂可分为四类：

①干粉灭火器。充装的灭火剂主要有两种，碳酸氢钠和磷酸铵盐。

②二氧化碳灭火器。

③泡沫灭火器。

④水系灭火器。

(2)按驱动灭火器的压力类型分类

灭火器按驱动灭火器的压力类型可分为三类：

①贮气瓶式灭火器。灭火剂由灭火器上的贮气瓶释放的压缩气体或液化气体的压力驱动的灭火器。

②贮压式灭火器。灭火剂由灭火器同一容器内的压缩气体或灭火蒸气的压力驱动的灭火器。

③化学反应式灭火器。灭火剂由灭火器内化学反应产生的气体压力驱动的灭火器。

2. 不同类型的火灾灭火器的选择

(1)扑救A类火灾即固体燃烧的火灾应选用水系、泡沫、磷酸铵盐干粉灭火器。

(2)扑救B类即液体火灾和可熔化的固体物质火灾应选用干粉、泡沫、二氧化碳灭火器(这里值得注意的是，化学泡沫灭火器不能灭B类极性溶性溶剂火灾，因为化学泡沫与有机溶剂接触，泡沫会迅速被吸收，使泡沫很快消失，这样就不能起到灭火的作用，醇、醛、酮、醚、酯等都属于极性溶剂）。

（3）扑救C类火灾即气体燃烧的火灾应选用干粉、二氧化碳灭火器。

（4）扑救带电火灾应选择磷酸铵盐干粉灭火器、碳酸氢钠干粉灭火器或二氧化碳灭火器，但不得选用装有金属喇叭喷筒的二氧化碳灭火器。

（5）对D类火灾即金属燃烧的火灾，就我国目前情况来说，还没有定型的灭火器产品。目前国外灭D类的灭火器主要有粉装石墨灭火器和灭金属火灾专用干粉灭火器。在国内尚未定型生产灭火器和灭火剂的情况下可采用干砂或铸铁沫灭火。

3. 常见灭火器的使用方法及其标志的识别

常见的手提式灭火器有两种：手提式干粉灭火器和手提式二氧化碳灭火器。目前，在宾馆、饭店、影剧院、医院、学校等公众聚集场所使用的多数是磷酸铵盐干粉灭火器（俗称“ABC干粉灭火器”）和二氧化碳灭火器，在加油、加气站等场所使用的是碳酸氢钠干粉灭火器（俗称“BC干粉灭火器”）和二氧化碳灭火器。

（1）灭火器的使用方法

几种常见灭火器的使用方法基本相同，这里只作简要介绍如表2-2所示，具体操作应遵照灭火器粘贴的说明书进行。

表2-2　常用灭火器的种类及使用方法

干粉灭火器的使用方法	适用范围：适用于扑救各种易燃、可燃液体和易燃、可燃气体火灾，以及电器设备火灾。

续表

 1. 右手握着压把，左手托着火火器底部，轻轻地取下灭火器	 2. 右手提着灭火器到现场
 3. 除掉铅封	 4. 拔掉保险销
 5. 左手握着喷管，右手提着压把	 6. 在距火焰 2 米的地方，右手用力压下压把，左手拿着喷管左右摆动，喷射干粉覆盖整个燃烧区

续表

泡沫灭火器的使用方法	主要适用于扑救各种油类火灾、木材、纤维、橡胶等固体可燃物火灾。
 1. 右手握着压把，左手托着灭火器底部，轻轻地取下灭火器	 2. 右手提灭火器到现场
 3. 右手捂住喷嘴，左手执筒底边缘	 4. 把灭火器颠倒过来呈垂直状态，用劲上下晃动几下，然后放开喷嘴
 5. 右手抓筒耳，左手抓筒底边缘，把喷嘴朝向燃烧区，站在离火源八米的地方喷射，并不断前进，围着火焰喷射，直至把火扑灭	 6. 灭火后，把灭火器卧放在地上，喷嘴朝下

续表

二氧化碳灭火器的使用方法	主要适用于各种易燃、可燃液体、可燃气体火灾，还可扑救仪器仪表、图书档案、工艺器和低压电器设备等的初起火灾。
 1. 用右手握着压把	 2. 用右手提着灭火器到现场
 3. 除掉铅封	 4. 拔掉保险销
 5. 站在距火源 2 米的地方，左手拿着喇叭筒，右手用力压下压把	 6. 对着火焰根部喷射，并不断推前，直至把火焰扑灭

续表

<table>
<tr><td>推车式干粉灭火器使用方法</td><td rowspan="2">
1. 把干粉车拉或推到现场</td></tr>
<tr><td>主要适用于扑救易燃液体、可燃气体和电器设备的初起火灾。本灭火器移动方便，操作简单，灭火效果好</td></tr>
<tr><td>
2. 右手抓着喷粉枪，右手顺势展开喷粉胶管，直至平直，不能弯折或打圈</td><td>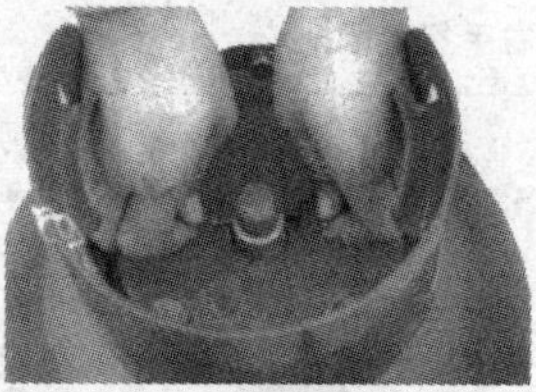
3. 除掉铅封，拔出保险销</td></tr>
<tr><td>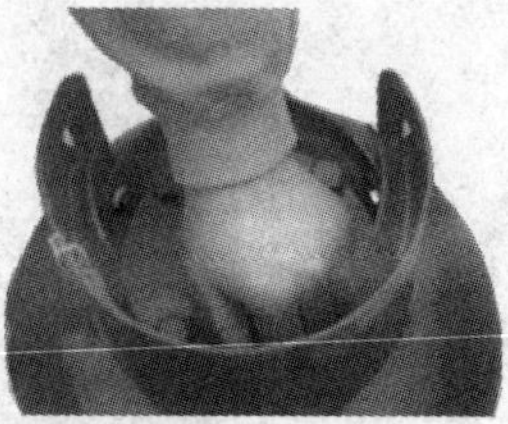
4. 用手掌使劲按下供气阀门</td><td>
5. 左手把持喷粉枪管托，右手把持枪用手指扳动喷粉开关，对准火焰喷射，不断靠前左右摆动喷粉枪，把干粉笼罩住燃烧区，直至把火扑灭为止</td></tr>
</table>

(2)灭火器标志的识别

灭火器铭牌常贴在筒身上或印刷在筒身上，并应有下列内容，在使用前应详细阅读：

①灭火器的名称、型号和灭火剂类型。

②灭火器的灭火种类和灭火级别。要特别注意的是，对不适应的灭火种类，其用途代码符号是被红线划去的。

③灭火器的温度使用范围。

④灭火器驱动器气体名称和数量。

⑤灭火器生产许可证编号或认可标记。

⑥生产日期、制造厂家名称。

五、火场疏散逃生常识

1. 火灾中人员伤亡的主要致因

(1)火场上的有害气体

火场上大多数可燃物质含有碳，当供给的空气充足时，碳燃烧并生成二氧化碳，但当空气不足时，便形成危险的一氧化碳。除非可燃物和空气事先混合好，否则，燃烧区的空气供给通常都是不足的。物质燃烧时，可能形成的主要有害气体包括：一氧化碳、二氧化碳、氯化氢、氮的氧化物、硫化氢、氰化氢、光气等。起火后形成的有害气体决定于许多可变因素，其中至关重要的因素由物质燃烧中的化学成分组成，它决定燃烧的氧气量和温度。

①一氧化碳(CO)

一氧化碳是无色、无味、无刺激性的气体。一氧化碳在大多数火灾中虽不是燃烧生成气体中毒性最大的一种，但它却是在火灾中在没有控制的燃烧条件下产生含量最大、最典型的有毒气体。如一氧化碳在空气中的浓度地下室火灾可达 0.04%～0.65%，楼层火灾可达 0.01%～0.4%，闷顶火灾可达 0.01%～0.1%。

一氧化碳吸入人体后与血红蛋白(血液中的带氧成分)结合成碳氧血红蛋白,严重阻碍血液携氧及解离能力,引起组织缺氧化及碳酸蓄积,形成内窒息。一氧化碳与血红蛋白的亲合力比氧大200～300倍,而碳氧血蛋白的离解又比氧合血红蛋白慢3 600倍,所以大量的一氧化碳一旦进入血液,就会干扰氧的传递,导致内组织缺氧而造成中毒。一氧化碳还会与体内还原型细胞色素氧化酶结合,直接抑制组织细胞的呼吸而使得组织缺氧。中枢神经系统对缺氧特别敏感。所以,火场上当人员吸入一氧化碳中毒时会造成神志不清或昏迷等。空气中不同浓度的一氧化碳,对人体的影响见表2-3。

表2-3　空气中一氧化碳浓度对人体的影响

空气中一氧化碳含量(%)	中毒症状
0.02	2～3小时发生轻度头痛
0.04	1～2小时出现头痛、恶心
0.08	40分钟出现头痛、头晕、恶心、痉挛,2小时内能丧失意志或虚脱
0.16	20分钟出现头痛、头晕、恶心、痉挛,2小时内昏迷致死
0.32	5～10分钟出现头痛、头晕、恶心、痉挛,30分钟昏迷致死
0.64	1～2分钟出现头痛、头晕、恶心、痉挛,30分钟昏迷致死
1.28	1～3分钟致死

②二氧化碳(CO_2)

二氧化碳是一种无色不燃、溶于水、略带酸味的气体。一千克木材(含50%的碳)完全燃烧可产生约一立方米的二氧化碳。二氧化碳是一种主要的燃烧产物,有轻度毒性。火场上在空气中二氧化碳的不同浓度对人体的影响主要有以下几种现象:

二氧化碳浓度在1%～2%时,人才能有不适感觉;在3%时,呼吸中枢受到刺激,呼吸和脉搏加快,血压升高;在4%时,有头痛、目花、耳鸣、心跳等症状;在5%时,人呼吸不可忍耐;在7%～10%时,人在数分钟内失去知觉,以至死亡。

③氯化氢(HCl)

氯化氢是一种有刺激味的气体。火场上含氯的树脂及其塑料制品在燃烧时会产生氯化氢气体,其中聚氯乙烯尤为严重。氯化氢具有强酸性,因此对皮肤和黏膜有刺激性和较强的腐蚀性。在高浓度的场所,会加剧刺激眼睛,引起呼吸道发炎和肺水肿。氯化氢对人体的影响见表 2-4。

表 2-4 氯化氢对人体的影响

氯化氢的含量(ppm)	对人体的影响
0.5~1	感到轻微的刺激
5	对鼻子有刺激,有不适感
10	强烈地刺激鼻子,不能坚持 30 分钟以上
35	短时间刺激喉咙
50	短时间能坚持住的极限数
100	有生命危险

④氮的氧化物

氮的氧化物主要是一氧化氮(NO)和二氧化氮(NO_2)气体,前者是无色气体,后者是红褐色气体并具有令人讨厌的气味,有毒,主要作用于深部呼吸道,遇呼吸道中的水分可形成硝酸,对肺部产生强烈的刺激作用和腐蚀作用。轻度中毒症状为胸闷、咳嗽、咳痰,重度中毒会出现昏迷、肺水肿。氮的氧化物对人体的影响见表 2-5。

表 2-5 氮的氧化物对人体的影响

氮的氧化物含量		对人体的影响
%	mg/L	
0.004	0.19	长时间作用无明显反映
0.006	0.29	短时间内气管即感到刺激
0.01	0.48	短时间内刺激气管,咳嗽,继续作用有生命危险
0.02	1.2	短时间内可迅速死亡

⑤硫化氢(H_2S)

硫化氢是具有强烈臭蛋气味的无色可燃气体。在毛织品、橡胶、皮革、肉类、头发燃烧时，以及硫和硫化物火灾用水扑救时会产生硫化氢气体。硫化氢为强烈的神经系统毒物，在人体内硫化氢与细胞色素氧化酶结合，引起细胞内窒息，危害神经系统，特别是呼吸中枢。硫化氢对人体的影响见表 2-6。

表 2-6　硫化氢对人体的影响

硫化氢的含量		对人体的影响
%	mg/L	
0.01～0.015	0.015～0.023	经几个小时，有轻微的中毒症状
0.02	0.31	经 5～8 分钟，强烈刺激眼睛
0.05～0.07	0.77～1.08	经 1 小时，严重中毒
0.1～0.3	1.54～4.62	致死

⑥氰化氢(HCN)

氰化氢为无色，略带杏仁气味的剧毒气体。如毛织品、丝绸、晶体胺、丙烯酸及某些木材、纸张，在火灾中能产生氰化氢气体。氰化氢被人体吸入后，其氰根(—CN)可与细胞色素氧化酶三价铁结合，使生物氧化酶活性降低，引起体内细胞缺氧而窒息。轻度中毒症状为头痛、恶心、胸闷，重度中毒症状为意识丧失、痉挛、脑水肿、肺水肿而死亡。当人吸入浓度为 0.3 mg/L 的氰化氢时可立即死亡。

⑦光气($COCl_2$)

光气为无色的剧毒气体，具有霉草味，微溶于水。该气体主要伤害人体呼吸器官，引起肺水肿，造成呼吸困难，以致缺氧最后窒息死亡。

以上只列举了具有代表性的燃烧产物及毒害，火场上人体中毒致死往往是以上因素共同作用的结果。各种高分子化工产品的燃烧产物对人的生命威胁最大。

(2)烟的高温

放热是燃烧反应的重要特征，放出的热量是由可燃物中的化学能以燃烧反应转换而来。可燃物燃烧消耗氧的过程也是氧化反应放热的过程。通过对火灾中常见的可燃物进行试验发现，绝大多数物质在完全燃烧消耗单位体积氧时所产生的热量是一个常数17.1×10^3 kJ/m^3(25℃)，而每起火灾要消耗大量氧气，因此，产生大量的热随燃烧产物中的烟气包括水蒸气扩散。这种烟气温度可达几百甚至几千摄氏度，根据实验结果表明，建筑物室外内火灾温度最高可达800～1200℃。

在人类居住的地方，由于人们对防火的疏忽大意，难免不发生火灾，而火灾的发生发展有时是难以预测的，特别是人员集中的商场、宾馆、饭店、影剧院、歌舞厅等娱乐活动场所、疏散通道少的高层建筑、地下工程以及其他场所夜间发生的火灾，往往有人被烟火围困，导致生命受到严重威胁。

2. 火场逃生的方法

一场火灾降临，在众多的被火势围困的人员中，有人葬身火海，而有人却死里逃生幸免于难，这固然与火势大小、起火时间、起火地点、建筑物内报警、排烟、灭火设施等因素有关，然而还要看被烟火围困的人员在灾难临头时有没有避难逃生的本领。

(1)熟悉所处环境

熟悉我们工作或居住的环境，事先制定较为详细的逃生计划，进行必要的逃生训练和演练。对确定的逃生出口、路线和方法，要让家庭和单位所有成员都要熟知和掌握，必要时可把确定的逃生出口和路线绘制在图上，并贴在明显的位置上，以便平时大家熟悉和在发生火灾时按图上的逃生方法、路线和出口顺利逃出危险地区。

当我们出差、旅游住进宾馆、饭店以及外出购物走进商场或到影剧院、歌舞厅等不熟悉的环境时，都应留心看一看太平门、楼梯、安全出口的位置，以及灭火器、消火栓、报警器的位置，以便临警时能及时逃出险区或将初期火灾及时扑灭，并在被围困的情况下及时向外面报警求救。这种熟悉是非常必要的，只有养成这样的好习惯，才能有备无患。

(2)选择逃生方法

逃生的方法有多种多样。由于火场上的火势大小，被围困人员所处位置和使用的器材不同，所采取的逃生方法也不一样，火场上逃生有以下主要方法：

①立即离开危险地区

一旦在火场上发现或意识到自己可能被烟火围困，生命受到威胁时，要立即放下手中的工作，争分夺秒，设法脱险，切不可延误逃生良机。

遇险时，应尽量观察、判明火势情况，明确自己所处环境的危险程度，以便采取相应的逃生措施和方法。

②选择简便、安全的通道和疏散设施

逃生路线的选择，应根据火势情况，优先选择最简便、最安全的通道和疏散设施。如楼房着火时，首先选择安全疏散楼梯、室外疏散楼梯、普通楼梯等，尤其是防烟楼梯、室外疏散楼梯，更安全可靠，在火灾逃生时，应充分利用。

如果以上通道被烟火封锁，又无其他器材救生时，可考虑利用建筑的阳台、窗口、屋顶、落水管、避雷线等脱险，但应注意查看落水管、避雷线是否牢固，防止人体攀附上以后断裂脱落造成伤亡。

③准备简易防护器材

逃生人员多数要经过充满烟雾的路线，才能离开危险区域。如果浓烟呛得人透不过气来，可用湿毛巾、湿口罩捂住口鼻，无水时干毛巾、干口罩也可以，实践和实验都已证明湿毛巾和干毛巾除烟效果都较好。使用毛巾捂住口鼻时，一定要使过滤烟的面积增大，将口鼻捂严。在穿过烟雾区时，即使感到呼吸困难，也不能将毛巾从口鼻上拿开，因一旦拿开，就有立即中毒的危险。在穿过烟雾区时，除用毛巾、口罩捂住口鼻，还应将身体尽量贴近地面或使用爬行的方法穿过险区。

如果门窗、通道、楼梯等已被烟火封锁，冲出险区有危险时，可向头部、身上浇些冷水或用湿毛巾等将头部包好，用湿棉被、湿毯子将身体裹好或穿上阻燃的衣服，再冲出险区。

④自制简易救生绳索，切勿跳楼

当各通道全部被烟火封死时，应保持镇静，可利用各种结实的绳索，如无绳索可用被褥、衣服、床单或结实的窗帘布等物撕成条，拧好成绳，拴在牢固的窗框、床架或其他室内外的牢固物体上，然后沿绳缓慢下滑到地面或下层的楼层内而顺利逃生。

⑤创造避难场所

在各种通道被切断，火势较大，一时又无人救援的情况下，应关紧迎火的门窗，打开背火的门窗，但不能打碎玻璃，要是窗外有烟进来时，还要关上窗子。如门窗缝隙或其他孔洞有烟进来时，应该用湿毛巾、湿床单等物品堵住或挂上湿棉被等难燃或不燃的物品，并不断向物品、门窗、地面上洒水，并淋湿房间的一切可燃物，等待消防队的到来，救助脱险。

(3)火场逃生注意的事项

火场逃生要迅速，动作越快越好，切不要为穿衣服或寻找贵重物品而延误时间，要树立时间就是生命、逃生第一的思想。

逃生时要注意随手关闭通道上的门窗，以阻止和延缓烟雾向逃离的通道流窜。通过浓烟区时，要尽可能以最低姿势或匍匐姿势快速前进，并用湿毛巾捂住口鼻，不要向狭窄的角落退避，如墙角、桌子底下、大衣柜里等。

如果身上衣服着火，应迅速将衣服脱下，如果来不及脱掉可就地翻滚，将火压灭，不要身穿着火衣服跑动，如附近有水池、河塘等，可迅速跳入水中，如人体已被烧伤时，应注意不要跳入污水中，以防感染。

火场上不要轻易乘坐普通电梯。这个道理很简单,其一,发生火灾后,往往容易断电而造成电梯"卡壳",给救援工作增加难度;其二,电梯口直通大楼各层,火场上烟气涌入电梯井极易形成"烟囱效应",人在电梯里随时会被浓烟毒气熏呛而窒息。

火灾刚刚发生的时候,应迅速向消防部门报警,同时积极参加初起火灾的扑救。

第六节　危险化学品基本知识

一、危险化学品的概念

具有易燃、易爆、毒害、腐蚀、放射性等危险特性,在生产、储存、运输、使用和废弃物处置等过程中容易造成人身伤亡、财产毁损、环境污染的化学品均属危险化学品。

二、危险化学品的分类

危险化学品目前常见并用途较广的约有数千种,其性质各不相同,每一种危险化学品往往具有多种危险性,但是在多种危险性中,必有一种主要的即对人类危害最大的危险性,因此在对危险化学品分类时,掌握"择重归类"的原则,即根据该化学品的主要危险性来进行分类。我国目前已公布的三个国标 GB 6944—2012《危险货物分类和品名编号》、GB 12268—2012《危险货物品名表》和 GB 13690—2009《化学品分类和危险性公示通则》,将危险化学品分为八大类,每一类又分为若干项。根据常用危险化学品的危险特性和类别,它们的标志设有主标志 16 种和副标志 12 种,主安全标志的图形由危险特性的图案、文字说明、底色和危险品类别号四个部分组成,副标志图形中没有危险品类别号。当一种危险化学品具有一种以上的危险性时，应用主标志表示主要的危险性类别，并用副标志来表示其他主要的危险类别。

1. 爆炸品

系指在外界作用下（如受热、受压、撞击等），能发生剧烈的化学反应，瞬时产生大量的气体和热量，使周围压力急剧上升，发生爆炸，对周围环境造成破坏的物品，也包括无整体爆炸危险，但具有燃烧、抛射及较小爆炸危险，或仅产生热、光、音响或烟雾等一种或几种作用的烟火物品。其主要特性有：

（1）爆炸性

爆炸品具有化学不稳定性，在一定外界因素的作用下，会进行猛烈的化学反应，主要有以下特点：

①化学反应速度极快。一般以万分之一秒的时间完成化学反应，爆炸能量在极短时间放出，因此具有巨大的破坏力。

②爆炸时产生大量的热。

③产生大量气体，造成高压，形成的冲击波对周围建筑物有很大的破坏性。

（2）对撞击、摩擦、温度等非常敏感

任何爆炸品的爆炸都需要外界供给它一定的能量——起爆能。爆炸品所需的最小起爆能，即为该爆炸品的敏感度。敏感度是确定爆炸品爆炸危险性的一个非常重要的标志，敏感度越高，则爆炸危险性越大。

（3）有的爆炸品还有一定的毒性

例如梯恩梯、消化甘油、雷汞等都具有一定的毒性。

（4）与酸、碱、盐、金属发生反应

有些爆炸品与某些化学品如酸、碱、盐发生化学反应，反应的生成物是更容易爆炸的化学品。如苦味酸遇某些碳酸盐能反应生成更易爆炸的苦味酸盐，苦味酸受铜、铁等金属撞击，立即发生爆炸。

由于爆炸品的以上特性，因此在储运中要避免摩擦、颠簸、震荡，严禁与氧化剂、酸、碱、盐类、金属粉末和钢材料器具等混储混运。

2. 压缩气体和液化气体

系指压缩、液化或加压溶解的气体，并应符合下述两种情况之一：

①临界温度低于 50℃或在 50℃时，其蒸气压大于294 kPa的压缩或液化气体；

②温度在 21.1℃时，气体的绝对压力大于 275 kPa，或在 54.4℃时，气体的绝对压力大于 715 kPa 的压缩气体，或在 37.8℃时，雷德蒸气压大于 275 kPa 的液化气体或加压溶解气体。

按其性质分为以下三项：

(1)易燃气体

此类气体极易燃烧，与空气混合能形成爆炸性混合物。在常温常压下遇明火、高温即会发生燃烧或爆炸。

(2)不燃气体

系指无毒、不燃气体，包括助燃气体，高浓度时有窒息作用。助燃气体有强烈的氧化作用，遇油脂能发生燃烧或爆炸。

(3)有毒气体

该类气体有毒，毒性指标与第 6 类毒性指标相同，对人畜有强烈的毒害、窒息、灼伤、刺激作用，其中有些还具有易燃、氧化、腐蚀等性质。

所有压缩气体都有危害性，因为它们是在高压之下，有些气体具有易燃、易爆、助燃、剧毒等性质，在受热、撞击等情况下，易引起燃烧爆炸或中毒事故。

3. 易燃液体

系指易燃的液体、液体混合物或含有固体物质的液体，但不包括由于其危险性已列入其他类别的液体，其闭杯闪点等于或低于61℃。

(1)按闪点高低分为以下三项：

①低闪点液体，指闭杯闪点低于－18℃的液体。

②中闪点液体，指闭杯闪点在－18℃至23℃的液体。

③高闪点液体，指闭杯闪点在23℃至61℃的液体。

(2)特性

①高度易燃性

具有高度易燃性，遇火、受热以及和氧化剂接触时都有发生燃烧的危险，其危险性的大小与液体的闪点、自燃点有关，闪点和自燃点越低，发生着火燃烧的危险越大。

②易爆性

沸点低，挥发出来的蒸气与空气混合后，浓度易达到爆炸极限，遇火源往往发生爆炸。

③高度流动扩散性

黏度一般都很小，不仅本身极易流动，还因渗透、浸润及毛细现象等作用，即使容器只有极细微裂纹，易燃液体也会渗出容器壁外。泄漏后很容易蒸发，形成的易燃蒸气比空气重，能在坑洼地带积聚，从而增加了燃烧爆炸的危险性。

④易积聚电荷性

部分易燃液体，如苯、甲苯、汽油等，电阻率都很大，很容易积聚静电而产生静电火花，造成火灾事故。

⑤受热膨胀性

膨胀系数比较大，受热后体积容易膨胀，同时其蒸气压亦随之升高，从而使密封容器中内部压力增大，造成“鼓桶”，甚至爆裂，在容器爆裂时会产生火花而引起燃烧爆炸。因此，易燃液体应避热存放，灌装时，容器内应留有5%以上的空隙。

⑥毒性

大多数易燃液体及其蒸气均有不同程度的毒性，因此在操作过程中，应做好劳动保护工作。

(3)易燃性是易燃液体的主要特性，在使用时应特别注意：

①严禁烟火，远离火种、热源；

②禁止使用易发生火花的铁制工具及穿带铁钉的鞋；

③穿静电工作服。

4. 易燃固体、自燃物品和遇湿易燃物品

(1)易燃固体

系指燃点低、对热、撞击、摩擦敏感，易被外部火源点燃，燃烧迅速，并可能散发出有毒烟雾或有毒气体的固体，但不包括已列入爆炸品的物质。其特性如下：

①易燃固体的主要特性是容易被氧化，受热易分解或升华，遇明火常会引起强烈、连续的燃烧；

②与氧化剂、酸类等接触，反应剧烈而发生燃烧爆炸；

③对摩擦、撞击、震动也很敏感；

④许多易燃固体有毒，或燃烧产物有毒或腐蚀性。

对于易燃固体应特别注意粉尘爆炸。

(2)自燃物品

系指自燃点低，在空气中易于发生氧化反

应放出热量而自行燃烧的物品。其特性如下：

①燃烧性是自燃物品的主要特征。自燃物品在化学结构上无规律性，因此自燃物质就有各自不同的自燃特性。

②黄磷性质活泼，极易氧化，燃点又特别低，一旦暴露在空气中很快引起自燃，但黄磷不和水发生化学反应，所以通常放置在水中保存。另外黄磷本身极毒，其燃烧的产物五氧化二磷也为有毒物质，遇水还能生成剧毒的偏磷酸，所以遇有磷燃烧时，在扑救的过程中应注意防止中毒。

③二乙基锌、三乙基铝等有机金属化合物，不但在空气中能自燃，遇水还会强烈分解，产生易燃的氢气，引起燃烧爆炸。因此，储存和运输必须用充有惰性气体或特定的容器包装，失火时亦不可用水扑救。

(3)遇湿易燃物品

系指遇水或受潮时，发生剧烈化学反应，放出大量的易燃气体和热量的物品。有些不需明火即能燃烧或爆炸。

遇湿易燃物质除遇水反应外，遇到酸或氧化剂也能发生反应，而且比遇到水发生的反应更为强烈，危险性也更大。因此，储存、运输和使用时，注意防水、防潮，严禁火种接近，与其他性质相抵触的物质隔离存放。

遇湿易燃物质起火时，严禁用水、酸碱泡沫、化学泡沫扑救。

5. 氧化剂和有机过氧化物

(1)氧化剂

系指处于高氧化态，具有强氧化性，易分解并放出氧和热量的物质，包括含有过氧基的有机物，其本身不一定可燃，但能导致可燃物的燃烧。另外与松软的粉末状可燃物能组成

爆炸性混合物，对热、震动或摩擦较为敏感。

(2)有机过氧化物

系指分子组成中含有过氧基的有机物，其本身易燃易爆、极易分解，对热、震动和摩擦极为敏感。

氧化剂具有较强的获得电子能力，有较强的氧化性，遇酸碱、高温、震动、摩擦、撞击、受潮或与易燃物品、还原剂等接触能迅速分解，有引起燃烧、爆炸的危险。

6. 毒害品和感染性物品

(1)毒害品

系指进入肌体后，累积达一定的量，能与体液和组织发生生物化学作用或生物物理学变化，扰乱或破坏肌体的正常生理功能，引起暂时性或持久性的病理改变，甚至危及生命的物品。

具体指标如下：

①经口：$LD_{50} \leqslant 500$ mg/kg(固体)，$LD_{50} \leqslant 2000$ mg/kg(液体)；

②经皮：$LD_{50} \leqslant 1000$ mg/kg(24h 接触)；

③吸入：$LC_{50} \leqslant 10$ mg/L(粉尘、烟雾、蒸气)。

(2)感染性物品

系指含有致病的微生物，能引起病态甚至死亡的物质。

7. 放射性物品

系指放射性比活度大于 7.4×10^{4} Bq/kg 的物品。

其特性如下：

(1)具有放射性

放射性物质放出的射线可分为四种：α 射线，也叫甲种射线；β 射线，也叫乙种射线；γ 射线，也叫丙种射线；中子流。各种射线对人体的危害都很大。

(2)许多放射性物品毒性很大

不能用化学方法中和使其不放出射线，只能设法把放射性物质清除或者用适当的材料予以吸收屏蔽。

8. 腐蚀品

系指能灼伤人体组织并对金属等物品造成损坏的固体或液体，亦指与皮肤接触在 4 小时内出现可见坏死现象，或温度在 55℃时，对 20 号钢的表面均匀年腐蚀超过 6.25 mm 的固体或液体。

该类化学品按化学性质分为三项：

①酸性腐蚀品；

②碱性腐蚀品；

③其他腐蚀品。

主要特性如下：

(1)强烈的腐蚀性

在化学危险物品中,腐蚀品是化学性质比较活泼,能和很多金属、有机化合物、动植物机体等发生化学反应的物质。这类物质能灼伤人体组织,对金属、动植物机体、纤维制品等具有强烈的腐蚀作用。

(2)有毒性

多数腐蚀品有不同程度的毒性,有的还是剧毒品。

(3)易燃性

许多有机腐蚀物品都具有易燃性。如甲酸、冰醋酸、苯甲酰氯、丙烯酸等。

(4)氧化性

如硝酸、硫酸、高氯酸、溴素等,当这些物品接触木屑、食糖、纱布等可燃物时,会发生氧化反应,引起燃烧。

三、危险化学品的安全标签

化学品安全标签是指用于表示化学品所具有的危险性和安全注意事项的一组文字、象形图和编码组合,可粘贴、挂拴或喷印在化学品的外包装或容器上。

1. 化学品安全标签的内容

《危险化学品安全标签编写规定》(GB 15258—2009)规定了危险化学品的内容、制作和使用要求(产品安全标签另有规定的,如农药、气瓶等,按其标准执行),具体规定如下:

(1)化学品标识。用中文和英文分别标明化学品的化学品名称或通用名称。名称要求醒目清晰,位于标签的上方。名称应与化学品安全技术说明书中的名称一致。

(2)象形图。采用 GB 20576—GB 20599、GB 20601、GB 20602 规定的象形图。

(3)信号词。根据化学品的危险程度和类别,分别用“危险”、“警告”两个词分别进行危害程度的警示。信号词位于化学品名称下方，要求醒目、清晰。根据 GB 20576—GB 20599、GB 20601、GB 20602，选择不同类别危险化学品的信号词。

(4)危险性说明。简要概述化学品的危险特性。位于信号词下方。根据 GB 20576—GB 20599、GB 20601、GB 20602，选择不同类别危险化学品的危险性说明。

(5)防范说明。表述化学品在处置、搬运、储存和使用作业中所必须注意的事项和发生意外时简单有效的救护措施等，要求内容简明扼要、重点突出，应包括安全预防措施、意外情况(如泄露、人员接触或火灾等)的处理、安全储存措施及废弃处置等内容。

(6)供应商标识。包括供应商名称、地址、邮编和电话等。

(7)应急咨询电话。填写化学品生产商或生产商委托的 24 小时化学事故应急咨询电话。国外进口化学品安全标签上至少有一家中国境内的 24 小时化学事故应急咨询电话。

(8)资料参阅提示语。提示化学品用户应参阅化学品安全技术说明书。

(9)危险信息先后排序。当某种化学品具有两种及两种以上的危险性时，安全标签的象形图、信号词、危险性说明的先后顺序应按照有关规定执行。

2. 简化安全标签

对于小于或等于 100 mL 的化学品小包装，为方便标签使用，安全标签可以简化，包括化学品标识、信号词、危险性说明、应急咨询电话、供应商名称及联系电话、资料参阅提示语即可。

3. 安全标签样例

安全标签样例

化学品名称 A组分：40%；B组分：60%

危 险

极易燃液体和蒸气，食入致死，对水生生物毒性非常大

【预防措施】

- 远离热源、火花、明火、热表面。使用不产生火花的工具作业。
- 保持容器密闭。
- 采取防止静电措施，容器和接收设备接地、连接。
- 使用防爆电器、通风、照明及其他设备。
- 戴防护手套、防护眼镜、防护面罩。
- 操作后彻底清洗身体接触部位。
- 作业场所不得进食、饮水或吸烟。
- 禁止排入环境。

【事故响应】

- 如皮肤（或头发）接触：立即脱掉所有被污染的衣服。用水冲洗皮肤、淋浴。
- 食入：催吐，立即就医。
- 收集泄漏物。
- 火灾时，使用干粉、泡沫、二氧化碳灭火。

【安全储存】

- 在阴凉、通风良好处储存。
- 上锁保管。

【废弃处置】

- 本品或其容器采用焚烧法处置。

请参阅化学品安全技术说明书

供应商：××××××××××××××××××××× 电话：××××××

地　址：××××××××××××××××××××× 邮编：××××××

化学事故应急咨询电话：××××××

简化标签样例

化学品名称

危险

极易燃液体和蒸气，食入致死，对水生生物毒性非常大

请参阅化学品安全技术说明书

供应商：××××××××××××××××××××× 电话：××××××

化学事故应急咨询电话：××××××

4. 化学品安全标签的使用

(1)使用方法。安全标签应粘贴、拴挂或喷印在化学品包装或容器的明显位置,当与运输标识组合使用时,运输标识可以放在安全标签的另一面版,将之与其他信息分开,也可放在包装上靠近安全标签的位置,后一种情况下,若安全标签中的象形图与运输标志重复,安全标签中的象形图应删除。对组合容器,要求内包装加贴(挂)安全标签,外包装上加粘运输象形图,如果不需要运输标志可以加粘安全标签。

单一容器安全标签粘贴样例

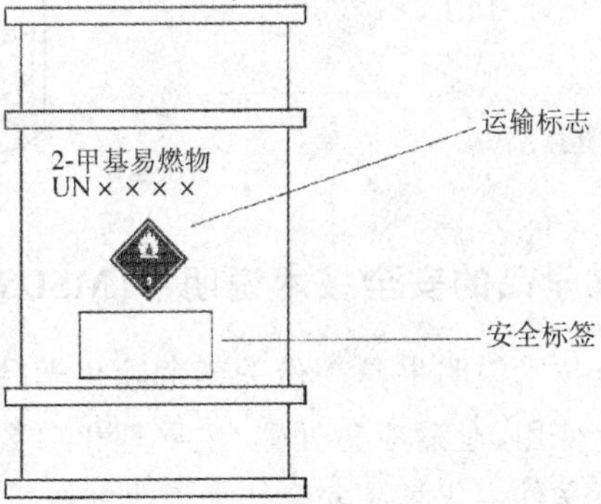

(2)安全标签的位置。安全标签的粘贴、喷印位置规定如下:桶、瓶形包装位于侧身;箱状包装位于端面或侧面明显处;袋、捆包装位于包装明显处。

(3)使用注意事项。安全标签的粘贴、刷挂或喷印应牢固,保证在运输、储存期间不脱落、不损坏;安全标签应由生产企业在货物出厂前粘贴、刷挂或喷印,若要改换包装,则由改换包装单位重新粘贴、栓挂或喷印标签;盛装危险化学品的容器或包装,在经过处理并确认其危险性完全消除之后,方可撕下安全标签,否则不能撕下相应的标签。

组合容器安全标签粘贴样例

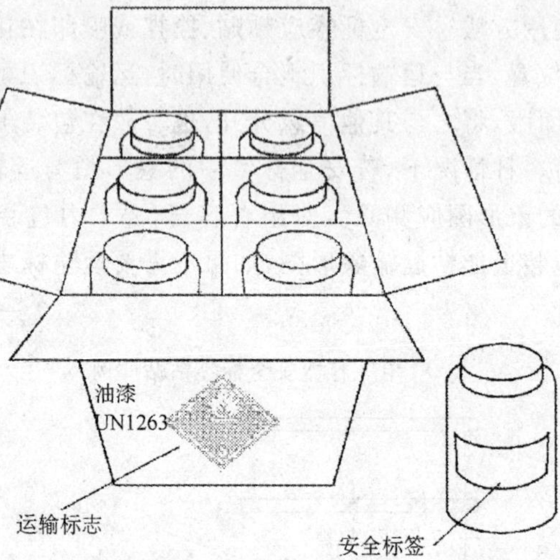

四、危险化学品的安全技术说明书(MSDS)

化学品安全技术说明书是一份关于危险化学品燃爆、毒性和环境危害以及安全使用、泄漏应急处置、主要理化参数、法律法规等方面信息的综合性文件。化学品安全技术说明书在国际上称作化学品安全信息卡，简称 MSDS。在国家标准 GB/T 16483—2008 中规定了化学品安全技术说明书的内容和项目顺序。标准规定安全技术说明书共包括 16 项内容，可分为四大部分：

第一部分是化学品名称和企业标志、危险性概述、成分组成信息。这部分告诉我们它是什么物质、有什么危害，这是在紧急事态下首先需要知道的。

第二部分是急救措施、消防措施、泄漏应急处理。这部分告诉我们危险情形已经发生时我们应该怎么做。

第三部分是操作处置与储存、接触和个体防护、理化特性、反应性。这部分告诉我们如何预防和控制危险发生。

第四部分是毒理性、生态信息、废弃处置、运输、法规和其他信息。

16 项内容是：①化学品及企业标志：产品中文名称，产品英文名称；②成分/组成信息；③危险性概述；④急救措施；⑤消防措施；⑥泄漏应急处理；⑦操作处置与储存；⑧接触控制、个体防护；⑨理化特性；⑩稳定性和反应性；⑪毒理学资料；⑫生态学资料；⑬废弃处理；⑭运输信息；⑮法规信息；⑯其他信息。

从以上内容可以看出，化学品安全技术说明书的主要作用有以下几点：

(1)它是化学品安全生产、安全流通、安全使用的指导性文件；

(2)它是应急作业人员进行应急作业的技术指南；

(3)它为制订危化品安全操作规程提供技术信息；

(4)它是化学品登记管理的重要基础和手段；

(5)它是企业进行安全教育的重要内容。

正因为它这样重要所以国务院《危险化学品安全管理条例》中明确要求化学品的流通必须提供安全技术说明书，也正因为它这样重要作为使用方一定要向危化品提供方索要安全技术说明书。

第七节　高处作业安全常识

一、高处作业的基本观念

高处作业，国家标准《高处作业分级》(GB/T 3608—2008)将其定义为：在坠落高度基准面 2 m 以上(含 2 m)有可能坠落的高处进行的作业。

坠落高度基准面，是指通过最低坠落着落点的水平面，即坠落下去的表面，如地面、楼面、楼梯平台、相邻较低建筑物的屋面、基坑的面积等。最低坠落着落点，是指在作业位置可能坠落到的最低点。高处作业高度，是指作业区各作业位置至相应坠落高度基准面之间的垂直距离中的最低值。

可能坠落范围是指以作业位置为圆心，R 为半径所作的圆。高处作业可能坠落范围半径 R 根据高处作业高度 h 不同，分别是：

(1)当高度 h 为 2 m 至 5 m 时，半径 R 为 3 m；

(2)当高度 h 为 5 m 至 15 m 时，半径 R 为 4 m；

(3)当高度 h 为 15 m 以上至 30 m 时，半径 R 为 5 m；

(4)当高度 h 为 30 m 以上时，半径 R 为 6 m。

我们把在特殊和恶劣条件下的高处作业称为特殊高处作业。特殊高处作业包括强风、高温、雪天、雨天、夜间、带电、悬空、抢险的高处作业。

在施工现场高处作业中，如果未加防护、防护不好或作业不当都可能发生人或物的坠落。人从高处坠落的事故，称为高处坠落事故，物体从高处坠落砸着下面人的事故，就是物体打击事故。

二、高处作业的基本类型

建筑施工中的高处作业主要包括临边、洞口、攀登、悬空、交叉五种基本类型。

1. 临边作业

临边作业，是指施工现场作业中，工作面边沿无围护设施或围护设施高度低于 80 cm 时的高处作业。临边高度越高、危险性就越大。

2. 洞口作业

洞口作业指孔与洞口旁边的高处作业，包括施工现场即通道旁深度 2 m 及 2 m 以上的庄孔、人孔、沟槽与管道洞孔的边沿上的作业。

3. 攀登作业

攀登作业是指借助登高用具或等高设施在攀登条件下进行的高处作业。

4. 悬空作业

悬空作业是指在周边临空状态下进行的高处作业。

5. 交叉作业

交叉作业指在施工现场的上下不同层次，于空间贯通状态下同时进行的高处作业。

三、高处作业施工安全的专项规定

1. 临边作业的安全防护

(1)设置防护栏杆。凡是临边作业都应在临边设置防护栏杆。对于主体工程上升阶段的顶层楼梯口应随工程结构施工进度安装正式防护栏杆。临街道路为行人密集区时，除防护栏杆外，敞口立面必须采取密目式安全网进行全封闭；基坑周边、未安装栏杆或挡板的阳台、料台与卸料平台周边、无外防护的屋面与框架楼层周边、分段施工的楼梯口和梯段边处和垂直运输接料平台的两侧边等所有临边都必须设防护栏杆；坡度大于1∶2.2的屋面应设1.5～1.8 m的防护栏杆。防护栏杆由上下两道横杆及栏杆柱组成，上杆离地面高度为1.0～1.2 m，下杆取中设置，栏杆柱2 m、横杆长度大于2 m时，必须设栏杆柱，栏杆柱与横杆的固定要用网封闭，同时要设置不低于18 cm高的挡脚板，使上横杆在任何处都能经受任何方向1000 N的外力。

(2)设置安全门或活动防护栏杆。各种垂直运输接料平台两侧应设防护栏杆加密目网，封闭平台口应设安全门或活动防护栏杆。

2. 洞口作业的防护

洞口防护根据具体情况采取设置防护栏杆、加盖板、张挂安全网与装栅门等措施。

(1)楼板、屋面和平台面积上短边尺寸小于25 cm但大于2.5 cm的孔洞,必须用坚实的盖板盖设,盖板应能防止挪动移位。

(2)楼板面等处边长为25～50 cm的洞口、安装预制构件的洞口以及缺件临时形成的洞口,可用竹、木等做盖板,盖住洞口。盖板须能保持四周搁置均衡,并有固定其位置的措施。

(3)边长为50～150 cm的洞口,必须设置以扣件扣接钢管而成的网格,并在其上满铺竹笆或脚手板,也可采用贯穿于混凝土板内的钢筋构成防护网。

(4)边长在150 cm以上的洞口,四周设防护栏杆,洞口下张设安全平网。

(5)墙面等处的竖向洞口,凡落地的洞口应加装开关式、工具式或固定式的防护门,门栅网格的间距不应大于15 cm,也可采用防护栏杆,下设挡脚板。电梯井内应每隔两层并最多隔10 m设一道安全网。

(6)下边沿至楼板或底面低于80 cm的窗台等竖向洞口,如侧边落差大于2 m时,应加设1.2 m高的临时护栏。

(7)施工现场通道附近的各类洞口与坑槽等处,除设置防护设施与安全标志外,夜间还应设红灯警示。

3. 攀登作业的安全防护

(1)使用梯子攀登作业时,梯脚底部应坚定,不得垫高使用,并采取包扎、钉胶皮、锚固或夹牢等防护措施。

(2)作业人员应从规定的通道上下,不得在阳台之间等非规定过道进行攀登,也不得任意利用吊车臂架的施工设施进行攀登。上下梯子时必须面向梯子,且不得手持器物。

4. 悬空作业的防护

(1)悬空作业除应有牢靠的立足点外,还必须视具体情况,配置防护栏网、栏杆或其他安全设施。悬空作业所用的索具、脚手板、吊篮、吊笼、平台等设备，均需经过技术鉴定或检查后方可使用。

(2)钢结构的构件应尽可能在地面组装，并应将进行临时固定、电焊、高强螺栓连接等操作的高空安全设施随构件同时上吊就位。高空吊装预应力钢筋混凝土屋架、桁架等大型构架前，也应搭设悬空作业中所需的安全设施。拆卸时的安全措施也应一并考虑和落实。

(3)悬空安装大模板、吊装第一块预制构件、吊装单独的大中型预制构件时，必须站在操作平台上操作。吊装中大模板和预制构件以及石棉水泥板等屋面板上，严禁站人和行走。

(4)安装管道时必须有已完成的结构或操作平台为立足点，严禁在安装中的管道上站立人和行走。

(5)悬空构件的焊接，必须在满铺脚手板支架后的操作平台上操作。

焊接立柱和墙体钢筋时，不得站在钢筋骨架上或攀登骨架上下，焊接 3 m 以上的柱钢筋，必须搭设操作平台。

(6)在高处外墙安装门、窗，无外脚手时应张挂安全网，无完全网时，操作人员应系好安全带，其保险钩应挂在操作人员上方的可靠物件上。

(7)进行各项窗口作业时，操作人员的重心应位于室内，不得在窗台上站立，必要时应系好安全带进行操作。

5. 交叉作业的防护

(1)交叉作业时，注意不得在同一垂直方向上操作。下层作业的位置，必须处于依上层高度确定的可能坠落范围半径之外。不符合以上条件时，应设置安全防护棚。

(2)结构施工自二层起，凡人员进出的通道口(包括井架、施工用电梯的进出通道口)，均应搭设安全防护棚。高度超过 24 m 的层次上的交叉作业，应设双层防护。

(3)由于上方施工可能坠落物件或处于起重机臂杆回转范围之

内的通道，在其受影响的范围内，必须搭设顶部能防止穿透的双层防护棚。

(4)进入施工现场要走指定的或搭有防护棚的出入口，不得从无防护棚的楼口出入，避免坠物砸伤。

四、高处作业安全防护用品的使用

安全帽、安全带和安全网被称为“三宝”，是高处作业常用的安全防护用品。

1. 安全帽

安全帽是对人体头部受外力伤害时起防护作用的帽，由帽壳、帽衬、后箍等组成。

(1)进入施工现场必须正确佩戴安全帽，帽子的帽壳、帽衬、帽带应齐全完好。

(2)缓冲衬垫的松紧由带子调节，帽衬顶端至帽壳顶部内面的垂直间距，塑料衬必须大于 30 mm。

(3)使用时，不要将安全帽歪戴在脑后，否则会降低对冲击的防护作用。

(4)在使用安全帽的过程中，要始终将帽带扣紧，防止因松动导致安全帽脱落。

(5)安全帽要定期检查，发现帽子有龟裂、下凹、裂缝或严重磨损等情况，应立即更换。

(6)不得将安全帽当凳子使用。

2. 安全带

安全带主要是用于防止高处作业工人坠落的防护用品，它同安全帽一样是适用于个人的防护用品。它由带子、绳子和金属配件组成，使用时应注意：

(1)在使用安全带时，应检查安全带的部件是否完整，有无损伤、安全绳是否存在断股、烫损的现象。

(2)安全带应高挂低用,挂钩应扣在不低于作业者所处水平位置的固定牢靠处,不得将安全带扣挂在活动的物体上并注意防止摆动碰撞。

(3)使用安全带时不允许打结,以免发生坠落受冲击时将绳从绳结处切断,也不准将钩直接挂在安全绳上使用,应挂在连接环上使用。

(4)当上方有热工作业时,在其下方不得使用安全带,防止烧蚀安全带。

(5)不得将安全带挂在管件的自由端、安全网上。

(6)使用 3 m 以上长绳应加缓冲器(自锁钩用吊绳例外)。

(7)安全带上的各种部件不得任意拆卸掉。更换新绳时要注意加绳套。

(8)使用频繁的绳,要经常做外观检查,发现异常时,应立即更换新绳。

(9)安全带试用期为 3~5 年,发现异常应提前报废。

(10)安全带使用两年后,按批量购入情况抽验一次。悬挂安全带冲击试验时,以 80 kg 重量做自由坠落试验,若不破断,该批安全带可继续使用(试验所用的安全带不可再使用)。

3. 安全网

安全网是用来防止人、物坠落,或用来避免、减轻坠落及物体伤害的网具。根据安装形式和使用目的,安全网可分为平网和立网两类。

平网,安装平面不垂直水平面,主要用来挡住坠落人或物的安全网。

立网,安装平面垂直水平面,主要用来防止人或物坠落的安全网。

安全网是以类别和公称尺寸标志,字母 P、L 分别表示平网和立网。

密目式安全网的特性：耐贯穿性、耐冲击性、阻燃性。

密目式安全网的作用：密目式安全网主要使用于在建工程的外围，将工程用密目网封闭，一是防止物料或钢管等贯穿安全立网而发生物体打击事故；二是减少施工过程中的灰尘对环境的污染。外脚手架施工时，密目式安全网沿脚手架外排立杆的里侧封挂；里脚手施工时，外面专门搭设单排防护架封挂密目式安全网，防护架随建筑升高而升高，高出作业面 1.5 m。

第八节　搬运安全常识

一、装卸搬运的概念与分类

在同一地域范围内（如车站范围、工厂范围、仓库内部等）改变“物”的存放、支承状态的活动称为装卸，改变“物”的空间位置的活动称为搬运，两者全称装卸搬运。有时候或在特定场合，单称“装卸”或单称“搬运”也包含了“装卸搬运”的完整涵义。

在习惯使用中，物流领域（如铁路运输）常将装卸搬运这一整体活动称作“货物装卸”；在生产领域中常将这一整体活动称作“物料搬运”。实际上，活动内容都是一样的，只是领域不同而已。

在实际操作中，装卸与搬运是密不可分的，两者是伴随在一起发生的。因此，在物流科学中并不过份强调两者差别而是做为一种活动来对待。搬运的“运”与运输的“运”，区别之处在于，搬运是在同一地域的小范围内发生的，而运输则是在较大范围内发生的，两者是从量变到质变的关系，中间并无一个绝对的界限。

装卸搬运按照装卸搬运方式可以分为人力装卸搬运和机械装卸搬运两种；从技术发展上分为人力搬运、简单工具搬运、机械化搬运和自动化搬运四种方式。

(1)人力搬运。就是依靠员工手搬肩扛。这种方式比较简单,但效率低、人工费用高、员工容易疲劳。一般只适用于物体小、数量少、重量轻、搬运距离短的情况。

(2)简单工具搬运。即利用手推车、工位器具搬运。这种方法简便,搬运效率较前者高,员工不易疲劳。一般适用于件小量大、搬运距离短的情况。

(3)机械化搬运。即利用火车、轮船、汽车、叉车、电瓶车、起重机和吊车等设备进行搬运。这种搬运方式灵活、效率高、运输量大、节省人力、费用低、适用范围广,既可以运大件,也可以运小件,既可以长距离运输,也可以短距离搬运。

(4)自动化搬运。即利用机械手、传送带、悬挂链和滑道等进行搬运,一般不使用人力。这种搬运方式效率更高,费用更少,一般也只适用于物件小、数量大、重量轻、距离短的情况。

二、相关法规要求

1.《特种设备安全监察条例》

第三十八条　锅炉、压力容器、电梯、起重机械、客运索道、大型游乐设施、场(厂)内专用机动车辆的作业人员及其相关管理人员(以下统称特种设备作业人员),应当按照国家有关规定经特种设备安全监督管理部门考核合格,取得国家统一格式的特种作业人员证书,方可从事相应的作业或者管理工作。

第三十九条　特种设备使用单位应当对特种设备作业人员进行特种设备安全、节能教育和培训,保证特种设备作业人员具备必要的特种设备安全、节能知识。特种设备作业人员在作业中应当严格执行特种设备的操作规程和有关的安全规章制度。

第四十条　特种设备作业人员在作业过程中发现事故隐患或者其他不安全因素,应当立即向现场安全管理人员和单位有关负责人报告。

2.《体力劳动搬运限值》(GB 12330—1990)

单次搬运重量,男性不超过 15 kg,女性不超过 10 kg。

3.《仓库防火管理规则》

第三十九条　库房内不准设置移动式照明灯具。照明灯具下方不准堆放物品,其垂直下方与储存物品水平间距离不得小于 0.5 m。

4.《工业企业厂内铁路、道路运输安全规程》(GB 4387—2008)

道口、交叉路口、装卸作业、人行稠密地段、下坡道、设有警告标志处或转弯、调头时,货运汽车载运易燃、易爆等危险货物时机动车最高行驶速度为 15 km/h。

结冰、积雪、积水的道路;恶劣天气能见度在 3 m 以内时机动车最高行驶速度为 10 km/小时。

进出厂房、仓库、车间大门、停车场、加油站、上下地中衡、危险地段、生产现场、倒车或拖带损坏车辆时机动车最高行驶速度为5 km/h。

三、人力搬运知识

人力装卸搬运作业中的危险因素有:单人搬运装卸的物体抓握不牢从手中滑落发生砸伤事故、单人搬运较重物体时用力过猛发生扭伤事故、多人抬运物体时行动不统一,导致物体滑落,发生砸伤事故、搬运物体时由于路面湿滑或路面有障碍物,出现滑倒、绊倒,发生摔伤、砸伤事故等等。

1. 人力搬运极限负荷

女工及年龄在 16～18 岁的男工(未成年),单人负重是一般不得超过 25 kg,两人抬运的总重量不得超过 50 kg。

男工单人负重量最多不得超过 80 kg。

50 kg 以上单件货物,由一个人搬运时,应由专人搭肩,必要时应有专人卸肩。

80～500 kg 以下的单件货物，应使用手推车、滑板等搬运工具进行装卸搬运。

两人抬运时，每人平均负重量不得超过 70 kg，抬运人数增多，其平均负重量应递减。

单人负重 50 kg 以上，在平地上搬运距离最远不得超过 70 m。

表 2-7　国家规定的体力搬运重量限值

性别	搬运类别	单位	搬运方式		
			搬	扛	推或拉
男	单次重量	kg	15	50	300
	全日重量	t	18	20	30
	全日搬运重量和相应步行距离乘积	t·m	90	300	3000
女	单次重量	kg	10	20	200
	全日重量	t	8	10	16
	全日搬运重量和相应步行距离乘积	t·m	40	150	1600

2.“扛、抬、搭、落”安全要点

(1)搭肩：一人或两人搭肩时，接件人应一脚在侧面，一脚在后半蹲，手臂伸直抓住货件站起。搭肩人应将货件悠起到所需要的高度但不应超过肩高。

(2)肩扛：承接货件时不得弯腰，可以曲膝歪头，应使货件重心位于肩上，手扶货件直立行走。圆形、易滑货件要扛单件行走，不得叠放两件及多件，必要时可捆扎为一件。超过 50 kg 的桶和超过 35 kg 的液体货物不得肩扛。

(3)落肩：将货件落放到指定的位置，垂直落下时，接触地面之前应以手臂牵拉制动防止摔撞，既有垂直距离又有水平距离时，应以凹形弧线摆动，在水平运动阶段进入目的位置。搬取货件的高度不应超过操作者的肩高，放下较重的货件应曲膝下蹲，使其平稳落地。易碎品、贵重品、箱装、桶装和纸袋等怕掉的货物应有专人接肩。

(4)抬：以扁担、杠棒将捆绑好的货件抬起离地 30 cm 左右，每个货件至少要有 4 根绳受力(有固定单索点的货件或专用索具可以用两根绳受力)，伙抬人员要曲膝直腰绷直绳索喊号同时站起，落下时也应缓慢同时落下。绳索在扁担(杠棒)上的分布要使重量平衡分配到每个人，扁担(杠棒)的长度使人与货件保持适当的距离，便于行走。捆绑货件时应使其重心尽量位于绳套的下部，绳索的夹角不应小于 30°，防止货件在绳套中翻动。

(5)抱、挟：双臂伸开围拢抓住高过膝部的货件，贴靠身体前部或侧面髋骨处，上身同时相应后仰或侧弯，取放货件时应蹲起蹲放。

(6)滚：双脚岔开双手抓牢货件上部将货件倾斜，使货件重心移到接近支承边缘，转动货件，使其按指定方向滚动。应防止压脚、挤手和货件摔倒。

(7)铲：两手分握锹柄端部及中部，以曲腿助力，水平铲入料堆，或以脚向斜下方用力蹬入，先撬动锹头，再端起转身以惯性力甩出物料。不得以腹部顶推铁锹柄铲取物料。

(8)背：上身前俯将货件贴向后背，双臂向后伸开两手抠住货件底部，将货件贴紧髋骨处行走；怕摔的不变形货件要有人接取放下。

3. 人力搬运安全

(1)搬运重物之前，应采取防护措施，戴防护手套、穿防护鞋等，衣着要全体、轻便。

(2)搬运重物之前，检查物体上是否有钉、尖片等物，以免造成损伤。

(3)应用手掌紧握物体，不可只用手指抓住物体，以免脱落。

(4)靠近物体，将身体蹲下，用伸直双腿的力量，不要用背脊的力量，缓慢平稳地将物体搬起，不要突然猛举或扭转躯干。

(5)当传送重物时,应移动双脚而不是扭转腰部。当需要同时提起和传递重物时,应先将脚指向欲搬往的方向,然后才搬运。

(6)不要一下子将重物提至腰以上的高度,而应先将重物放于半腰高的工作台或适当的地方,纠正好手掌的位置,然后再搬起。

(7)搬运重物时,应特别小心工作台、斜坡、楼梯及一些易滑倒的地方,经过门口搬运重物时,应确保门的宽度,以防撞伤或擦伤手指。

(8)搬运重物时,重物的高度不要超过人的眼睛。

(9)当有两人或两人以上一起搬运重物时,应由一人指挥,以保证步伐统一及同时提起及放下物体。

(10)当用小车推物时,无论是推、拉,物体都要在人的前方。

四、机械搬运知识

在物流系统中,装卸搬运作业的工作量和所花费的时间、耗费的人力、物力占有很大的比重。为了高效、及时、安全地完成装卸搬运作业,必须合理地配备、选择装卸搬运机械设备。

装卸搬运机械设备是指用来搬移、升降、装卸和短距离输送物料或货物的机械设备。它是物流机械设备中重要的机械设备,不仅用于完成船舶与车辆的装卸,而且也用于完成库场的堆码、拆垛、运输以及舱内、车内、库内货物的输送和搬运。

装卸搬运机械设备是实现装卸搬运作业机械化的基础。合理配置和应用装卸搬运机械设备,充分发挥装卸搬运机械的效能,安全、迅速、优质地完成货物装卸、搬运、码垛等作业任务,是实现装卸搬运机械化、提高物流现代化的一项重要内容。

1. 按作业性质的分类

(1)装卸机械

单一装卸功能的机械种类不多,手动葫芦最为典型,固定式吊车如卡车吊、悬臂吊等吊车虽然也有一定移动半径,也有一点搬运效果，但基本上还是看成单一功能的装卸机具。

(2)搬运机械

单一功能的搬运机具种类较多，如各种搬运车、手推车及斗式、刮板式输送机之外的各种输送机等。

(3)装卸搬运机械

物流科学很注重装卸、搬运两功能兼具的机具，这种机具可将两种作业操作合而为一，因而有较好的系统效果。属于这类机具的最主要的是叉车，港口中用的跨运车、车站用的龙门吊以及气力装卸输送设备等。

2. 按机具工作原理分类

(1)叉车类

包括各种通用和专用叉车。

(2)吊车类

包括门式、桥式、履带式、汽车式、岸壁式、巷道式各种吊车。

(3)输送机类

包括辊式、轮式、皮带式、链式、悬挂式等各种输送机。

(4)作业车类

包括手车、手推车、搬运车、无人搬运车、台车等各种作业车辆。

(5)管道输送设备类

液体、粉体的装卸搬运一体化的由泵、管道为主体的一类设备。

3. 按有无动力分类

(1)重力式装卸输送机

辊式、滚轮式等输送机属于此类。

(2)动式装卸搬运机具

包括内燃式及电动式两种，大多数装卸搬运机具属于此类。

(3)人力式装卸搬运机具

用人力操作作业，主要是小型机具和手动叉车、手车、手推车、手动升降平台等。

五、物品堆码安全要求

1. 堆码原则

(1)稳定、不易倒塌与坠落；

(2)不影响人员正常通行；

(3)不影响紧急疏散；

(4)不阻挡应急物品的取用；

(5)可避免火灾以及不相容物品的化学反应；

(6)横平竖直，整齐有序；

(7)堆放在指定位置。

2. 堆放区域

(1)指定区域，按标志堆放；

(2)厂区通道、应急通道上禁止堆放；

(3)楼梯、电梯口、安全出口前禁止堆放；

(4)消火栓、灭火器、电气箱、叉车充电器前 1.5 m 禁止堆放。

3. 堆放稳定性

(1)在确保稳定性的前提下，物品堆放高度与底面积成正比，即底面积越大的物品，允许堆放的高度越高；

(2)物品堆码越整齐，稳定性越好；

(3)将散装物品加以固定可以提高其稳定性；

(4)可以通过施加侧面力的方式确定其稳定性。

4. 堆放高度

(1)散装物品，不超过 1.4 m；

(2)整体物品，根据其底面积决定。每卡板高度不宜超过 1.8 m。

5. 运输过程中的堆放

(1)物品堆放于叉车上时,应注意物品的重心,并使物品与叉车接触面积最大;

(2)散装物品高度不宜超过 1.4 m,整体物品高度不宜超过 1.8 m;

(3)底面积较小的物品要适当降低高度或采取固定措施;

(4)长度不宜超过货叉长度;

(5)宽度不宜超过货叉宽度的 2 倍。

六、装卸、搬运安全规程

1. 装卸、搬运工安全规程

(1)严格遵守易燃、易爆及化学危险物品装卸运输的有关规定。装卸粉散材料及有毒气散发的物品,应佩戴必要的防护用品。

(2)工作前应认真检查所用工具是否完好可靠,不准超负荷使用。

(3)装卸时应做到轻装轻放,重不压轻,大不压小,堆放平稳,捆扎牢固。

(4)人工搬运、装卸物件应视物件轻重配备人员。杠棒、跳板、绳索等工具必须完好可靠。多人搬运同一物件时,要有专人指挥,并保持一定间隔,一律顺肩,步调一致。

(5)堆放物件不可歪斜,高度要适当,对易滑动件要用木块垫塞。不准将物件堆放在安全通道内。

(6)用机动车辆装运货物时,不得超载、超高、超长、超宽,如遇必须超高、宽、长装运时,应按交通安全管理规定,要有可靠措施和明显标志。

(7)装车时,随车人员要注意站立位置。车辆行驶时,不准站在物件和前拦板之间,车未停妥不准上下。

(8)装卸货物应在规定地点，起吊装箱件时应先检查箱体脚是否牢固完好，按吊线标志吊挂，并经试吊确认稳妥后方能起吊。

(9)使用卷扬机、钢管滚动滑移货物时，要有专人指挥，路面要坚实平整，绳索套结要找准重心，保持直线行进，有棱角快口部位应设垫衬，卸车或下坡应加保险绳，货物前后和牵引钢丝绳边不准站人。

(10)装运易燃易爆化学危险物品严禁与其他货物混装。要轻搬轻放，搬运场地不准吸烟。车箱内不准坐人。

(11)装卸时，应根据吊位变化，注意站立位置。严禁站在吊物下面。

(12)铁路车辆装运物件，不得超过车厢允许高度和宽度。铁路两侧 1.5 m 以内，不得堆放装卸物件，不准在车厢底下或顶上休息。

(13)在高拦板车厢装卸货物起重驾驶员无法看清车厢内的指挥信号时，应设中间指挥，正确传递信号。

2. 载货电梯操作工安全规程

(1)使用前进行润滑并检查电气刹车、安全装置及钢丝绳是否良好。

(2)电梯不得超载使用。所载重物安放应均衡，载货重心不要太偏。

(3)上下时不得乘人，电梯在上面时，任何人员不得进入底层。

(4)货物装好后应关门起动，与对方联络信号系统失灵时，不准使用电梯。

(5)载货电梯应指定专人操作及管理，使用后将电源断开。

(6)检修或停用时应将电梯落到底层。

(7)所设避雷针和接地线要定期检验和检查。

3. 行车工(天车工)安全规程

(1)行车工须经训练考试，并持有操作证者方能独立操作，未经专门训练和考试不得单独操作。

(2)开车前应认真检查设备机械、电气部分和防护保险装置是否完好、可靠。如果控制器、制动器、限位器、电铃、紧急开关等主要附件失灵,严禁吊运。

(3)必须听从挂钩起重人员指挥,但对任何人发动的紧急停车信号,都应立即停车。

(4)行车工必须在得到指挥信号后方能进行操作,行车起动时应先鸣铃。

(5)操作控制器手柄时,应先从"0"位转到第一挡,然后逐级挡减速。换向时,必须先转回"0"位。

(6)当接近卷扬限位器、大小车临近终端或与邻近行车相遇时,速度要缓慢。不准用反车代替制动、限位代停车、紧急开关代普通开关。

(7)应在规定的安全通道、专用站台或扶梯上行走和上下。大车轨道两侧除检修外不准行走。小车轨道上严禁行走。不准从一台行车跨越到另一台行车。

(8)工作停歇时,不得将起重物悬在空中停留。运行中,地面有人或落放吊件时应鸣铃警告。严禁吊物在人头上越过。吊运物件离地不得过高。

(9)两台行车同时起吊一物件时,要听从指挥,步调一致。

(10)运行时,行车与行车之间要保持一定的距离,严禁撞车,同壁行吊车错车时,行车应开动小车主动避让。

(11)检修行车应停靠在安全地点,切断电源挂上"禁止合闸"的警告牌。地面要设围栏,并挂"禁止通行"的标志。

(12)重吨位物件起吊时,应先稍离地试吊,确认吊挂平稳,制动良好,然后升高,缓慢运行。不准同时操作三只控制手柄。

(13)行车运行时,严禁有人上下,也不准在运行时进行检修和调整机件。

(14)运动中发生突然停电,必须将开关手柄放置"0"位。起吊件未放下或索具未脱钩，不准离开驾驶室。

(15)浇铸前，应先看好钢水包高度，然后鸣铃和慢速运行；浇注时，下降速度要缓、稳。

(16)运行时由于突然故障而引起漏钢或吊件下滑时，必须采取紧急措施向无人处降落。

(17)露天行车遇有暴风、雷击或六级以上大风时应停止工作，切断电源。车轮前后应塞垫块卡牢。

(18)夜间作业应有足够的照明。

(19)龙门吊安全操作按本规程执行。行驶时注意轨道上有无障碍物；吊运高大物件妨碍视线时，两旁应设专人监视和指挥。

(20)行车工必须认真做到"十不吊"：

①吊物上站人或有浮放物件不吊；

②超负荷不吊；

③光线暗淡信号看不清、重量不明不吊；

④吊车上吊挂重物直接进行加工时不吊；

⑤工件埋在地下不吊；

⑥斜拉工件不吊；

⑦棱角物件没有防护措施不吊；

⑧氧气瓶、乙炔发生器等具有爆炸性物件不吊；

⑨安全装置失灵不吊；

⑩违章指挥不吊。

(21)工作完毕行车应停在规定位置，升起吊钩，小车开到轨道两端，并将控制手柄放置"0"位，切断电源。

4. 手葫芦安全规程

(1)悬挂葫芦构架必须牢固可靠。工作时葫芦的挂钩、销子、链条、刹车等装置必须保持完好。

(2)起吊用的葫芦，不准超负荷使用。

(3)起吊物件时，除操作葫芦的人员外，其他人员不得靠近被起吊的物件。

(4)起吊物件时,必须捆缚牢固可靠。吊具、吊索应在允许负荷范围内。

(5)用两个葫芦同时起吊一物件时,必须有专人指挥。负荷应均匀分担,操作人员动作要协调一致。

(6)放下物件时,必须缓慢轻放,不允许自由落下。

5. 起重卷扬机工安全规程

(1)卷扬机操作工在工作前必须检查机件安放是否妥当牢固、工作场所周围有无障碍。

(2)卷扬机在启动前,必须检查钢丝绳、刹车和机件各部分的电气和机械装置、安全附件是否齐全和灵敏可靠。

(3)用卷扬机吊运物件时,必须检查工具、索具是否完好。操作人员必须听从专人指挥。

(4)严禁超负荷吊运。不得将吊物在半空中悬停,吊物下禁止人员逗留或行走。

(5)卷扬机运物吊架不准与载人升降机混合使用,不准乘卷扬机上下,载人升降机应符合有关安全规定。

(6)卷扬机在升降极限时,卷筒上的钢丝绳应至少保留两圈以上。

(7)工作完毕后,必须将控制开并恢复“0”位,并切断电源。

6. 电动葫芦工安全规程

(1)凡有操作室的电动葫芦吊必须有专人操作,严格遵守行车工的有关安全操作规程。

(2)开动前应认真检查设备的机械、电气、钢丝绳、吊钩、限位器等是否完好可靠。

(3)不得超负荷起吊,起吊时,手不准握在绳索与物件之间。吊物上升时严防撞顶。

(4)起吊物件时，必须遵守挂钩起重工安全操作规程。捆扎应牢固，在物件的棱角缺口处，应设垫衬保护。

(5)使用拖挂线电气开关启动，绝缘必须良好，正确按动电钮，注意站立位置。

(6)单轨电动葫芦在轨道转弯处或接近轨道尽头时，必须减速运行。

7. 起重挂钩工安全规程

(1)必须熟悉起吊工器具的基本性能和各种吊具、索具的最大允许负荷、报废标准。熟练掌握指挥信号，并遵守行车工的“十不吊”。

(2)起吊工具要经常检查，确保完好可靠，并要妥善保管，不准随地乱丢，不准超负荷使用。

(3)起吊物件的指挥手势要清楚，信号要明确，不准戴手套指挥，起吊大型重吨位时，必须先试吊，离地不高于 0.5 m，经检查确认稳妥后方可起吊运行。

(4)起吊物件必须捆缚平稳牢固，棱角缺口部位应设衬垫，吊位应正确。起吊件翻身时，要掌握重心，注意周围人员动向。

(5)用两台行车同时起吊一物件时，应按行车额定载重量合理分配，统一指挥步调一致。

(6)不准在起吊件下面停留、行走或站立。

(7)捆缚吊物选择绳索夹角要适当，不得大于 120°。遇特殊起吊件时应用专用工具。

(8)多人吊运重物应有专人指挥，不得远距离或不引路指挥吊物运行。

(9)吊运物件应按规定地点妥善堆放，不准将重物堆放在动力输送管线上面或安全通道上。

(10)行车挂钩工统一手势：

①手心向上表示吊钩向上；

②手心向下表示吊钩向下；

③手心向前表示大车向前；

④手心向后表示大车向后；

⑤手心向左表示小车向左；

⑥手心向右表示小车向右；

⑦小指向上表示吊钩小起；

⑧小指向下表示吊钩小落；

⑨两手交叉表示停止；

⑩起吊手势应同时有哨音信号配合。

8. 电瓶车司机安全规程

(1)驾驶员必须由劳动、技安部门审核、批准，经体检、训练和考试合格者，发给操作证后方准驾驶车辆。驾驶员有权制止其他人员动用车辆，严禁非司机开车。

(2)驾驶员必须经常注意维护保养车辆，及时润滑、加油。开车前要检查刹车、喇叭、转向、灯光等装置是否齐全完好，每周大检查一次，发现问题立即修理，不准开带病车。

(3)驾驶员不准酒后开车，行驶中精神要集中，不准吸烟、饮食和闲谈。

(4)电瓶车严禁出厂行驶，在厂区内必须按规定路线靠右侧行驶，行驶速度规定：

①道路宽直，视线良好，在保证安全的条件下，最高时速不得超过 10 千米。

②通过路口、转弯、狭路、交会车、行人众多、雨、雪、雾天，最高时速不得超过 5 千米并注意鸣笛，做到“一看、二慢、三通过”，不准争道抢行。

(5)进出厂房大门，在车间、仓库内行驶，最高时速不得超过 3 千米，并注意鸣笛。

(6)电瓶车驾驶室只准乘两人(包括司机)，无扶手或拦板的车厢严禁载人，装运物件车上严禁载人。行驶中任何人不准爬上跳下。

电瓶车严禁带小孩。

(7)装运物件左右不得超过车身 0.5 m;高度从地面算起不得超过 2 m;长度前后各不得超过车身 1 m。超出部分不得触及地面,严禁超负荷运载。

(8)凡需载运超宽、超高、超长、超重物件时,必须有单位主管安全负责人随车负责安全监护,时速不得超过 3 km,车上严禁载人(除司机外)。

(9)装运物件必须放置平稳,容易滚动和大件物品必须捆扎牢固。

(10)工作完毕后,必须将车停放在指定地点,取下钥匙,进行保养和清扫车辆。

9. 电动平板车操作工安全规程

(1)电动平板车必须有专人操作和维护保养,非操作人员不准随便动用。

(2)操作人员在工作前,必须检查轨道上有无障碍物,电气线路和控制开关是否安全可靠。

(3)电动平板车必须鸣铃后才能平稳启动,并注意周围有无异常情况,随时作好停车准备,不得碰撞轨道终点挡铁。

(4)运行中应缓速行进,不准快速度变换行进方向。

(5)电动平板车在运行中,禁止进行检修和清洁工作。

(6)在装动物件时,不准超载使用,物件堆放应平均分布。

(7)电动平板车在大修后,必须经过使用单位验收,符合安全要求后才准使用。

(8)工作中如遇突然停电,应将控制开关恢复零位,工作完毕后,必须切断电源,卸下负荷,清扫设备。

10. 汽车司机安全规程

(1)严格遵守公安部、交通部《道路交通安全法》、《城市和公路交通管理规则》。

(2)汽车司机必须经过专业训练,经有关部门考试合格,发给执照后,方可独立驾驶车辆。实习驾驶员除持有实习驾驶证外,应有正式司机随车驾驶,严禁无证驾驶。

(3)开车前严禁饮酒,行车、加油时不准吸烟、饮食和闲谈,驾驶室不准超额坐人。

(4)行车前必须检查刹车、方向机、喇叭、照明、信号灯等主要装置是否齐全完好,严禁带病出车。

(5)汽车起步、出入工厂、车间大门,倒车、调头、拐弯、过十字路口时,应鸣笛、减速、靠右行;通过交叉路口时,应“一慢、二看、三通过”;交会车时,要做到礼让“三先”(先让、先慢、先停)。

(6)汽车在厂区内行驶,最高时速不得超过 10 km;进出厂门、车间、库房,时速不得超过 5 km;车间、库房内时速不得过 3 km。

(7)在车间、库房及露天施工工地行驶时,要密切注意周围环境和人员动向,并应鸣号、低速慢行,随时作好停车准备。

(8)严禁超重、超长(车身前后 2 m)、超宽(车身左右 0.2 m)、超高(从地面算起 4 m)装运。装载物品要捆绑稳固牢靠,载货汽车不准搭乘无关人员。

(9)停车时要选择适当地点,不准乱停乱放。停车后应将钥匙取下,拉紧手刹车制动器。

(10)货车载人时,严禁超过规定人数。汽车开动时,应待人员上下稳定,关门起步,严禁爬上跳下。脚踏板、保险杠严禁站人。

(11)在厂内和车间内行驶时,只准走规定的道路,不准从传送带、工程脚手架和低垂的电线下通过。

(12)在过铁道时,要减速瞭望,确认无火车时再通过。有横杆放下时,要按顺序停车;离火车道 30 m 内不准调头、倒车,更不准超车。

(13)用起重设备装卸时,司机必须离开驾驶室,不准检查、修理车辆。

11. 铲车、翻斗车、推土机、拖拉机司机安全规程

(1)驾驶人员必须经过专业训练,并经有关部门考核批准,发给合格证件方准单独操作,严禁无证驾驶。实习司机除持有实习证外,必须有正式司机随车带教。

(2)严禁酒后驾驶,行驶中不准吸烟、饮食和闲谈。

(3)车辆发动前,应检查刹车、方向机、喇叭、照明、液压系统等装置是否灵敏可靠,严禁带病出车。

(4)起步时要查看周围有无人员和障碍物,然后鸣笛起步。行驶中如遇不良条件,应减速慢行在厂区内行驶,时速不得超过 10 km;出入厂门、车间、库房门时速不得超过 5 km;厂区、库房内时速不得超过 3 km。

(5)车辆不准超载使用。铲工件时,铲件升起高度不得超过全车高度的 2/3,运行时铲件离地高度不得大于 0.5 m。

(6)车辆在运行中和尚未停妥时,严禁任何人上下车和扒车、跳车。除司机室和拖车,车辆的其他部位严禁乘人。翻斗车驾驶室有人乘坐时,司机须向其讲清搬杆使用,防止误碰油压搬杆造成事故。

(7)推土机在有坡的地面行驶时,上坡坡度不应大于 25°,下坡坡度不应大于 35°,并禁止在超过 10°的斜坡上进行检修。

(8)推土机发生故障时,不准停止在斜坡上进行检修。

(9)工作完毕后,必须将车辆刹稳并摘挡熄火。铲车的铲脚和推土机的刀片应放落地面。

第三章　交通运输安全基本知识

第一节　交通运输安全概要

交通是指借助某种运载工具,通过某种运行转移的方式,实现人或物空间位置移动的过程,简单地说交通是各种运输活动的总称。广义的交通包括铁路、道路、航空、管道、邮电和通信等内容。

运载手段是指飞行器、车辆、轮船、管道等。

运载方式是指铁路、道路、航线、管线等。

随着经济的高速发展,人类对交通的要求也越来越高。快捷、高效、安全、便利的交通方式是国民经济和社会发展的必然,也是人们生活的必需。

现代化的交通运输方式主要有铁路运输、公路运输、水路运输、航空运输和空运管道运输。五种运输方式在技术、经济上各有长短,都有适宜的使用范围。

空运:贵重、急需、重量适宜、数量不大的货物;大城市和国际的快速客运;报刊、邮件运输等。

公路:少量货物的短途运输;短途客运;容易死亡、变质的活物、鲜货的短途运输。

铁路:大宗、笨重的中远程运输;要求准时到达的远程客货运输;容易死亡、变质的活物、鲜货的中远程运输。

水运：大宗、笨重、远程、不急需的货物。

管道：大宗流体货物运输。

一、全国事故统计情况分析

根据1995年至2004年全国安全事故统计分析，1995年至2004年全国平均每年发生各类事故702 173起，死亡118 843人，其中：

(1)工矿商贸企业事故平均每年发生15 102起，死亡15 688人，其中煤矿企业平均每年发生4 341起，死亡7 288人，非煤矿山企业平均每年发生1 782起，死亡2 072人，非矿山企业平均每年发生8 979起，死亡6 328人。

(2)火灾事故(不含森林、草原火灾)平均每年发生170 821起，死亡2 514人。

(3)道路交通事故平均每年发生495 839起，死亡90 239人。

(4)水上交通事故平均每年发生870起，死亡585人。

(5)铁路交通事故平均每年发生12 748起，死亡8 368人。

(6)民航飞行事故平均每年发生3起，死亡36人。

(7)农业机械事故平均每年发生6 569起，死亡1 150人。

(8)渔业船舶事故平均每年发生128起，死亡111人。

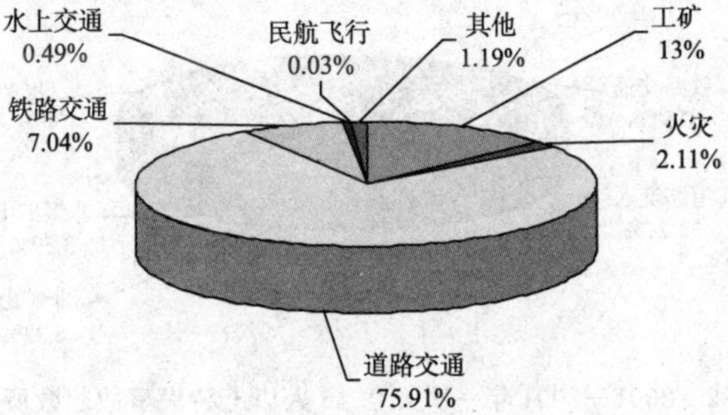

图3-1　1995—2004各类事故总死亡人数所占比例图

全国各类事故中,道路交通事故死亡人数最多,占75.91%。工矿商贸企业中,煤矿企业事故死亡人数最多,占40.85%,其次是非矿山企业,占40.47%。

2001年全国发生10人以上特大事故140起,死亡2 556人;2004年全国发生各类事故129起,死亡2 530人。2001年至2004年全国一次死亡10人以上特大事故平均每年发生132起,死亡2 498人,其中一次死亡30人以上特别重大事故平均每年发生14起,死亡755人。

(1)工矿商贸企业一次死亡10人以上特大事故平均每年发生64起,死亡1372人,其中煤矿企业平均每年发生50起,死亡1 063人,非煤矿山企业平均每年发生5起,死亡165人,非矿山企业平均每年发生9起,死亡144人。

(2)火灾事故(不含森林、草原火灾)一次死亡10人以上特大事故平均每年发生3起,死亡63人。

(3)道路交通事故平均每年发生44起,死亡680人。

(4)水上交通事故平均每年发生5起,死亡119人。

(5)铁路交通事故平均每年发生1起,死亡15人。

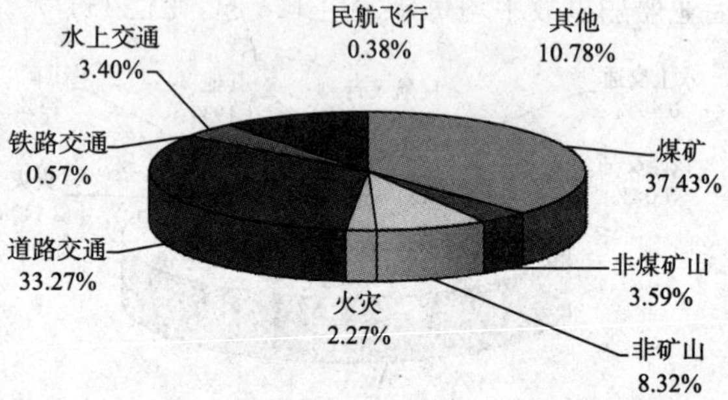

图3-2　2001—2004年一次死亡10人以上特大事故起数所占比例

全国一次死亡10人以上特大事故中,工矿商贸企业所占比例最大，起数占 48.48%，死亡人数占 55.17%。工矿商贸企业中，煤矿所占比例最大，起数占 78.13%，死亡人数占 77.48%。

全国一次死亡 30 人以上特别重大事故中，工矿商贸企业所占比例最大，起数占 71.43%，死亡人数占 76.19%。工矿商贸企业中，煤矿所占比例最大，起数占 81.58%，死亡人数占 75.02%。

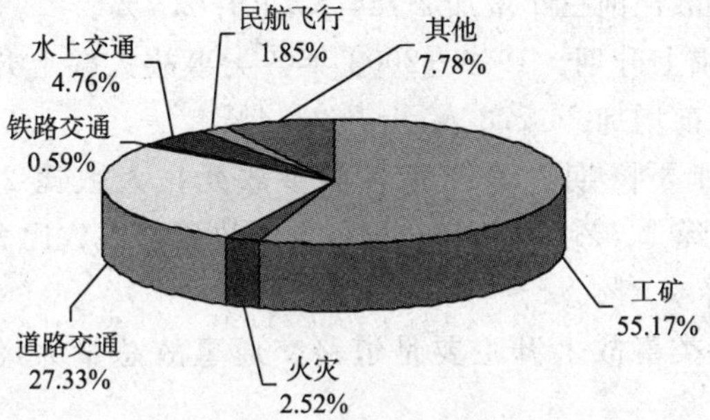

图 3-3　2001—2004 年一次死亡 10 人以上特大事故死亡人数所占比例

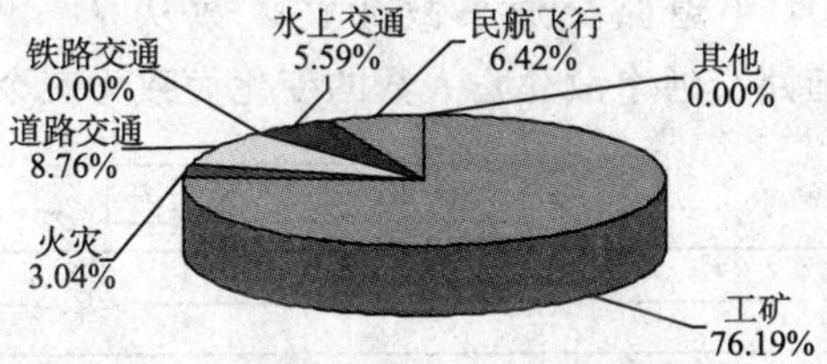

图 3-4　2001—2004 年一次死亡 30 人以上特别重大事故死亡人数所占比例

二、事故特点分析

1. 各类事故总量增加，增长率趋于下降

1995—2004 年全国各类事故总体上升，2002 年后呈下降趋势。

十年间全国各类事故死亡人数从103 543人增加到136 755人，年平均增长2.82%。各类事故的变化大致分为四个阶段：

(1)平稳期。1995—1997年各类事故死亡人数基本稳定在10.3万人左右。

(2)上升期。1997—1999年各类事故死亡人数小幅上升，两年平均死亡人数比前三年增加2 744人，上升2.7%。

(3)大幅上升期。1999—2003年各类事故大幅上升，平均死亡人数比两年前增加24 778人，上升23.4%。

(4)趋于下降期。2003年各类事故死亡人数比2002年减少2 323人，下降1.7%；2004年全国各类事故死亡人数比2003年减少315人，下降0.2%。

全国各类事故上升主要是道路交通事故总量大，上升幅度大所致。

2. 道路交通事故总量上升，增长率趋于稳定

十年来全国道路交通事故呈上升趋势，2002年后趋于下降。1995年至2004年道路交通事故死亡人数从71 494人，增加到107 077人。道路交通事故死亡人数的变化大致为三个阶段：

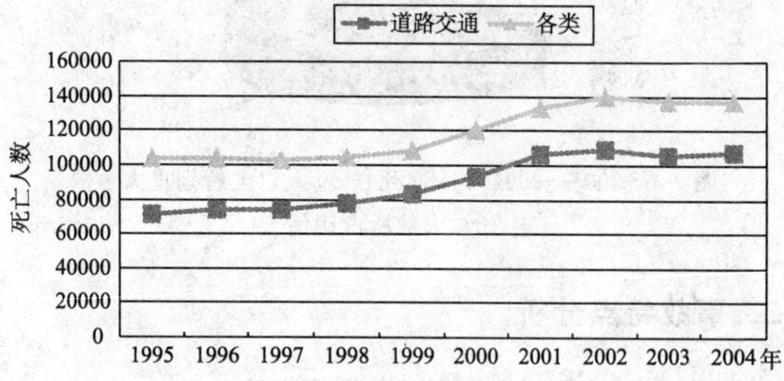

图3-5　1995—2004年全国各类事故和交通事故情况

(1)上升期。1995—1998 年道路交通事故死亡人数小幅上升，1998 年死亡人数比 1995 年增加 6 573 人，上升 9.2%。

(2)大幅上升期。1999—2002 年道路交通事故死亡人数大幅上升，2002 年死亡人数比 1999 年增加 25 852 人，上升 30.9%。

(3)稳定期。2003 年比 2002 年有所下降，2004 年比 2003 年又有所上升，但总体呈下降趋势。

3. 铁路交通事故总体下降

1995—2004 年全国铁路交通事故总体呈下降趋势。死亡人数从 1995 年的 9 031 人下降到 2004 年的 7 992 人，下降 11.5%。全国铁路交通事故变化情况分为三个阶段：

(1)下降期。1995—1996 年铁路交通事故死亡人数减少 1 214 人，下降 13.4%。

(2)回升期。1997—2000 年全国铁路交通事故死亡人数由 1996 年的 7 817 人回升到 8 916 人。

(3)平稳期。2001—2004 年开始平稳下降，2004 年死亡人数比 2000 年减少 924 人，下降 10.4%。

4. 水上交通事故总体稳定，趋于下降

1995—2004 年全国铁路交通事故死亡人数由 731 人下降到 489 人。全国水上交通事故变化情况分为二个阶段：

(1)平稳期。1995—1999 年水上交通事故死亡人数变化不大，基本稳定在 670 人左右。

(2)平稳下降期。2000—2004 年全国水上交通事故死亡人数平稳下降，2004 年比 1999 年减少 280 人，下降 36.4%。

三、近年交通运输安全情况

2011 年全年客货运输量继续保持较快增长。公路水路完成客运量 330.3 亿人、旅客周转量 16 806.8 亿人·千米、货运量 323.7

亿吨、货物周转量126529.4亿吨·千米，同比分别增长7.4%、11.4%、14.5%和13.2%。规模以上港口完成货物吞吐量90.7亿吨，完成集装箱吞吐量1.6亿标准箱，同比分别增长11.9%和11.4%。民航完成客运量2.9亿人，货邮运量552万吨，运输总周转量574亿吨·千米，同比分别增长8.2%、-2%、6.6%。邮政完成业务总量1580亿元，普遍服务业务量274亿件，快递业务量36.5亿件，同比分别增长23%、5.3%、56%。

2012年全国大型交通运输企业安全工作座谈会在上海召开，来自交通运输行业主管部门和航运、物流企业的50多位代表齐聚一堂，全面分析了当前安全生产形势。会议指出：目前大型交通运输企业承担的交通运输量占全国80%以上，而发生的安全生产事故比例却低于5%，特别是近几年没有发生重大以上事故，为我国经济社会的发展和交通运输安全生产形势的持续稳定好转作出了重要贡献。

2013年全国交通运输工作会议指出目前交通运输面临的新形势新任务：一是交通运输需求持续旺盛的长期趋势和基本面不会发生大的改变，安全可靠、经济高效、便捷舒适的价值取向更趋增强。二是交通运输供给能力总量不足、结构不优、效率不高、实力不强，与经济社会发展和人民群众不断增长的交通运输需求之间的矛盾仍然是发展的主要矛盾。三是着力推进绿色发展、循环发展、低碳发展，既是发展现代交通运输业的必由之路，也是交通运输产业转型升级的迫切需要。四是交通运输一方面要适度超前、加快建设，另一方面要主动转型、加快转型。五是深化改革、务实创新，解决交通运输发展不平衡、不协调、不可持续问题还需付出艰苦努力，推进综合运输体系建设和现代物流业发展等，是亟需破解的重大课题。

会议上确定了今后一段时期五项战略任务和2013年交通运输安全重点工作，将交通运输工作放在了突出的重要位置。五项战略任务指要以创新推进运输业转型升级，加快构建便捷、安全、经济、高效、绿色的综合运输体系，深化交通运输与现代物流发展融合，积极培育交通新兴战略产业，为经济社会发展和人民群众提供更高效率、更高水平、更优品质的运输服务。

2013 年交通运输安全重点工作是：

(1)开展“平安交通”创建活动。要强化组织领导，结合实际制定“平安交通”创建活动方案，明确目标任务、责任分工和措施要求，有步骤、分阶段有序推进“平安交通”创建活动，完成今年确定的年度工作目标任务。采取多形式、多渠道、多方位宣传创建活动，营造良好氛围。按照国务院有关部署，继续深入开展道路客运安全年、安全生产月等活动。

(2)落实安全生产责任。认真贯彻落实国务院关于强化安全生产企业主体责任、政府和部门监管责任、属地管理责任的要求，建立和完善企业安全生产层级责任制和关键岗位人员安全责任承诺制，强化主要负责人的安全责任，严格执行安全生产法规制度和操作规程，着力安全班组建设，加大安全生产投入，改善安全生产条件，提高员工安全意识和实操技能。落实管理部门安全生产监管责任和领导班子成员“一岗双责”制度，严格安全生产相关行政许可和审批，加强安全生产调研和现场安全监管，切实有效解决安全生产存在的重点难点问题，开展安全生产督促检查，确保各项安全生产工作落到实处、取得实效。

(3)继续开展“打非治违”和隐患排查治理。以长途客运、旅游包车、渡口渡船、水上客运以及危险化学品运输为重点，继续深入开展打击非法违法生产经营建设、治理纠正违规违章行为专项行动，坚决打击交通运输重点领域安全生产存在的非法违规顽症痼疾，着力构建“打非治违”长效机制。继续强化安全生产事故隐患排查治理，对重大事故隐患实行挂牌督办。

(4)强化公路桥梁设施安全管理。认真落实《公路安全保护条例》，会同相关部门继续做好超限超载治理工作，进一步完善治理长效机制。加强长大桥隧安全运营监测监控，加大公路养护力度，提升保通保畅能力。

(5)强化道路运输安全管理。认真履行“三关一监督”职责，严格落实“三不进站、六不出站”安全管理规定，积极推行长途客运车辆接驳运输试点工作，继续开展“安全带—生命带”工程，落实营运客车安全告知制度，深化旅游包车安全整治成果，加强异地营运车辆的安全管理，加强对城市公交和轨道交通运营安全管理的指导。

(6)强化水路交通安全监管。深入开展琼州海峡、渤海湾、三峡库区等区域客流运输安全专项整治，推进水上交通安全示范区建设。着力推进船舶保安、海洋权益保护等工作，扎实开展砂石船舶治理。强化港口危险化学品罐区的安全管理，深入推进长江沿线危险化学品运输安全治理。进一步督促县乡人民政府落实渡口渡船安全监管主体责任，认真做好港航消防工作。

(7)强化工程建设施工安全管理。在高速公路和大型水运工程项目上全面推行“平安工地”考核评价制度。以山区公路为重点，继续推行桥隧施工安全风险评估。继续开展防坍塌和防高空坠落专项行动，切实做好山区、沿海施工地质灾害的防范工作。加强大型桥梁、隧道施工安全的现场管理，强化施工一线安全生产基层班组建设，进一步加强特种设备和火工品使用的安全管理。

(8)保障重点时段的安全生产。切实做好春运、“两会”、“十一”等重点时段以及防汛防台、冰冻雨雪、寒潮大风期间的安全生产工作，周密制定安全生产保障工作方案，加强与相关政府部门的沟通协作，做好预防预警工作，落实领导带班制度，加强应急值守，强化应急救援准备。

(9)加强安全生产法规制度建设。加快推进《航道法》、《海上交通安全法》、《海上人命搜寻救助条例》等法律法规的制修订工作，抓紧制定交通运输安全生产监督管理、重大隐患挂牌督办、责任追究、安全生产“黑名单”等办法，制定完善道路水路运输、城市公交、工程施工等安全和应急的技术标准规范，推进城市轨道交通、海上溢油应急预案等的编制工作。

(10)积极推进企业安全生产标准化建设。按照国务院和交通运输部关于企业安全生产标准化建设的部署和要求，认真实施考评员培训考试、考评机构资质认定，及时开展企业达标考评工作，确保客运和危险化学品运输企业在2013年底前达标。

(11)加强安全生产设施和装备建设。重点加大农村公路安保、城市轨道交通运营安保、危桥改造和渡改桥等工作力度，推进老旧码头结构加固改造工作，加快重点航道整治和锚地建设，加快淘汰更新老旧车船和设施设备，继续推进内河船型标准化，加强安全监管装备设施手段建设。

(12)加强安全生产科研和信息化建设。加强安全生产风险管理体系、危险品运输、油污染防治等领域的技术研究和应用，建立安全生产专家库和重大风险源数据库。深入分析事故发生原因，研究总结安全生产规律，推进安全监管长效机制建设。加快交通运输安全和应急处置信息化重大工程建设，研究建立长江危化品运输和烟花爆竹水路运输动态监管信息系统，完善路网运行管理与应急处置管理信息系统、重点运输车辆联网联控系统。加强大型交通运输基础设施建设安全监测系统研究，积极推进相关信息系统建设。

(13)加强安全生产培训教育。交通运输系统各单位要制定年度安全生产培训计划和方案，加强培训机构建设，完善培训设施，充实教材内容，坚持按需施教。加强企业主要负责人、安全管理人员和特种作业人员的培训，强化新进人员、转岗人员、农民工的技能教育，重点强化实际操作和现场安全培训，提高企业安全管理水平和从业人员安全素质。加强应急演练，提升从业人员应急实际操作能力。

(14)强化安全生产绩效考核和责任追究。认真总结安全生产工作经验，树立典型、表彰先进，加大安全生产绩效考核，推进安全生产信用体系建设，进一步健全激励约束机制。按照“四不放过”原则，严格事故调查处理，依法严肃追究责任单位和责任人的责任，严格实行安全生产问责制、一票否决制和引咎辞职制度。

由此可见，虽然近年来交通运输工作取得了很大成绩，但形势依然严峻，我们每个人尤其是交通运输行业人员都应以如履薄冰的心态，做好交通运输安全管理工作。

第二节　交通运输从业人员基本安全素养

人的安全素质分为两个层次：一是人的基本安全素质，包括安全知识、安全技能、安全意识；二是人的深层安全素质，包括情感、认知、伦理、道德、良心、意志、安全观念、安全态度等。

人的安全知识和安全技能通过日常的安全教育手段可以得以保证和提高，在社会和企业的日常安全活动（宣传、教育、管理等）中，能够得到较好的解决和保证，而安全意识、安全观念、安全态度，以及情感、认知、意志等，则属于心理学研究范畴，是安全行为文化建设的难点和重点。

交通运输单位从业人员是交通运输活动的具体承担者。从业人员素质的高低，直接影响到本单位的安全生产。目前，我国交通运输单位从业人员不同程度地存在着安全素质低的问题，特别是小运输（公路、水路、物流）等生产经营单位，其从业人员的安全素质较差，管理较乱，事故最多。

要搞好交通运输单位的安全生产，除采取领导重视、增加投入等措施外，最重要的一点就是要提高从业人员的安全素质，这是关键所在。人的素质是搞好所有工作的决定因素，大到一个国家、一个民族，小到一个企业，莫不如此。因此，交通运输单位要切实加强对从业人员的安全生产教育和培训，把安全生产教育和培训作为重要工作抓紧、抓好，提高广大从业人员的素质，保障安全生产。

《安全生产法》第二十一条、第二十二条对从业人员的安全生产教育和培训作出了明确的规定。通过安全生产教育和培训,从业人员要达到以下安全素养。

1. 具备必要的安全生产知识

首先是有关安全生产的法律法规知识。法律法规中有很多有关安全生产的内容,这些内容是多年来安全生产工作经验的总结,是生产经营单位搞好安全生产的工作指南和行为规范,从业人员必须了解和掌握。

其次是有关生产过程中的安全知识。交通运输是复杂的系统工程,涉及运输、装卸、储存等各个环节,任何一处出了问题,都可能导致事故发生。从业人员作为交通运输活动的具体操作者,必须掌握与生产相关的安全知识,只有这样,才能保障交通运输单位的安全生产,保障从业人员本身的生命安全和健康。

再次是有关的事故应急救援和逃生知识。在可能导致从业人员生命危险的紧急情况下,要立即停止作业,采取应急措施后撤离危险作业场所。事故发生后,从业人员要及时报告有关负责人,尽可能利用现场条件,采取措施,避免事故扩大,减少人员伤亡。在条件不允许的情况下,要积极组织人员撤离。在这些过程中,从保护从业人员人身安全和健康考虑,从业人员应当了解掌握有关事故应急救援和逃生知识。

2. 熟悉有关安全生产规章制度和操作规程

为加强安全生产监督管理,国务院有关部门制定了一系列安全生产的规章制度,主要是以部门令的形式和规范性文件发布。地方政府也根据本地区的实际,制定了一些有关安全生产的规章制度,包括地方性法规和政府部门规章等。对这些规章制度,从业人员应当了解和掌握,做到心中有数。同时,交通运输单位根据国家有关安全生产的法律、法规及规章制度,结合本单位的实际,制定了许多本单位的安全生产规章制度和操作规程。这些规章制度和操作规程是安全生产法律法规的具体化，是从业人员工作的准则、行动的指南，具有较强的可操作性，从业人员应当逐条逐字掌握，熟悉其内容。事实证明，很多事故的发生都是由于从业人员违章作业、领导违章指挥、强令冒险作业造成的，因此，从业人员应当认真学习，积极参加安全教育和培训，以便熟悉有关安全生产的规章制度和操作规程，只有这样，才能按章办事，避免和减少事故的发生。

3. 掌握本岗位的安全操作技能

每个交通运输单位都是一个复杂的系统，它由许许多多的单元组成，每个单元就是一个工作岗位。如果每个工作岗位都安全了，那么整个单位也就安全了。因此，工作岗位的安全生产，是整个单位安全生产的基础。只有切实抓好每个工作岗位的安全，才能确保整个单位的安全生产。交通运输单位要加强岗位安全生产教育和培训，使从业人员熟练掌握本岗位的安全操作规程，提高安全操作技能，降低每个岗位的事故发生率。对不认真参加安全教育培训、安全操作技能差的岗位人员，要坚决从岗位上撤下来。要制定有关措施，鼓励岗位操作人员开展各种比赛，提高安全操作水平。

第三节　运营车辆安全基本知识

一、车辆档案管理

(1)新车应将行驶证、营运证、附加费证、购车发票、附加费收据复印件及车辆照片等有关行车资料交给公司，建立车辆基本情况档案。

(2)车辆驾驶员要每月将车辆的月行程里程、保养维修、肇事情况上报公司安技部登记，由安技部负责人核实后填写车辆技术登记表。

二、车辆检查

(1)司机平时出车前后要做好检查,严禁带病营运。

(2)公司应组织每季定期或不定期地对车辆进行检查,车辆技术状况必须达到以下标准:

①车辆号牌齐全、清晰、安装位置正确,无遮挡物。

②灯光、喇叭、雨刮器、观后镜等装置齐全有效。

③发动机汽缸工作正常,无异响、漏油、漏水等现象。

④转向装置操作灵活,无过紧或过松现象,高速行驶时车辆不会出现跑偏或摆头现象。

⑤制动系统良好,符合国家制动规范要求,前后四轮的定位准确。

⑥车辆各种线路完好,接放安全牢固。

⑦轮胎保持良好,轮胎胎冠上的花纹深度不得少于 3.2 mm。

(3)公司营运管理人员上路检查车辆行驶情况时,在出示检查证后,司机必须停车配合,如发现车辆状况不佳的或违反公司安全管理规定的,管理人员有对车辆进行停驶、回场检查的权力。

三、车辆保养和审验

(1)进行车辆二级维护、季检、年审(公司应根据实际情况制定相关计划)。

①车辆每半年进行一次二级维护,维修厂必须具有交通部门核准的资格。

②车辆进行二级维护后,司机要将二级维护单交到公司备案,再到所在运输管理所签章。

③车辆每年进行综合检测年审一次。

(2)按规定参加交警、运管部门组织的检测、年检、年审。

(3)根据要求进行车辆中修、大修。

四、车辆报废规定

凡车辆状况达到下列条件之一者,应予以报废。

(1)车辆超期使用,主要总成部件磨损腐蚀或严重损坏,性能工况严重下降,无修复价值。

(2)因交通事故造成主要总成或大部分零件严重损坏,已无修复价值。

(3)累计行驶里程达到50万千米以上或经过三次大修以上,且零部件损坏严重的老旧车。

(4)车辆经过长期使用,耗油量超过国家定型车出厂标准规定值15%的。

(5)经维修和调整后仍达不到国家对机动车运行安全技术条件要求的。

五、车辆的安全运行要求

1. 开车前要有准备

(1)熟悉车子的性能、熟读道路交通安全规则、熟记交通路线图;

(2)带齐驾驶证、行驶证、保险单等证件;

(3)采取戴安全帽、系安全带、绑好所载之物品等安全措施;

2. 启动与停靠,不急不徐

(1)预先打方向灯;

(2)特别注意后方来车。

3. 行进间

(1)保持跟车安全距离、不超速、远离大车;

(2)礼让与注意行人安全。

4. 小心穿越路口

(1)慢与让，尊重各方路权，不占别人车道、不抢别人绿灯时间；

(2)转向时提前打方向灯；

(3)看清楚四周人车才能通行。

5. 不做危险举动

(1)不超速；

(2)不蛇行穿梭车道；

(3)不任意超车、不逞强竞赛。

6. 看得到才能加速，看不到就要减速

(1)不要只懂得加速，而不知道踩刹车；

(2)跟车、超车视线被挡住时须特别注意；

(3)通过弯道、上下斜坡看不见前方路况时要减速；

(4)夜间、浓雾、雨水、视线不良时应特别小心，一定要开亮大灯；

(5)湿滑道路、石子路、泥沙路、道路施工中的危险，必须提高警觉。

第四节　旅客运输安全基本知识

世界交通运输发展到今天，交通体系主要有两种，即以货运为主的体系和以客运为主的体系。就交通运输业的总体而言，现代交通运输业由铁路、水运、公路、航空和管道五种基本运输方式构成。我国的客运交通系统主要由铁路、水运、公路和民航等四种现代化运输方式组成，客运交通系统的具体构成如图 3-6 所示。

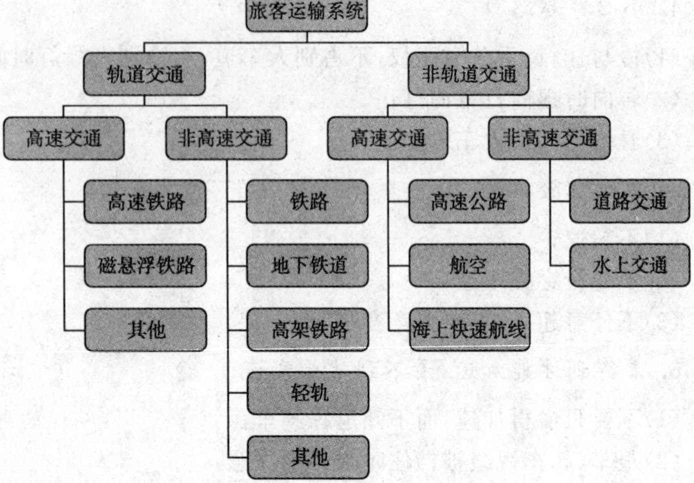

图 3-6　旅客运输体系构成图

各种客运交通方式均有各自的优势和适用范围,在不同的具体环境条件下,不可能有统一的客运交通模式,只能根据具体情况,选择不同的运输方式进行组合,才能组成最优化的客运交通网。下面对交通运输事故中道路交通旅客运输安全基本知识做一简单介绍。

2012 年 1 月 19 日交通运输部、公安部、安监总局联合印发《道路旅客运输企业安全管理规范》(以下简称“《规范》”),旨在通过强化道路客运企业安全生产主体责任,促进企业安全管理方式转变,提高道路客运企业安全生产管理水平,预防和减少道路交通事故。

《规范》贯穿了“人员”、“机制”、“硬件”三条主线,分别从人员选拔与素质提升、安全制度体系建设、硬件设施安全维护三大方面对道路客运企业建设标准化的安全生产体系提出了全面、细致的要求。

1. 人员:严于选人、善于用人、勤于育人

人是企业安全生产责任的承担者和落实者,把人选好、用好、培训好,是保障道路客运安全的重要因素。因此,《规范》从“人”的角度

出发,对道路客运企业安全生产主体责任的落实作了明确要求,其中又具体分为安全生产管理者与客运驾驶人两个层面。

(1)安全生产管理者:既“专”且“优”

过去,对道路客运企业从业人员的安全管理主要是针对一线操作人员的管理与培训,事实上,企业安全管理人员的素质与管理水平对于企业安全生产也至关重要。因此,通过借鉴国际交通安全管理的成熟经验,《规范》专门对企业安全管理人员的素质与教育培训提出了要求。

《规范》首次明确了拥有10辆以上(含)营运客车的道路旅客运输企业应当设置专门的安全生产管理机构,配备专职安全管理人员。拥有10辆以下营运客车的道路旅客运输企业应当配备专职安全管理人员。原则上按照每20辆车1人的标准配备专职安全管理人员,不足20辆车也应配备1人。

安全管理人员不仅要“有”,更要“优”,《规范》对其素质与培训也作了严格要求。《规范》要求企业安全管理人员应具有高中以上文化程度,具有在道路客运行业三年以上从业经历,掌握道路旅客运输安全生产相关政策和法规,经相关部门统一培训且考核合格,持证上岗。

此外,安全管理人员的培训不是一次性的,应当定期参加相关管理部门组织的培训,且每年参加脱产培训的时间不少于24学时。

(2)客运驾驶人:严“选”勤“训”

驾驶人是道路客运安全的重要责任人,《规范》对驾驶人的聘用、培训、考试、档案管理等方面进行了详细的规定。

①提高门槛。《规范》指出,道路旅客运输企业应当依照劳动合同法,严格客运驾驶人录用条件,统一录用程序,对客运驾驶人进行面试,审核客运驾驶人安全行车经历和从业资格条件,积极实施驾驶适宜性检测,明确录用客运驾驶人的试用期。

《规范》还要求,对三年内发生道路交通事故致人死亡且负同等以上责任的、交通违法记分有满分记录的、有酒后驾驶、超员20%、超速50%或者12个月内有三次以上超速违法记录的客运驾驶人，道路旅客运输企业不得聘用其驾驶客运车辆。

②强化培训。丰富及时的培训能够不断提高客运驾驶人的业务素质，《规范》明确要求道路旅客运输企业应建立客运驾驶人岗前培训制度，岗前培训的主要内容包括：国家道路交通安全和安全生产相关法律法规、安全行车知识、典型交通事故案例警示教育、职业道德、安全告知知识、应急处置知识、企业有关安全运营管理的规定等。客运驾驶人岗前理论培训不少于12学时，实际驾驶操作不少于30学时。值得一提的是，《规范》还要求驾驶人上岗前应提前熟悉客运车辆性能和客运线路情况。

除了岗前培训外，客运驾驶人上岗后还要定期接受继续培训。《规范》要求，道路客运企业应定期对客运驾驶人开展法律法规、典型交通事故案例警示、技能训练、应急处置等教育培训。客运驾驶人应当每月接受不少于2次、每次不少于1小时的教育培训。道路客运企业应当组织和督促本企业的客运驾驶人参加继续教育，保证客运驾驶人参加教育和培训的时间，并为客运驾驶人参加教育培训提供必要的学习条件。

③严格考核。严格的考核能有效督促客运驾驶人严于律己。《规范》要求道路客运企业建立客运驾驶人从业行为定期考核制度，考核内容包括驾驶人违法驾驶情况、交通事故情况、服务质量、安全运营情况、安全操作规程执行情况、参加教育与培训情况以及心理与卫生健康状况。考核的周期不大于3个月，而且考核的结果要与企业安全生产奖惩制度挂钩。

④健全档案。对于企业来说，只有对客运驾驶人的各方面情况全面掌握，才能更有效地对其进行管理。因此，《规范》要求道路客运企业建立客运驾驶人信息档案管理制度，驾驶人信息档案实行一人一档，包括客运驾驶人基本信息、客运驾驶人体检表、安全驾驶信息、

诚信考核信息等情况。

⑤加强关心。为使客运驾驶人提高安全意识,《规范》要求,道路客运企业应当建立客运驾驶人安全告诫制度,安全管理人员对驾驶人出车前进行问询、告知,督促驾驶人做好车辆的日常维护和检查,防止驾驶人酒后、带病或不良情绪上岗。此外,《规范》还要求企业关心驾驶人的身心健康,定期组织驾驶人进行体检,为驾驶人创造良好的工作环境。

2. 机制:预以立制、责以明制、评以健制

一个完善的、良性的制度体系是道路客运企业安全生产的基础保障。《规范》从隐患预防、目标设立、责任划分、应急处置、隐患治理、考核评价等方面对道路客运企业安全生产制度的建立进行了详细规定。

(1)预防机制:例会要常开、疲劳不上路

《规范》要求,道路旅客运输企业应定期召开安全生产工作会议和例会,分析安全形势,安排各项安全生产工作,研究解决安全生产中的重大问题。企业每季度至少应召开一次安全生产工作会议,每月至少召开一次安全例会。安全生产工作会议和例会应当有会议记录,并建档保存。

为避免疲劳驾驶造成的安全隐患,《规范》规定道路客运企业在安排运输任务时应严格要求客运驾驶人在 24 小时内累计驾驶时间不得超过 8 小时(特殊情况下可延长 2 小时,但每月延长的总时间不超过 36 小时),连续驾驶时间不得超过 4 小时,每次停车休息时间不少于 20 分钟,并明确要求企业要积极探索接驳运输的方式,为超长线路运行的客运车辆创造条件,保证客运驾驶人停车换人、落地休息。对于长途卧铺客车,企业要合理安排班次,尽量减少夜间运行时间。

《规范》还明确规定道路旅客运输企业不得挂靠经营,不得违法转租、转让客运车辆和线路牌。

(2)责任机制:责任层层定,位高担子重

《规范》明确了道路客运企业应当依法建立健全安全生产目标管理,与各分支机构层层签订安全生产目标责任书,明确责任人员、责任内容,制定明确的考核指标,定期考核并公布考核结果及奖惩情况。

其中,《规范》明确了道路客运企业的主要负责人是安全生产的第一责任人,负有安全生产的全面责任,其主要职责包括建立健全本单位安全生产责任制、按规定足额提取安全生产专项资金、严肃处理事故责任人等。

此外,企业分管安全生产的责任人协助主要负责人履行安全生产职责,对安全生产工作负组织实施和综合管理及监督的责任;其他负责人对各自职责范围内的安全生产工作负直接管理责任。企业各职能部门、各岗位人员在职责范围内承担相应的安全生产职责。

(3)应急机制:出事反应快,救援当及时

《规范》要求,道路旅客运输企业应当建立安全生产事故应急处置制度。发生安全生产事故后,企业应立即采取有效措施,组织抢救,防止事故扩大,减少人员伤亡和财产损失。

对于在旅客运输过程中发生的行车安全事故,客运驾驶人应及时向事发地的公安部门以及所属的道路旅客运输企业报告,企业应当按规定时间、程序、内容向事故发生地和企业所属地县级以上的安监、公安、交通运输等相关职能部门报告事故情况,并启动安全生产事故应急处置方案。

《规范》还明确了道路旅客运输企业应当建立应急救援制度,健全应急救援组织体系,建立应急救援队伍,制定完善应急救援预案,开展应急救援演练。

(4)治理机制:防微以杜渐,隐患尽早灭

为使道路客运安全隐患降到最低,《规范》要求道路客运企业建立事故隐患排查治理制度,依据相关法律法规及自身管理规定,对营运车辆、客运驾驶人、运输线路、运营过程等安全生产各要素和环节进行安全隐患排查，及时消除隐患。

在排查方式上，企业可根据需要采用综合检查、专业检查、季节性检查、节假日检查、日常检查等多种方式。一旦查出隐患，企业应对隐患进行登记和治理，落实整改措施、责任、资金、时限和预案，及时消除事故隐患。

此外，《规范》还明确要求道路客运企业建立安全隐患排查治理档案，每季、每年对本单位事故隐患排查治理情况进行统计，分析隐患形成的原因、特点及规律，建立事故隐患排查治理长效机制，并鼓励、发动职工发现和排除事故隐患，鼓励社会公众举报。

(5)考核机制：内外相结合，不足及时改

为督促道路客运企业切实将安全生产管理落到实处，建立企业自律机制，《规范》对企业安全生产的目标考核进行了详细的规定。

《规范》要求道路客运企业应当依据相关管理部门的要求和自身实际情况，制定年度安全生产目标，并建立安全生产年度考核与奖惩制度，针对年度目标对各部门、各岗位人员进行安全绩效考核。考核结果与企业安全生产相关部门、岗位工作人员所受的奖惩挂钩。

在安全生产目标考核机制方面，《规范》强调企业内部考核与外部考核相结合。首先，企业应当建立安全生产内部评价机制，每年至少进行1次安全生产内部评价，此外，企业应当依据相关规定定期聘请第三方机构对本单位的安全生产管理情况进行评估。

《规范》还特别强调了评估考核结果的落实，指出企业应当根据第三方机构评估结果和安全生产内部评价结果及时改进安全生产管理工作内容和方法，修订和完善各项安全生产制度，持续改进和提高安全管理水平。

3. 硬件：资金有保证、设备勤维护、科技来护航

维护道路客运安全需要充足的资金保障、可靠的硬件设施以及先进的科技支撑，《规范》对这个几方面也进行了详细规定，确保道路

旅客运输企业安全生产的物质条件。

(1)保障安全生产投入:专项资金、双重保险

《规范》明确规定,道路旅客运输企业应当保障安全生产投入,按照《高危行业企业安全生产费用财务管理暂行办法》或地方政府的有关规定,按照不低于营业收入的0.5%的比例提取、设立安全生产专项资金。

安全生产专项资金主要用于完善、改造、维护安全运营设施和设备,配备应急救援器材、设备和人员安全防护用品,开展安全宣传教育、安全培训,进行安全检查与隐患治理,开展应急救援演练等各项工作的费用支出。安全生产专项资金的使用应建立独立的台账。

为减轻道路客运安全的后顾之忧,《规范》还要求,道路旅客运输企业应当按照《机动车交通事故责任强制保险条例》和《中华人民共和国道路运输条例》的规定,为营运车辆投保机动车交通事故责任险,为乘客投保承运人责任险。

(2)加强车辆硬件监管:安全设备齐,牌证统一管

良好的营运车辆是道路客运安全不可或缺的一环。《规范》指出,道路客运企业应当加强车辆技术管理,确保营运车辆处于良好的技术状况。《规范》明确了道路客运企业应当设立负责车辆技术管理的机构,配备专业车辆技术管理人员。

资料显示,2010年我国道路运输行业事故导致的死亡和受伤人数接近1:1,远远超过国际交通事故导致的死伤比例(约为1:50),这说明我国营运客车被动安全性不足,安全带没有发挥应有的作用。因此,《规范》要求道路客运企业应对途经高速公路的营运客车乘客座椅安装符合标准的安全带,驾乘人员在发车前、行驶中要督促乘客系好安全带并应当定期检查车内安全带、安全锤、故障车警告标志和配备是否齐全有效,确保安全出口通道畅通,应急门、应急顶窗开启装置有效,开启顺畅,并在车内明显位置标示客运车辆行驶区间、线

路和经批准的停靠站点。

此外,《规范》要求道路客运企业应在车厢内前部、中部、后部明显位置标示客运车辆车牌号码、核定载客人数和投诉举报座机、手机号码,方便旅客监督举报。

《规范》还要求道路客运企业对客运车辆牌证统一管理,建立派车单制度。车辆发班前,企业应对车辆的技术状况进行检查,合格后签发派车单,由客运驾驶人领取派车单和车辆运营牌证。在营运中,客运驾驶人应如实填写派车单相关内容。营运客车完成运输任务后,企业及时收回派车单和运营牌证。

(3)完善动态监管系统:联网联控、及时提醒

动态监控是维护道路旅客运输安全、降低安全隐患的一种重要的技术手段。为实现对于道路运输车辆的实时动态监控,《规范》首次对客运车辆动态监控系统的安装和使用提出了明确细致的要求,要求道路客运企业应当按相关规定,为其营运客车安装符合标准的卫星定位装置(卧铺客车应安装符合标准且具有视频功能的卫星定位装置),接入符合标准的监控平台或监控端,并有效接入全国重点营运车辆联网联控系统。

道路旅客运输企业应当建立卫星定位装置及监控平台的安装、使用管理制度,建立动态监控工作台账,规范卫星定位装置及监控平台的安装、管理、使用工作。

《规范》还对动态监控的主体责任进行了明确规定,要求企业配备专人负责实时监控车辆行驶动态,记录分析处理动态信息,及时提醒、提示违规行为。对于故意遮挡车载卫星定位装置信号、破坏车载卫星定位装置的驾驶人员以及不严格监控车辆行驶动态的值守人员,道路旅客运输企业应对其给予处罚,严重的应调离相应岗位,直至辞退。

第五节　道路货物运输安全基本知识

一、道路运输基本知识

道路运输也叫公路运输(Road Transportation),从广义来说,是指利用一定载运工具(汽车、拖拉机、畜力车、人力车等)沿公路实现旅客或货物空间位移的过程。从狭义来说,就是指汽车运输。

1. 公路运输的功能

(1)主要担负中、短途运输

短途运输,通常运距为 50 km 以内;中途运输运距为 50～200 km 左右。

(2)衔接其他运输方式的运输

即由其他运输方式(如铁路、水路或空路)担任主要(长途)运输时,由汽车运输担任其起、终点处的客货集散运输。

(3)独立担负长途运输

即当汽车运输的经济运距超过 200 km 时,或者其经济运距虽短,但基于国家或地区的政治与经济建设等方面需要,也常由汽车担负长途运输,如对边远地区或少数民族地区的长途运输,或因救灾工作的紧急需要而组织的长途运输,以及公路超限货物的门到门长途直达运输等。

2. 运载工具

载货汽车是指专门用于公路货物运送的汽车,又称载重汽车。

载货汽车按其载重量的不同分为微型、轻型、中型、重型四种。

从车头形式来看有平头式和长头式两种;就车厢结构而言,有厢式、敞车和平板式;就整体结构而言,有单车(整体式)、拖挂车和汽车列车(铰接式)之分。

3. 货运站场

货运站是专门办理货物运输业务的汽车站,一般设在公路货物集散点。货运站可分为集运站(或集送站)、分装站和中继站等几类。

(1)货运站的任务与职能

货运站的主要工作是组织货源、受理托运、理货、编制货车运行作业计划,以及车辆的调度、检查、加油、维修等。

汽车货运站的职能,包括下列几个方面:

①调查并组织货源,签订有关运输合同。

②组织日常的货运业务工作。

③做好运行管理工作。运行管理的核心是做好货运车辆的管理,保证各线路车辆正常运行。

(2)汽车货运站的分类

①整车货运站。整车货运站主要经办大批货物运输,也有的站兼营小批货物运输。

②零担货运站。专门办理零担货物运输业务,进行零担货物作业、中转换装、仓储保管的营业场所。

③集装箱货运站。集装箱货运站主要承担集装箱的中转运输任务,所以又称集装箱中转站。

(3)汽车货运站的分级

①零担站的站级划分。根据零担站年货物吞吐量,将零担站划分为一、二、三级。年货物吞吐量在 6 万吨以上者为一级站;2 万吨及其以上,但不足 6 万吨者为二级站;2 万吨以下者为三级站。

②集装箱货运站的站级划分。根据年运输量、地理位置和交通条件不同,集装箱货运站可分为四级。年运输量是指计划年度内通过货运站运输的集装箱量总称。一级站年运输量为 3 万标准箱以上;二级站年运输量为 1.6 万～3 万标准箱;三级站年运输量为 0.8 万～1.6 万标准箱;四级站年运输量为 0.4 万～0.8 万标准箱。

4. 公路运输货物

(1)按货物的物理属性,可以将货物划分为固体、液体、气体三种不同性质的货物。

(2)按货物的装卸方法可以将货物分为件装货物和散装货物。

(3)按货物的运输条件可以将货物分为普通货物和特种货物。

(4)按一批货物托运量的大小可分为整车货物和零担货物。

二、公路运输事故主要类型与原因分析

1. 公路运输事故主要类型

公路运输事故主要包括碰撞、碾压、刮擦、翻车、坠车、爆炸、失火和撞固定物等类别,按事故严重程度分为特大事故、重大事故、一般事故和轻微事故 4 类。

(1)碰撞

碰撞指交通强者的正面部分与他方接触。碰撞主要发生在机动车之间、机动车与非机动车之间、机动车与行人之间、非机动车之间、非机动车与行人之间以及车辆与其他物之间。

(2)碾压

碾压指作为交通强者的机动车对交通弱者的推碾和压过。

(3)刮擦

刮擦指相对交通强者的车辆侧面与他方接触。刮擦与碰撞的判断均从强者着眼,不管弱者,若有强者正面的部分接触即为碰撞。

(4)翻车

翻车指两个以上的侧面车轮离开地面,在没有发生其他事态的情况下而造成的车辆翻转。

(5)坠车

坠车与翻车的区别主要看车辆驶出路外翻车的全部过程是否始终与地面接触,如果始终与地面接触,不论翻得多深或情况多么严重

均属于翻车；如果是离开地面的落体过程，便可认为是坠车。

(6)爆炸

行驶过程中由于轮胎爆炸引起的事故，不应理解为爆炸。

(7)失火

(8)撞固定物

2. 道路交通安全影响因素分析

道路交通的基本要素：人、车、路和环境。人——驾驶人、行人、乘客及居民；车——客车、货车、非机动车；路——公路、城市道路、出入口道路及其相关设施；环境——路外的景观、管理设施和气候条件。

在四要素中，驾驶人是系统的理解者和指令的发出和操作者，它是系统的核心，其他因素必须通过人才能起作用。四要素协调运动才能实现道路交通系统的安全性要求。

(1)人员因素

人员因素是影响道路交通安全的最关键因素，包括驾驶人、行人、乘客等。

①驾驶人

驾驶人凭借“深度知觉”形成判断（如目测距离、估计车速等），可见，驾驶人的生理、心理素质及反应特性对保障交通安全起着至关重要的作用。据统计，大约90%的道路交通事故与驾驶人有关。

机动车驾驶人必须取得从业资格证书才能从事道路运输，并严禁酒后驾车。

②行人

行人的遵章意识、交通行为会对道路交通安全产生明显影响。一些交通事故就是由于行人不遵守交通规则而导致的。加强行人的法律法规教育，规范他们的行为，将会对保障道路交通安全产生重要作用。

③乘客

乘客的行为也会对道路交通安全状况产生影响。乘客具备较强的安全意识，一旦事故发生能够采取必要的自救措施，有助于减少事故发生或降低事故的损害程度。

(2)车辆因素

车辆具有良好的行驶安全性，是减少交通事故的必要前提。车辆的行驶安全性包括主动安全性和被动安全性。

(3)道路因素

①路面

路面状况与交通事故发生率密切相关。为满足车辆的安全运行要求，路面应具有以下性能：强度、刚度、稳定性、表面平整度、表面抗滑性、耐久性。

②视距

行车视距是指为了保证行车安全，司机应能看到行车路线上前方一定距离的道路，以便发现障碍物或迎面来车时，采取停车、避让、错车或超车等措施，在完成这些操作过程中所必需的最短时间里汽车的行驶路程。在道路平面和纵面设计中应保证足够的行车视距，以确保行车安全。

③线形

道路几何线形要素的构成是否合理、线形组合是否协调，对交通安全有很大影响。

——平曲线。平曲线与交通事故关系很大，曲率越大事故率越高，尤其是曲率大于10时，事故率急剧增加。

——竖曲线。道路竖曲线半径过小时，易造成驾驶员视野变小，视距变短，从而影响驾驶员的观察和判断，易产生事故。

——坡度。据前苏联调查资料，平原、丘陵与山地3类道路交通事故率分别为7%、18%和25%，主要原因是下坡来不及制动或制动失灵造成。

——线形组合。交通安全的可靠性不仅与平面线形、纵坡有关，而且与线形组合是否协调有密切的关系，即使线形标准都符合规范，但组合不好仍然会导致事故增加。

④交叉口特性

当两条或两条以上走向不同的道路相交时便产生交叉口，分平面交叉口和立体交叉口两类。立体交叉口上不同交通流在空间上是分离的，彼此之间不发生冲突，而平面交叉口由于存在不同车流的冲突，从而易导致交通事故。因此，为保障交通安全，减少事故发生，在车流量较大的交叉口应尽量设置立体交叉。

⑤安全设施

安全设施和道路交通安全有很大关系，交通安全设施包括交通标志、路面标线、护栏、隔离栅、照明设备、视线诱导标、防炫目设施等。

(4)环境因素

环境因素是气象、管理等的总称，其中管理是影响道路交通安全工作的重要因素之一，科学健全和统一高效的道路安全管理体制是减少事故、防患于未然的必要条件。

此外现代交通运输所追求的快速、高效、安全、准时，在相当大的程度上受气象因素制约。

三、公路运输事故预防技术

1. 人为因素控制

人为因素是导致公路运输事故的主要因素，因此，对人为因素的控制非常重要。对人为因素的控制与预防包括：提高驾驶人的交通道德水平、思想意识和技术水平；增加非机动车骑行人和行人对自身通行权和违章危险性的认知，加强对非机动车骑行人和行人违章执法的力度，增强非机动车骑行人和行人遵守交通法规的自觉性；强化交通参与者的适应能力；合理调节交通参与者的心理状态；强化和提高交通参与者的安全行为，改变和抑制交通参与者的异常行为。

2. 车辆因素控制

加强车辆安全性能的研究，通过对车辆的主动安全性和被动安全性的研究分析，使车辆的设计充分体现人机性能的匹配。加强车辆的日常维护与技术检查，建立完善的汽车安全检测制度和基于检测的车辆维修制度，出车前应彻底检查转向系和制动系，认真做好车辆的日常修理工作，及时消除隐患，保证车况良好，杜绝带病车上路行驶，严把车辆技术性能关。

3. 道路因素控制

加强道路设计的安全性，通过对道路的路线、路基、路面、排水、平面交叉和出入口、互通交叉与高速公路出入口、交通工程及沿线设施、结构物的合理设计，使道路符合安全行车的要求。完善道路安全设施，不断改善道路条件，加强道路交通管理，优化道路交通安全环境，严格按照《道路交通标志和标线》(GB 5768—2009)、《公路工程技术标准》(JTG B01—2003)，整改不符合要求的交通标志、标线以及各种交通安全设施，改善和提高道路通行环境，夜间易出事的路段应增设"凸起路标"和照明设备。

4. 道路交通安全管理

建立和完善道路交通管理法律法规以及规章制度，加大执法力度，使交通参与者认识到不安全行为对道路交通带来的影响和危害。运用高科技手段及时查处违章车辆，排除事故隐患。在事故多发路段，以及在桥梁、急转弯、立交桥、匝道等复杂路面、易积水地点设置警告牌。在雨、雾、雪天等灾害气候条件下应制定交通管制预案，合理控制交通流量，疏导好车辆通行；在城市道路，应实现人车分流，进行合理的交通渠化，科学地控制道路的进、出口；在交通量超过道路通行能力的路段，可以通过限制交通流量的方法来保证交通安全，同时路段的管理者在流量调整阶段，向车辆发布分流信息，提供最佳绕行路线。

5. 智能交通运输系统的使用

充分利用智能交通运输系统与交通安全有关的功能，包括：交通管理系统（在途驾驶人信息、路径诱导、交通控制、突发事件管理、公铁路交叉口管理等）、应急管理系统（紧急事件通告与人员安全、应急车辆管理）、商用车辆运营系统（自动路侧安全监测、车载安全监测、危险品应急响应等）、车辆控制与安全系统等，提高人、车辆、道路环境等的安全水平，减少事故的发生。

四、危险货物运输安全要求

1. 危险货物运输基本概念

凡具有爆炸、易燃、毒害、腐蚀、放射性等性质，在运输、装卸和贮存保管过程中容易造成人身伤亡和财产损毁而需要特别防护的货物，均属危险货物。

危险货物分为8类：①爆炸品；②压缩和液化气体；③易燃液体；④易燃固体、自燃物品和遇湿易燃物品；⑤氧化剂和有机过氧化物；⑥毒害品和感染性物品；⑦放射性物品；⑧腐蚀品。我国交通部《汽车危险货物运输规则》按危险货物的危险程度将其分为两个级别。一级危险货物有：①爆炸品；②压缩和液化气体；③一级易燃液体；④易燃固体、自燃物品和遇湿易燃物品；⑤氧化剂和有机过氧化物；⑥剧毒物品、一级酸性腐蚀品；⑦放射性物品。二级危险货物有：①二级易燃液体；②有毒物品；③碱性腐蚀品；④二级酸性腐蚀品；⑤其他腐蚀物品。

2. 包装

危险货物运输包装不仅保证产品质量不发生变化、数量完整而且是防止运输过程中发生燃烧、爆炸、腐蚀、毒害、放射性污染等事故的重要条件之一，是安全运输的基础。对道路危险货物的包装有下列基本要求：

(1)包装的材质应与所装危险货物的性质适应,即包装及容器与所装危险货物直接接触部分,不应受其化学反应的影响。

(2)包装及容器应具有一定的强度,能经受运输过程中正常的冲击、震动、挤压和摩擦。

(3)包装的封口必须严密、牢靠,并与所装危险货物的性质相适应。

(4)内、外包装之间应加适当的衬垫,以防止运输过程中内、外包装之间、包装和包装之间以及包装与车辆、装卸机具之间发生冲撞、摩擦、震动而使内容器物破损,同时又能防止液体货物挥发和渗漏,并当其洒漏时,可起吸附作用。

(5)包装应能经受一定范围内温、湿度的变化,以适应各地气温、相对湿度的差异。

(6)包装的质量、规格和形式应适应运输、装卸和搬运条件,如包装的质量和体积不能过重;形式结构便于各种装卸方式作业;外形尺寸应与有关运输工具包括托盘、集装箱的容积、载质量相匹配等。

(7)应有规定的包装标志和储运指示标志,以利于运输、装卸、搬运等安全作业。

3. 包装标记

一般货物运输包装标记分为识别标记和储运指示标记。危险货物运输包装除前述两种标记外还须有危险性标记,以便明确显著地识别危险货物的性质。

4. 托运与承运

(1)托运

托运人必须向已取得道路危险货物运输经营资格的运输单位办理托运。托运单上要填写危险货物品名、规格、件重、件数、包装方法、起运日期、收发货人详细地址及运输过程中注意事项;对于货物性质或灭火方法相抵触的危险货物,必须分别托运;对有特殊要求或凭证运输的危险货物，必须附有相关单证并在托运单备注栏内注明；危险货物托运单必须是红色的或带有红色标志，以引起注意；托运未列入《汽车运输危险货物品名表》的危险货物新品种必须提交《危险货物鉴定表》。凡未按以上规定办理危险货物运输托运，由此发生运输事故，由托运人承担全部责任。

(2)承运

从事营业性道路危险货物运输的单位，必须具有十辆以上专用车辆的经营规模，五年以上从事运输经营的管理经验，配有相应的专业技术管理人员，并已建立健全安全操作规程、岗位责任制、车辆设备保养维修和安全质量教育等规章制度。

承运人受理托运时应根据托运人填写的托运单和提供的有关资料予以查对核实，必要时应组织承托双方到货物现场和运输线路进行实地勘察。承运爆炸品、剧毒品、放射性物品及需控温的有机过氧化物、使用受压容器罐(槽)运输烈性危险品以及危险货物月运量超过100吨均应于起运前十天，向当地道路运政管理机关报送危险货物运输计划，包括货物品名、数量、运输线路、运输日期等。营业性危险货物运输必须使用交通部统一规定的运输单证和票据，并加盖《危险货物运输专用章》。

5. 危险货物运输车辆安全运行要求

(1)常规要求

①危货标志必须齐全清楚

国家《公路危险品运输管理条例》第十三条规定：凡装运危险货物的车辆，必须按照国家标准GB 13392《道路运输危险货物车辆标志》悬挂规定的标志和标志灯。危货标志齐全清楚，一方面是交通执法人员检查的一项具体内容，另一方面当发生危险情况时，便于施救人员根据危货标志，采取正确的施救措施。

②盖紧罐盖

盖紧罐盖的目的：一是防止车辆运行中在上坡或下坡时，罐内原品及成品油外漏；二是防止罐盖在长时间的颠簸下松动，从而出现罐盖甩落伤及行人、车辆或其他建筑；三是防止罐盖与罐口在碰撞中产生火花，引起罐内残留油气着火，发生爆炸事件；四是防止烟火进入罐内发生爆炸事件。

③接地线必须接地

油罐车在运行中，油在罐内晃荡会产生大量的静电，保持接地线接地，就能有效将车体本身的静电，不断地释放到地面，从而避免车身产生静电火花，进而造成油罐着火和爆炸事件的发生。

④卸油管尾端高于卸油阀门口

卸油管尾端低于卸油阀门口，一是罐内油品没有卸干净，卸油阀门又没有关紧，容易造成油品泄漏，污染环境或发生交通事故；二是卸油管内残留的油品，也会逐渐地滴落在道路和停车场，造成污染或发生事故。

⑤消防器材完好无损

消防器材是危货运输车辆必须配备的器具，其目的是在车辆某个部位发生火灾情况能及时扑救，以避免重大火灾或爆炸事故的发生。因此，所有危货运输车辆必须保持消防器材的完好无损。

⑥保持反光条清洁

罐体两侧和尾部都贴有反光条，它的作用是在夜间行驶时，提醒尾随车辆本车的宽度、高度、所运物品，避免超车、尾随时判断失误而发生事故。在通过三岔路口会车时，提醒对方自己车辆的长度，避免对方抢会。同时，反光条也是交警检查的重要内容。因此，必须保持车辆反光条的清洁。

⑦全车电路接头不能裸露在外

电路接头容易出现接头打铁问题，一旦打铁现象比较严重，就会产生大量的打铁火花，打铁火花与油罐车表面的油气接触，便会引起燃烧，进而造成火灾和油罐爆炸事故。这种情况，在装卸油过程中更容易发生。

⑧排气管、消声器不能漏气

排气管和消声器漏气，说明排气系统有破损或裂缝问题，当出现漏气问题后，就有可能出现缸体内积碳火星外排的问题，一旦出现这个问题，在装卸油区内就有可能发生火灾或爆炸事故，也有可能因罐漏油发生火灾事故。

⑨上班必须穿好防静电服

穿防静电服是对从事油品运输行业人员的特别要求，成品油、原油都是挥发性极强的物质，在油品运输车辆停放区、装油点、卸油区，只要遇到静电火花，都非常容易发生火灾或爆炸事件。因此，每一个油品运输从业人员都必须按规定穿好防静电服。

⑩严禁酒后驾驶

酒精对人的大脑有很大的刺激作用，饮酒后人的大脑清醒度、观察力、判断力、反应灵敏度、手脚配合的协调性等都会受到很大的影响，酒后驾驶发生的重大恶性事故举不胜举。

⑪禁止带无关人员上车

无关人员对危险货物运输的安全常识一无所知，上车难免会做出一些违规违纪的行为和表现，车辆驾驶员和押运员稍不留神，就有可能造成意想不到的后果。因此，危货运输车辆严禁带无关人员上车。

⑫集镇、居民区、学校严禁乱停乱放

集镇、居民区、学校等场所是路况复杂、人流繁多、火源难以掌控的地方，烟花、鞭炮、烟头、火星无处不有，无处不在，油品运输车辆停放于此场所，发生火灾、爆炸的危险性非常大。

⑬装满油的罐车不能在烈日下停车长时间曝晒

装满油的罐车，在烈日下长时间曝晒，会引起罐内油气急剧膨胀、溢漏造成污染，严重时会引起火灾和罐体爆炸事件。因此，装满油的罐车，在行车途中发生故障，或者在规定的时间内不能卸油时，车辆应停放在荫凉处或遮荫棚里。

⑭规定线路必须带押运员出车

危货运输车辆运行配备押运员是国家的规定，如果道路交通执法人员检查到没有带押运员运行的车辆，罚款2万～10万元。因此，凡是规定要有押运员押车的运行线路，必须押运员上车才能出车。

⑮严禁乱卸污水

油品运输车辆还承担着油田部分洗井收污工作，但每一车污水的卸污都有指定的地点，如果擅自乱卸污水，造成了环境污染，环保部门将按照国家《环境保护法》的规定，给以10万元以上的罚款。

⑯接受GPS监控与提醒

GPS是运输公司目前对车辆行驶线路、车速、停靠点最先进的监控手段，当车辆行驶线路出现问题时，当班人员会提醒你，当车辆行驶速度超速时，会给你发出警告信号，当车辆在某个点上停靠时间过长时，会询问你是不是出现了什么问题等等。因此，每一台车辆出行，都应该保证GPS的正常工作。

⑰危货运输车上禁止吸烟

烟火是油品运输车辆的最大的敌人，在玻璃窗打开时在车内点火，或向外弹烟灰都有可能给车辆造成严重的危害，轻者引起火灾，重者引起油罐爆炸。因此，驾驶危货车辆禁止吸烟。

⑱车辆必须当天回场

车辆必须当天回场，这是由危货车辆的性质决定的，尽管罐里的油已经卸完了，但是残留在油罐上的油污、卸油管里剩余的油品，在没有人专门看管的情况下，遇到明火或火星仍然有可能造成严重的危险。因此，车辆在执行完当天的任务后必须当天回到停车场。

⑲车回场关好门窗

停车场虽有门卫值班，但也曾经发生车辆丢失现象，油品罐车若是被不法分子偷开出去，任意停放，非常容易产生不良后果，起火燃烧、罐体爆炸等都有可能发生。因此，车回场后必须关好门窗。

⑳罐体表面外漏原油要及时清洗

罐车在装油时，由于加油员的疏忽大意，造成原油冒罐或是外漏在罐体表面，时间一长罐体表面原油越积越多，在强烈的阳光照射下，罐体表面油气挥发加速，一旦达到燃点，或遇到火星就会燃烧，造成重大的火灾事故。因此，罐体表面的外漏原油要及时清洗，同时也是保持车容车貌清洁的要求。

㉑车辆动火未经请示不能擅自焊接

油品拉运罐车，必须远离高温和火星，当车辆某个部位需要动电焊和气焊时，必须先报告车队领导，再由车队领导向分公司主管技术的领导请示，在确保焊接绝对安全的情况下，由分公司现场监督焊接。焊罐必须在分公司指定专业焊接厂补焊。

㉒保持灯光齐全完好

灯光是车辆运行的"航标灯"，既给自己的车辆行驶提供照明，还给前后车辆和行人提示自己行驶的方向和意图或前方遇到的路障（如刹车灯亮，就说明前方有障碍，或是自己需要停车），所以灯光齐全完好，是安全行车的有效保障。

㉓保持车辆技术性能处于完好状态

车辆技术性能处于完好状态，是安全运行的首要条件，是确保不发生事故的硬件要求，车辆只有达到了"要停能停得住，要走能走好，要转转得灵"，才能高效地完成好当天的任务，才能确保"高高兴兴出车，平平安安回家"。

（2）操作要点

①出车前"八个必查"

（a）转向必查（方向盘自由行程是否过大、前轮转向羊角是否松旷、前轮横直杆球头是否松旷）；

（b）传动必查（传动轴螺丝是否松动、轮胎是否缺气、轮胎螺丝是否松动）；

（c）制动必查（储气筒是否漏气、刹车管线是否破损、刹车分泵是否漏气、刹车有无跑偏、刹车是否灵敏)；

(d)仪表必查(机油表、气压表、温度表等工作是否正常)；

(e)灯光必查(转向灯、刹车灯、大灯、防雾灯、变光灯等，要保持完好)；

(f)罐盖必查(罐盖是否盖紧)；

(g)接地线必查(接地线是否接地)；

(h)雨刮器、喇叭必查(雨刮器转动是否灵活、喇叭是否响)。

②上车系好安全带

汽车安全带是一种有效的安全防护装置，被誉为“生命带”，可以防止人在交通事故中受伤或在发生事故时减轻受伤程度。驾乘人员系好安全带，在事故中存活的机会是不系安全带的 2 倍，还可以将受伤的机会降低 50%。因此，驾驶员和押运员一上车就要系好安全带。

③装卸油区不能带火种入内

装、卸油区油气挥发密度很大，一遇火星非常容易引起火灾，因此，驾驶员进入装卸油区不能带任何火种进入。

④进入装卸油区时听从管理人员指挥

装卸油区均属一级防火防爆部位，有着十分严格的管理规定，管理人员的责任也十分重大，车辆进入装卸油区，必须听从工作人员、管理干部的指挥。

⑤罐盖密封不严时装油不要过满

当罐盖密封不严时，罐里的油品装得过满，在经过坡道或颠簸路面时，极易造成油品外漏，在驾驶员没有及时发现又没有及时清理时，容易出现行人摔跤、三轮车、摩托车翻车的事故。

⑥装卸车上下油罐当心摔跤

在装车或卸车时，司机难免上下油罐，但一定要手抓紧、脚踩稳，一不小心很容易从罐顶上摔下来，轻者皮肤受伤、关节扭伤，重者关节骨折、脑颅重伤，还有可能造成终身残废或危及生命。

⑦重车出井场当心侧翻

井场的道路土质松软，路面条件较差，车辆执行洗井收污或小站点拉油，重车出井场时，一定要观察好路面情况，一定要平稳走过钻杆桥，从硬质路面通过，遇到下雨或冰雪天，要下车看好路面才运行，稍不注意就会造成车辆侧翻。

⑧泥土新修路面警惕陷车

拉油站点道路损坏用泥土新修后，仍然存在着路面疏松的问题，有的大坑用泥土垫平后，重车压上去仍有可能出现陷车的问题，因此，凡是用泥土新修的路面，都要十分谨慎地行驶。

⑨按规定线路行驶

按规定线路行驶，是运输行业的基本要求，特别是危险品运输行业，更要不折不扣地执行。一是按规定路线行驶出了问题，用车单位可承担相关的责任。二是许多乡村道路是禁止大型车辆行驶的，即使用车单位规定走这些线路，也是经过协商好的，可降低行车风险和工农关系纠纷。

⑩车辆全行程中抢时间绝不能抢速度

车辆运行中，为了及时赶到目的地，抢时间应该在早出车、晚收车上把时间抓紧，而决不能在行驶途中用开快车、超速度来争取时间，“十次事故九次快”，这是用血的教训总结出来的。

⑪车辆运行中严禁打手机

车辆运行中接听或拨打手机，一是影响驾驶员的注意力、观察力、判断力，遇到紧急情况措手不及，导致发生交通事故，二是手机发射出的无线电波（射频电磁辐射），遇有锈蚀或接触不良就会产生射频火花，由于罐内油气外泄而形成的可燃气与手机产生的射频火花很容易引起爆炸，导致灾害的发生。

⑫乡村道路注意会车

乡村道路更多的是单行道，水泥或柏油路面都比较薄，特别是靠沟边的路，都是大型车辆一压就垮的路面，遇到对面来三轮车、摩托车、自行车会车时，一定不能太靠边。有的路段宁可把车停下让行，或倒至比较宽的路面会车，也不能把车停到紧靠路边会车。

⑬坑洼路面下车垫垫

有拉油站点的道路，经过长期压碾后，形成了大大小小的坑，车辆经过时，会发生倾斜现象，当重车运行时，由于重心过高，遇到大坑道路时，就有可能发生车辆侧翻的危险，这时车辆不要强行通过，而要主动下车，铲一些干土垫一垫。

⑭雨雪天掌控好路面

下雨、下雪道路都比较滑，对刹车、转向都有一定的影响，稍不注意就有可能造成刹不住车而导致事故，特别是在泥土路或石子路上运行时，更要掌控好道路情况，既不能贸然强行，也不能靠边运行，没有把握的路段，要下车仔细观察后，谨慎运行。

⑮冰雪天装好防滑链

冬天下雪结冰天气，当积雪和结冰较厚时，不管是水泥路面，还是沥青路面，或者是石子路面都非常滑，装防滑链能有效地增大轮胎与冰雪路面的摩擦阻力，便于车辆平稳运行和制动。

⑯大雾天气检查好防雾灯

防雾灯发射出的是黄色光线，它虽然没有大灯发射出白色光线那么强，但光线的穿透力比大灯白色光要强得多，因此，雾天必须及时检查防雾灯是否完好，同时，上公路运行必须打开防雾灯。

⑰夏天不能把一次性打火机放驾驶室的挡风玻璃下

一次性打火机一般都是塑料外壳制成的，耐压性能和防爆性能比较差，如果夏天把一次性打火机放在驾驶室的挡风玻璃下长期曝晒，容易引起爆炸，造成重大事故。

⑱运行途中警惕罐体漏油

车辆使用年数长的，由于长期酸碱腐蚀，罐壁穿孔的问题时有发生，有时装满油后没有反应出来，但在车辆运行途中，由于罐内油品的振荡，或车辆行驶的晃动，有可能将腐蚀严重的罐壁击穿，造成油品泄漏。因此，驾驶年数较长的油罐车辆，在会车或有事停靠时，都要对油罐表面进行一下检查，预防油品泄漏后造成污染和其他事故。

⑲运行途中发现油品微漏时的堵漏方式

在车辆运行途中，发现油品出现微漏时，一般有两种堵漏方式：一是出现小裂缝时，可以用肥皂、石蜡、胶布等，做应急式处理，卸车后再采取焊接方式将裂缝补好；二是出现小孔漏油时，用细树枝将一头削尖，再对准漏油孔用木槌打入孔内，直到堵住为止。

⑳运行途中发现油品严重泄漏时起动应急预案

在车辆运行途中，发现油品泄漏，在自己和押运员无法解决的情况下，一是要将车辆停靠在公路边安全地带，采取措施防止泄漏油品四处蔓延，并设置明显标志防止人员靠近；二是要立即向调度室（救援中心）报告情况，由调度室报告主要负责人，实施应急救援。

㉑留心观察盲区

油罐车相对于卡车，观察盲区较大一些，如倒车视线、左右路障观察、后面车辆超车或追尾情况等都不能很好地掌握，这就要求驾驶员倒车时，要先下车把车后面的情况看清楚，再倒车。在行驶途中要时刻留心左右两边的情况以及车后的一些突发情况。

㉒自觉接受押运员的“叫慢、叫停”

押运员对车辆行驶安全和物品安全负有重大监管责任，一旦发生车辆事故或货物损失，押运员与驾驶员同责同罚。因此，驾驶员要自觉接受随车押运员的“叫慢、叫停”。

㉓“夏时制”时车要停在遮荫棚或阴凉处

夏天，当气温达到34℃以上时，10时至16时既不装油也不卸车，在这个时段里，已装满油不能卸车的车辆，一定要停在遮荫棚或阴凉处，以防在烈日下曝晒，引发危险事件发生。

㉔烈日下车辆不能卸油又无遮荫处停放时要及时浇水冷却

“夏时制”时，车辆装满油赶不上卸油时间，但车又不能停放在遮荫处时，每隔两小时就要给罐体浇一次水，来冷却罐体的温度，从而防止罐内油品的挥发和膨胀，避免罐内压力过高引起罐体爆炸事故的发生。

㉕运输途中车辆出现故障停车必须设置好警示标志和警戒区域并有专人看护

车辆在行驶途中，如果车辆出现故障，要靠公路边停车，并在车辆的前后都要按规定摆放警示标志，设置警戒区域，防止行人围观，禁止吸烟人靠近，杜绝意外事故的发生。

(3)特别提防

①注意加热管出现虹吸现象

加热管出现虹吸现象，是因为卸油时给罐内原油加热，卸车后忘记了关闭加热管阀门，在第二次的原油运输中，由于罐内原油的振荡，或车辆上坡时，在罐内原油挥发力的作用下，油品从加热管中自动流出。出现加热管虹吸现象，如果不能及时发现，就会造成长距离原油污染，发生行人摔跤，自行车、摩托车、三轮车翻车等重大事故，后果不堪设想。为此，在使用了加热管后，一定要记住关闭加热管阀门，并养成平时勤于检查的习惯。

②时刻防范摩托车

随着公路、乡村道路摩托车数量的增加，摩托车已成为了汽车运行的“天敌”。这是因为一些驾驶摩托车人员的交通文化素质较差，既不懂得交通常识，又习惯了野蛮驾驶，岔路口、弯道、集镇、居民区、乡村小路等，冷不防就会突然窜出一辆摩托车来，经常使你措手不及，汽车碰摩托车、摩托车撞汽车的事故，几乎每天都在发生，占所有事故的70%以上。因此，对摩托车的防范，每时每刻都要高度警觉。

③谨防敌对分子的破坏

油品运输车辆是敌对分子搞破坏的最有效工具，一个磁性定时炸弹贴附在油罐车的任何部位，带进装油和卸油站定时爆炸，就会成为一个毁灭性的事件。因此，油品罐车无论是停在车场、路上、餐馆、饭店都要时刻提高警惕，特别是在重大节日、国家重大事项、有国际性影响的庆典以及国内重要时期，更要引起高度重视，每天都要对车辆进行一次安全检查，杜绝一切具有灾难性的重大事件发生。

五、大件货物运输

1. 基本概念

长大货物：凡整件货物，长度在 6 m 以上，宽度超过 2.5 m，高度超过 2.7 m 时，称为长大货物，如大型钢梁、起吊设备等。

笨重货物：货物每件重量在 4 t 以上（不含 4 t），称为笨重货物，如锅炉、大型变压器等。

笨重货物以可分为均重货物与集重货物，均重货物是指货物的重量能均匀或近乎均匀地分布于装载底板上，而集重货物系指货物的重量集中于装载车辆底板的某一部分，装载集重货物，需要铺垫一些垫木，使重量能够比较均匀地分布于底板。

2. 大件货物运输的基本技术条件

托运长大笨重货物时，一般都要采用相应的技术措施和组织措施。

(1)使用适宜的装卸机械，装车时应使货物的全部支承面均匀地、平稳地放置在车辆底板上，以免损坏车辆。

(2)用相应的大型平板车等专用车辆，严格按有关规定装载。

(3)对于集重货物，为使其重量能均匀地分布在车辆底板上，必须将货物安置在纵横垫木上或相当于起垫木作用的设备上。

(4)货物重心应尽量置于车底板纵横中心交叉点的垂直线上，严格控制横向移位和纵向移位。

(5)重车重心高度应控制在规定限制内，若重心偏高，除应认真进行加载加固以外，还应采取配重措施，以降低整个车的重心高度。

3. 运输

(1)托运

托运人在办理托运时，必须做到向已取得道路大件货物运输经营资格的运输业户或其代理人办理托运；必须在运单上如实填写大件货物的名称、规格、件数、件重、起运日期、收发货人地址及运输过程中的注意事项。托运人还应向运输单位提交货物说明书，必要时应附有外形尺寸的三面视图（以“十”表示重心位置）和计划装载加固等具体意见及要求。凡未按上述规定办理托运或运单填写不明确，由此发生运输事故的由托运人承担全部责任。

（2）承运

①受理。承运人在受理托运时，必须做到根据托运人填写的运单和提供的有关资料予以查对核实；承运大件货物的级别必须与批准经营的类别相符，不准受理经营类别范围以外的大件货物。凡未按以上规定受理大件货物托运由此发生运输事故的，由承运人承担全部责任。同时，按托运人提供的有关资料对货物进行审核，掌握货物的特性及长、宽、高度、实际质量、外形特征、重心位置等以便合理选择车型，计算允许装载货物的最大质量，不得超载，并指派专人观察现场道路和交通状况，附近有无电缆、电话线、煤气管道或其他地下建筑物，车辆是否能进入现场、是否适合装卸、调车等情况，了解运行路线上桥、涵渡口、隧道道路的负荷能力及道路的净空高度，并研究装载和运送办法。

②装卸。大型物件运输的装卸作业应根据托运人的要求、货物的特点和装卸操作规程进行作业。货物的装卸应尽可能使用适宜的装卸机械。装车时应使货物的全部支承面均匀地、平稳地放置在车辆底板上，以免损坏底板或大梁；对于均重货物为使其质量能均匀地分布在车辆底板上，必须将货物安置在纵横垫木上或相当于起垫木作用的设备上；集重货物重心应尽量置于车底板纵、横中心交叉点的垂线上，如无可能时，则对其横向位移应严格限制，纵向位移在任何情况下不得超过轴荷分配的技术数据，还应视货物质量、形状、大小、重心高度、车辆、线路和运送速度等具体情况采用不同的加固措施保证运输质量。

③运送。按指定的路线和时间行驶，并在货物最长、最宽、最高部位悬挂明显的安全标志，日间挂红旗夜间挂红灯，以引起往来车辆的注意。特殊的货物，要有专门车辆在前引路，以便排除障碍。

六、鲜活易腐货物运输

1. 概念

鲜活易腐货物是指在运输过程中，需要采取一定措施防止货物死亡和腐坏变质，并须在规定运达期限内抵达目的地的货物。

汽车运输的鲜活易腐货物主要有鲜鱼虾、鲜肉、瓜果、牲畜、观赏野生动物、花木秧苗、蜜蜂等等。

2. 主要特点

①季节性强、货源波动性大。如水果、蔬菜、亚热带瓜果等。

②时效性强。鲜活货物极易变质，要求以最短的时间、最快的速度及时运到。

③运输过程需要特殊照顾，如牲畜、家禽、蜜蜂、花本秧苗等的运输，需配备专用车辆和设备，并有专人沿途进行饲养、浇水、降温、通风等。

3. 运输

①托运。托运鲜活货物前，应根据货物不同特性，作好相应的包装。托运时须向具备运输资格的承运方提出货物最长的运到期限、某一种货物运输的具体温度及特殊要求，提交卫生检疫等有关证明，并在托运单上注明。

②承运。承运鲜活易腐货物时应对托运货物的质量、包装和温度进行认真的检查，要求质量新鲜、包装达到要求、温度符合规定。

③装车。鲜活货物装车前，必须认真检查车辆的状态，车辆及设备完好方能使用，车厢如果不清洁应进行清洗和消毒，适当风干后，才能装车。装车时应根据不同货物的特点，确定其装载方法。

④运送。根据货物的种类、运送季节、运送距离和运送方向，按

要求及时起运、双班运输、按时运达。炎热天气运送时，应尽量利用早晚行驶。运送牲畜、蜜蜂等货物时，应注意通风散热。

第六节 水路运输安全基本知识

一、水路运输基本知识

水路运输是利用船舶等水运工具，在江、河、湖、海及人工运河等水道运输旅客、货物的一种运输方式。

1. 水路运输的特点

(1)运输量大。随着造船技术的日益发展，船舶都朝着大型化发展。巨型客轮重量已超过8万吨，巨型油轮超过60万吨，就是一般的杂货轮也多在五六万吨以上。

(2)通过能力强。

(3)运费低廉。一方面，海上运输所通过的航道均系天然形成，港口设施一般为政府修建，不像公路或铁路运输那样需大量投资用于修筑公路或铁路；另一方面，船舶运载量大，使用时间长，运输里程远，与其他运输方式相比，海运的单位运输成本较低，约为铁路运费的1/5，公路运费的1/10，航空运费的1/30。

(4)速度较低。货船体积大，水流阻力高，风力影响大，因此速度较低，一般多在每小时10～20海里之间，最新的集装箱货船每小时35海里。

(5)风险较大。船舶航行海上进行货物运输，受自然条件和气候的影响较大，因此遇险的可能性也大。每年全世界遇险的船舶约300艘。

2. 水路运输基本条件

水路运输的基础条件是从船、港、货、线四个方面反映出来的。

(1)水上航道

现代的水上航道已不仅是指天然航道,而且应包括人工航道、进出港航道以及保证航行安全的航行导标系统和现代通讯导航系统在内的工程综合体。

①海上航道

海上航道属自然水道,其通过能力几乎不受限制。但是,随着船舶吨位的增加,有些海峡或狭窄水道会对通航船舶产生一定的限制。例如,位于新加坡、马来西亚和印度尼西亚之间的马六甲海峡,为确保航行安全、防止海域污染,三国限定通过海峡的油船吨位不超过22万吨,龙骨下水深必须保持3.35 m。

②内河航道

内河航道大部分是利用天然水道加上引航的导标设施构成的。对于航运管理人员来说,应该了解有关航道的一些主要特征,例如:航道的宽度、深度、弯曲半径、水流速度、过船建筑物尺度以及航道的气象条件和地理环境等,必须掌握以下一些通航条件:

——通航水深,其中包括潮汐变化、季节性水位变化、枯洪期水深等。

——通行时间,其中包括是否全天通行、哪些区段不能夜行等。

——通行方式,应了解航道是单向过船还是双向过船等。

——通行限制,应了解有无固定障碍物如桥梁或水上建筑、有无活动障碍物如施工船舶或浮动仓库等。

③人工航道

人工航道又称运河,是由人工开凿,主要用于船舶通航的河流。人工航道一般都开凿在几个水系或海洋的交界处,以便使船舶缩短航行里程,降低运输费用,扩大船舶通航范围,进而形成一定规模的水运网络。

——苏伊士运河。通航水深:16 m;通行船舶:最大的船舶为满载15万吨或空载7万吨的油船;通行方式:单向成批发船和定点会船;通过时间:10～15 h。

——巴拿马运河。通航水深:13.5～26.5 m;通行船舶:6 万吨级以下或宽度不超过 32 m 的船只;通过时间:16 h 左右。

(2)港口

港口的作用,是既为水路运输服务,又为内陆运输服务。

①商港的种类

按地理位置分为:

海湾港,指地濒海湾、又据海口,常能获得港内水深地势的港口。海湾港具有同一港湾容纳数港的特色,如大连、秦皇岛港等。

河口港,指位于河流入海口处的港口,如上海、伦敦、加尔各答港。

内河港,指位于内河沿岸的港口,居水陆交通的据点,一般与海港有航道相通,如南京、汉口等。

按用途目的分为:

存储港,一般地处水陆联络的要道,交通十分方便,同时又是工商业中心,港口设施完备,便于货物的存储、转运,为内陆和港口货物集散的枢纽。

转运港,位于水陆交通衔接处,一方面将陆运货物集中,转由海路运出,另一方面将海运货物疏运,转由陆路运入,而港口本身对货物需要不多,主要经办转运业务。

经过港,地处航道要道,为往来船舶必经之地,途经船舶如有需要,可作短暂停泊,以便添加燃料、补充食物或淡水,继续航行。

②港口的通过能力

港口通过能力是指在一定的时期和条件下,利用现有的工人、装卸机械与工艺所能装卸货物的最大数量。对于国际航运管理人员来说,应从以下几个方面了解和掌握有关港口的通过能力:

——港口水域面积:主要是了解该港口同时能接纳的船舶艘数。

——港口水深:主要是了解该港所能接纳的船舶吨位。

——港口的泊位数：主要是了解该港同时能接纳并进行装卸作业的船舶数。

——港口作业效率：主要是了解船舶将在该港的泊港时间。一般需综合考虑：装卸机械的生产能力、同时作业的舱口数或作业线数、作业人员的工作效率、业务人员的管理水平等等才能作出较正确的估算。

——港口库场的堆存能力：库场的堆存能力将会影响到港口通过能力，从而也影响到船舶周转的速度。

——港口后方的集疏运能力：港口后方有无一定的交通网和一定的集疏运能力，不仅将影响到港口的通过能力，同时也影响到船舶的周转时间。

③世界及我国主要港口

世界主要港口：荷兰的鹿特丹，美国的纽约、新奥尔良和休斯敦，日本的神户和横滨，比利时的安特卫普，新加坡的新加坡，法国的马赛，英国的伦敦等。

我国的主要港口：上海港，大连港，秦皇岛港，天津港，青岛港，黄浦港，湛江港，连云港，烟台港，南通港，宁波港，温州港，福州港，北海港，海口港等。

(3)水路运输中的货物

水路运输的货物包括原料、材料、工农业产品、商品以及其他产品。从水路运输的要求出发，可以从货物的形态、性质、重量、运量等不同的角度进行分类。

①从货物形态的角度分为：包装货物、裸装货物、散装货物。

②从货物性质的角度分为：普通货物、特殊货物。

③从货物的重量和体积分为：重量货物、体积货物。

国际上统一的划分标准：凡 1 t 货物的体积不超过 40 m^3 的货物为重量货物，凡 1 t 货物的体积超过 40 m^3 的货物为体积货物，也称轻泡货。

我国海运规定：凡 1 t 货物的体积不超过 1 m^3 的货物为重量货物，凡 1 t 货物的体积超过 1 m^3 的货物为体积货物。

④从货物运量大小的角度分为：大宗货物、件杂货物、长大笨重货物。

(4)船舶

①按货轮的功能(或船型)的不同分为：杂货船、散装船、多用途船、冷藏船、油轮、木材船、集装箱船、滚装船、载驳船等。

②按货物的载重量不同分为：

巴拿马型船。这类船的载重量在 6 万～8 万吨之间，船宽为 32.2 m。通过巴拿马运河船闸时，船宽要受此限制。

超巴拿马型船。指船宽超过 32.3 m 的大型集装箱船，如第五代集装箱船的船宽为 39.8 m，第六代的船宽为 42.8 m。

灵便型船。这类船的载重量为 3 万～5 万吨之间，可作沿海、近洋和远洋运输谷物、煤炭、化肥及金属原料等散装货物的船。

3. 船舶航线和航次的概念

(1)航线

航线有广义和狭义的定义。广义的航线是指船舶航行起讫点的线路。狭义的航线是船舶航行在海洋中的具体航迹线，也包括画在海图上的计划航线。

①按性质来划分航线

推荐航线：航海者根据航区不同季节、风、流、雾等情况，长期航行实践形成的习惯航线，由航海图书推荐给航海者。

协定航线：某些海运国家或海运单位为使船舶避开危险环境协商在不同季节共同采用的航线。

规定航线：国家或地区为了维护航行安全，在某些海区明确过往船舶必须遵循的航线。

②按航线所经过的航区分

按所经过的航区航线分为大洋航线、近海航线、沿岸航线等。

(2)航次

船舶为完成某一次运输任务，按照约定安排的航行计划运行，从出发港到目的港为一个航次。班轮运输中航次及其途中的挂靠港都编制在班轮公司的船期表上。

对船舶航次生产活动的认识，可以归纳为以下几个方面：

①航次是船舶运输生产活动的基本单元，即航次是航运企业考核船舶运输生产活动的投入与产出的基础。

②航次是船舶从事客货运输的一个完整过程，即航次作为一种生产过程，包括了装货准备、装货、海上航行、卸货等完成客货运输任务的各个环节。

③船舶一旦投入营运，所完成的航次在时间上是连续的，即上一个航次的结束，意味着下一个航次的开始，除非船舶进坞维修。如果航次生产活动中遇有空放航程，则应从上航次船舶在卸货港卸货完毕时起算；如果遇有装卸交叉作业，则航次的划分仍应以卸货完毕时为界。

④报告期内尚未完成航次，应纳入下一报告期内计算，即：年度末或报告期末履行的航次生产任务，如果需跨年度或跨报告期才能完成，则该航次从履行时起占用的时间和费用都需要转入下一年度或下一报告期内进行核算。

⑤航次的阶段。

预备航次阶段：指船舶开往装货港的阶段。

装货阶段：指船舶抵达并停靠装货港，等待泊位和装载货物的整个阶段。

航行阶段：指船舶离开装货港开往卸货港的整个阶段。

卸货阶段：指船舶抵达卸货港，等待泊位和停靠码头卸货的整个阶段。

(3)影响航次时间的主要因素

航次时间由航行时间、装卸时间及其他时间三部分组成。与航次时间关系密切的主要因素分别为：航次距离、装卸货量、船舶航速和装卸效率。对于航运管理人员来说，应通过对上述因素的分析研究，寻找缩短航次时间的途径，加速船舶周转率，提高船期经济性。

4. 船舶营运方式

国际上普遍采用的运输船舶营运方式分为两大类，即班轮运输和租船运输。

（1）班轮运输

班轮运输又称作定期船运输，系指按照规定的时间表在一定的航线上，以既定的挂港顺序有规则地从事航线上各港间货物运送的船舶运输。

在班轮运输实践中，班轮运输可分为两种形式：一是定航线、定船舶、定挂靠港、定到发时间、定运价的班轮运输，通常称之为“五定班轮”；另一种通常称之为“弹性班轮”，也即所谓的定线不严格定期的班轮运输。

（2）租船运输

租船运输又称作不定期船运输，是相对于定期船，即班轮运输而言的另一种国际航运经营方式。由于这种经营方式需在市场上寻求机会，没有固定的航线和挂靠港口，也没有预先制定的船期表和费率本，船舶经营人与需要船舶运力的租船人是通过洽谈运输条件、签订租船合同来安排运输的，故称之为“租船运输”。

目前，在国际上主要的租船方式有航次租船、定期租船、包运租船和光船租船四种。

二、水运运输安全基础知识

1. 水运交通事故的定义

水运交通事故的概念源于“海事”的概念。关于海事的定义有广义和狭义之分。广义上的海事泛指航海、造船、海上事故、海上运输等所有与海有关的事务；狭义上的海事意指“海上事故”或“海上意外事故”，如碰撞、搁浅、进水、沉没、倾覆、船体损坏、火灾、爆炸、主机损坏、货物损坏、船员伤亡、海洋污染等，都属于狭义的海事。

由于我国不但有广阔的海上水域，而且还包括广大的内陆水域，因此，将狭义上的海事概念拓展为水运交通事故，它既包括发生在海上的交通事故，也包括内陆水域的交通事故。由此可见，所谓水运交通事故，是指船舶、浮动设施在海洋、沿海水域和内河通航水域发生的交通事故。

2. 水运交通事故的分类

世界各国对海事的分类都有规定，尽管细节不同，但基本原则相同。我国《水上交通事故统计办法》对水运交通事故进行了界定。

(1)碰撞事故。碰撞事故是指两艘以上船舶之间发生撞击造成损害的事故。碰撞事故可能造成人员伤亡、船舶受损、船舶沉没等严重后果。碰撞事故的等级按照人员伤亡或直接经济损失确定。

(2)搁浅事故。搁浅事故是指船舶搁置在浅滩上，造成停航或损害的事故。搁浅事故的等级按照搁浅造成的停航时间确定：停航在 24 h 以上 7 d 以内的，确定为“一般事故”；停航在 7 d 以上 30 d 以内的，确定为“大事故”；停航在 30 d 以上的，确定为“重大事故”。

(3)触礁事故。触礁事故是指船舶触碰礁石或者搁置在礁石上，造成损害的事故。触礁事故的等级参照搁浅事故等级的计算方法确定。

(4)触损事故。触损事故是指触碰岸壁、码头、航标、桥墩、浮动设施、钻井平台等水上水下建筑物或者沉船、沉物、木桩渔棚等碍航物并造成损害的事故。触损事故可能造成船舶本身和岸壁、码头、航标、桥墩、浮动设施、钻井平台等水上水下建筑物的损失。

(5)浪损事故。浪损事故是指船舶因其他船舶兴波冲击造成损害的事故，也有人称之为“非接触性碰撞”，因此，浪损事故的损害计算方法可参照碰撞事故的计算方法。

(6)火灾、爆炸事故。火灾、爆炸事故是指因自然或人为因素致使船舶失火或爆炸造成损害的事故。同样,火灾、爆炸事故可能造成重大人员伤亡、船舶损失等。

(7)风灾事故。风灾事故是指船舶遭受较强风暴袭击造成损失的事故。

(8)自沉事故。自沉事故是指船舶因超载、积载或装载不当、操作不当、船体漏水等原因或者不明原因造成船舶沉没、倾覆、全损的事故,但其他事故造成的船舶沉没不属于“自沉事故”。

(9)其他引起人员伤亡、直接经济损失的水运交通事故。例如,船舶因外来原因使舱内进水、失去浮力,导致船舶沉没;船舶因外来原因造成严重损害,导致船舶全损等。

但是,船舶污染事故(非因交通事故引起)、船员工伤、船员或旅客失足落水以及船员、旅客自杀或他杀事故不作为水运交通事故。

3. 水运交通事故的等级

根据事故船舶的等级、人员伤亡和造成的直接经济损失情况,可将水运交通事故分为小事故、一般事故、大事故、重大事故、特大事故5个等级,水上交通事故分级标准如表3-1所示,特大水上交通事故分级按照国务院有关规定执行。

表3-1　水上交通事故分级标准表

吨位	重大事故	大事故	一般事故	小事故
3000总吨以上或主机功率3000千瓦以上的船舶	死亡3人以上或直接经济损失500万元以上。	死亡1～2人或直接经济损失500万元以下、300万元以上。	人员有重伤或直接经济损失300万元以下、50万元以上。	没有达到一般事故等级以上的事故。

续表

吨位	重大事故	大事故	一般事故	小事故
500 总吨以上、3000 总吨以下或主机功率 1500 千瓦以上、3000 千瓦以下的船舶	死亡 3 人以上或直接经济损失 300 万元以上。	死亡 1～2 人或直接经济损失 300 万元以下、50 万元以上。	人员有重伤或直接经济损失 50 万元以下、20 万元以上。	没有达到一般事故等级以上的事故。
500 总吨以下或主机功率 1500 千瓦以下的船舶	死亡 3 人以上或直接经济损失 50 万元以上。	死亡 1～2 人或直接经济损失 50 万元以下、20 万元以上。	人员有重伤或直接经济损失 20 万元以下、10 万以上。	没有达到一般事故等级以上的事故。

国务院于 1989 年 1 月 3 日通过并于同年 3 月 29 日发布施行了《特别重大事故调查程序暂行规定》。该规定所称特别重大事故，是指造成特别重大人身伤亡或巨大经济损失以及性质特别严重、产生重大影响的事故。劳动部根据该规定的授权做出下列解释：水运事故造成一次死亡 50 人及其以上，或一次造成直接经济损失 1000 万元及其以上的，即为该规定所称的特别重大事故。

此外，1990 年 10 月 20 日交通部交通安全委员会发出《关于报告船舶重大事故隐患的通知》，该通知将船舶重大事故隐患定义为：船舶由于严重违章、操作人员过失、机电设备故障或其他因素等，虽未直接造成伤亡或经济损失，但潜伏着极大险情，严重威胁船舶（旅客、船员、货物）安全及性质严重的重大隐患。该通知将船舶重大事故隐患分为 4 类。

(1)严重违章。严重违反安全航行和防火规定，船舶超载、超速、违章超越、违章抢航、违章抢槽、违章明火作业、违章装载、运输危险货物、违反交通管制规定等。

(2)操作人员过失。在航行、锚泊或靠离泊时，由于操作人员失误，疏忽瞭望，擅离职守，助航设备、通信设备和信号使用不当等。

(3)机电设备故障。船舶主机、辅机、舵机、机件、电器或通信设备、应急设备失灵等故障。

(4)其他因素。《海上交通事故调查处理条例》第34条规定："对违反海上交通安全管理法规进行违章操作，虽未造成直接的交通事故，但构成重大潜在事故隐患的，海事局可以依据本条例进行调查和处罚。"故也可以将船舶重大事故隐患(重大潜在事故隐患)考虑为我国海事分级的最低海事等级。

4. 水运交通危险有害因素和隐患分析

水运交通事故的发生，与外界条件、技术(人—机控制)故障、不良的航行条件、导航失误等因素密切相关。

(1)外界条件

①视距降低。

②气象恶劣给船舶带来不可抗拒的自然灾害。

③海上礁石、浅滩及水中障碍物必给船舶航行带来影响。

④航路的自然条件和交通密度的影响。这主要指狭窄航道和交通密集水域，其航道宽度、弯曲度、深度、危险物的分布、航路标志的设置，船舶活动的密度和频度，船舶遭遇态势(对遇、横交和追越)和概率等因素，均增加了船舶导航的难度。

⑤海上灯塔、航路标志出故障，海上航行资料失效。

⑥外部因素引起船舶导航设备失效。

(2)技术(人—机控制)故障

①船舶的动力装置、电力系统技术故障。

②操舵及螺旋桨遥控装置失控。

③惰性气体系统故障。对油轮而言，在装卸原油或清洗油舱过程中，惰性气体系统对降低原油防爆上限温度及防止油料的爆炸起着重要作用。实践证明，90％以上的油轮爆炸事故是由于未装或因

该系统出故障而发生的。

④导航设备故障。

⑤通信设备故障。

(3)不良的航行条件

①船桥人员配备不齐全,组织混乱。

②人员理论知识和实践经验贫乏。对多起海事原因的分析表明,约有2/3以上的海事是由人为因素造成的,说明船员条件是水运安全的直接重要因素。

③航海图、资料失效。

④船桥指挥部位工作条件的影响。

5. 水运交通安全技术措施

(1)船舶航行定位与避碰

①船舶导航与定位

(a)航向。为了保证船舶航行安全,首先要确定船舶的航向与位置。实际航向有3种,首先是罗经航向,它是由罗经直接指示的船首方向;罗经航向经过罗经误差修正后得到正确的船首方向,称为真航向;由于风、流的影响,船舶运动的速度是船舶在静水中运动的速度与风、流引起的速度的合速度,该合速度的方向是船舶重心轨迹的方向,称为航迹向。

测定船首方向的主要仪器罗经包括磁罗经、陀螺罗经。

(b)定位。定位方法按照参照目标可分为岸基定位与星基定位。

岸基定位是利用岸上目标定位,如灯标、山头以及导航系统中的信号发射台等都是岸基目标。最普通的岸基定位是用肉眼通过罗经测定灯标、山头等显著物标的方位,或通过六分仪测定目标的距离,然后得出几个目标的方位或距离的位置线,相交求出船位。雷达定位是通过雷达脉冲遇到显著物标反射回来所经过的时间及方向测定物标的距离和方位,得出位置线,相交而定出船位。

星基定位是以星体为参照物测定船舶位置的方法。传统的星基定位方法是利用天体，包括太阳、月亮、恒星、行星与船舶的相对位置来确定船舶的位置，称为天文定位。

卫星导航系统是以人造地球卫星为参照目标的位置测定系统。

②船舶操纵与避碰

控制船舶运动的设备是推进器(车)与舵。控制航向的主要设备是舵，在港内或狭水道，对有双螺旋桨或侧推器的船舶，在用舵的同时也可用双桨配合或侧推器来控制船首航向。在狭水道或港内一般由人工操舵，在海上一般采用自动操舵控制航向。自动操舵大致可分为两类：一类称为航向保持系统，另一类称为航迹保持系统。航向保持系统是根据船首向与设定航向的偏差，通过控制系统来控制舵角，使船首回到设定航向，根据控制系统的原理不同分为 PID(比例—积分—微分)自动操舵、自适应自动操舵等。此外，新的自动操舵中还采用模糊控制、多模式控制等先进技术。航迹保持系统是根据定位信息测定航迹偏离程度，通过计算确定出最有效舵角与舵角执行时间，使船舶能最快、最省燃料地回到设定航线上来。

(2)船舶交通管理系统

船舶交通管理系统(亦称船舶交通服务系统，Vessel Traffic Service，VTS)是水运交通安全技术措施之一。

①VTS 的功能与组成

VTS 旨在提高交通安全、交通流效率和保护环境。VTS 的功能包括搜集数据、数据评估、信息服务、助航服务、交通组织服务与支持联合行动。VTS 由 VTS 机构、使用 VTS 的船舶与通信三部分组成。

VTS 在其覆盖的水域中搜集两方面数据：一方面是航路的气象、水文数据及助航标志的工作情况；另一方面是航路的交通形势。VTS 通过发布消息的方式提供服务，发布的消息分为信息、建议和指示 3 类。

②VTS 设备

VTS 的设备配置随 VTS 系统的等级不同而变化，一个完整的 VTS 系统应配置主要设备有：雷达监测系统、通信系统和计算机系统。

(3)全球海上遇险与安全系统

全球海上遇险与安全系统(Global Maritime Distress and Safety System，GMDSS)是一个符合《1979 年海上国际搜救公约》规定的全球性通信网络。它应能满足遇险船的可靠报警、对遇险船的识别、定位、救助单位之间的协调通信、救助现场的通信、可靠、及时的预防措施以及日常通信等各项要求。

①报警

报警信息应包括遇险船舶的识别码(国际统一的一个九位十进制数字识别码)、遇险位置、遇险性质和其他有助于搜救的信息。

②通信

通信包括搜救协调中心通过岸台或岸台与遇险船舶、参与救助的船舶、飞机及其他搜救单位之间的双向通信。在搜救现场参与救助的船舶、飞机之间的通信。

③寻位

④播发海上安全信息

GMDSS 系统能发布航行警告、气象预报和其他各种紧急信息以保证航行安全。为了实现上述功能，GMDSS 系统采用了两种系统：一是卫星通信系统，二是地面通信系统。

6. 水路运输事故预防技术

(1)加强对水路运输环境的监测与评价，监测与评价运输区域内水运环境的安全度、水运交通运输活动与船舶航行面临和可能面临的不利环境变动。

(2)加强对水路运输运载工具船舶安全状态的监测与评价，明确并预先控制交通工具的技术安全状态。

(3)加强对水路运输中人为因素的监测与评价,评价水路运输中的操纵人员的驾驶行为水平程度。

(4)加强对水路运输组织(交通管理部门、企业)安全管理活动的监测与评价,明确安全管理活动的可靠状态和运行趋势。

三、危险货物运输管理

目前,国际危险货物海运量约占各种货物海运总量的50%,其中包装危险货物约占总量的10%~15%。常运的危险货物品种约3000种左右。

危险货物指具有爆炸、易燃、毒害、腐蚀、感染与放射等特性的物质,在运输、装卸和存储过程中,容易造成人身伤害、财产毁损或环境污染等需要特别防护的货物。

《国际海运危险货物规则》(简称《国际危规》)根据危险货物的主要特性和运输要求分为九大类:①爆炸品;②气体;③易燃液体;④易燃固体;⑤氧化剂和有机过氧化物;⑥有毒物质和有感染性物质;⑦放射性物质;⑧腐蚀品;⑨杂类危险货物和物品。

根据《国际危规》的要求,危险货物必须按照《国际危规》标准,附带正确耐久的标志。危险货物的标志由标记、图案标志和标牌组成。所有标志均须满足经至少3个月的海水浸泡后,既不脱落又清晰可辨的要求。危险货物的包装分为通用包装与专用包装两类。通用包装适用于第③、④、⑤类、第⑥类中的有毒物质类中的大部分货物和第①、⑧类中的部分货物;其余由于特殊危险性质,需采用专用包装。根据危险程度通用包装分为Ⅰ、Ⅱ、Ⅲ类。Ⅰ类包装,适用于高危险性货物;Ⅱ类包装,适用于中度危险性货物;Ⅲ类包装,适用于低危险性货物。

1. 船舶承运危险货物的条件

(1)船舶应是以液体燃料为动力的钢质船舶,必须装置避雷针。

(2)电器设备及电缆应处于良好状态。

(3)通风装置应处于良好状态。

(4)全船消防设备应处于良好状态。

2. 危险品的监督管理

(1)船舶载运进口或过境危险货物,应在预定抵港 3 天前直接或通过代理人向港务监督报告。

(2)船舶装载出口危险货物,应在装货前 3 天直接或通过代理人向港监办理“船舶装载危险货物准单”,经批准后,方可装船。

(3)若船舶要求港监监装并签发“危险货物安全装载证书”,应于作业前 3 天向港监提出书面申请,并附送积载图,经港监批准后的配载图不得任意更改。

(4)船舶在装卸和运输过程中,如违犯《国际危规》或造成水域、陆域污染,将受到相应的惩处。

(5)凡装载危险货物的船舶,均应主动接受主管机关(海事局)的监督检查和管理。

(6)对下列情况,海事局有权停止船舶作业,并责令船长、当事人或有关方面采取必要的安全措施:

①未经批准,擅自进港装卸危险货物;

②擅自在港内非指定地点或泊位装卸危险货物;

③装卸机具或船舶设备不符合要求;

④货物包装、标志、积载不符合要求;

⑤隐瞒、谎报危险货物;

⑥作业中发生事故或有发生事故的危险。

3. 货物装卸

(1)装卸前准备工作

①抵达卸货港前,应通过代理人将所载危险品的详细资料向港务当局转告,以使其作好准备工作。

②在装卸大量危险品前,港方应会同各有关方进行卸货前的安

全准备会议，确保卸货顺利进行。

③装卸危险货物时，船方应有专人值班。

④船舶卸危险品前应进行良好的货舱通风。

⑤装卸时应按货物性质及包装选用合适装卸机具。

⑥消防求生设备应备足且处于良好状态。

⑦夜间作业应备足照明设备。

(2)装卸注意事项

①申请监卸需要于作业前一天提出。

②港口装卸部门应按照装卸要求进行装卸。

③包装不良的危险品，不得装船。

④装卸过程中有特殊情况时应停止作业。

⑤装卸爆炸品、易燃液体时港内应划定禁火区(50 m)，无关人员不得接近；装卸人员不得携带火种或穿钉鞋、化纤服进入作业现场。

⑥在装卸电感应爆炸品或低闪点易燃液体时，不得检修或使用某些电器设备，不得同时进行加油、加水或拷铲等作业(岸上加水可除外)。

第七节　铁路运输安全基本知识

一、铁路运输基础知识

1. 铁路货物运输种类

(1)按运输条件的不同划分

①普通货物运输：除按特殊运输条件办理的货物外的其他各种货物运输。

②特殊货物运输。

(a)阔大货物运输:包括超长货物、集重货物和超限货物，是一些长度长、重量重、体积大的货物。

(b)危险货物运输:指在铁路运输中，凡具有爆炸、易燃、有毒性、放射性等特性，在运输、装卸和储存保管过程中，容易造成人身伤亡和财产毁损而需要特殊防护的货物。

(c)鲜活货物运输:指在铁路运输过程中需要采取制冷、加温、保温、通风、上水等特殊措施，以防止腐烂变质或死亡的货物，以及其他托运人认为须按鲜活货物运输条件办理的货物。鲜活货物分为易腐货物和活动物两大类。易腐货物主要包括肉、鱼、蛋、奶、鲜水果、鲜蔬菜、鲜活植物等;活动物主要包括禽、畜、蜜蜂、活鱼、鱼苗等。

(d)灌装货物运输:是指用铁路罐车运输的货物。

(2)按运输速度的不同划分

①按普通货物列车速度办理的货物运输;

②按快运列车速度办理的货物运输;

③按客运速度办理的货物运输。

(3)按一批货物的重量、体积、性质、形状划分

"一批"是铁路运输货物的计数单位，铁路承运货物和计算运输费用等均以批为单位。按一批托运的货物，其托运人、收货人、发站、到站和装卸地点必须相同。

由于货物性质、运输的方式和要求不同，下列货物不能作为同一批进行运输:

①易腐货物和非易腐货物;

②危险货物和非危险货物;

③根据货物的性质不能混装的货物;

④投报运输险的货物和未投报运输险的货物;

⑤按保价运输的货物和不按保价运输的货物;

⑥运输条件不同的货物。

不能按一批运输的货物，在特殊情况下，如不致影响货物安

全、运输组织和赔偿责任的确定，经铁路有关部门承认也可按一批运输。

(4)按运输形式的不同划分

①整车运输

整车运输是指一批货物至少需要一辆货车的运输。具体地说，凡一批货物的重量、体积或形状需要以一辆或一辆以上货车装运的，均应按整车托运。

整车运输的条件：

(a)货物的重量与车种。我国现有的货车以棚车、敞车、平车和罐车为主，标记载重量(简称为标重)大多为50 t和60 t，棚车容积在100 m^3 以上，达到这个重量或容积条件的货物，即应按整车运输。

(b)货物的性质与形状。有些货物，虽然其重量、体积不够一车，但按性质与形状需要单独使用一辆货车时，应按整车运输。

整车运输装载量大，运输费用较低，运输速度快，能承担的运量也较大，是铁路的主要运输形式。

②零担运输

凡不够整车运输条件的货物，即重量、体积和形状都不需要单独使用一辆货车运输的一批货物，除可使用集装箱运输外，应按零担货物托运。零担货物一件体积最小不得小于0.02 m^3(一件重量在10 kg以上的除外)，每批件数不得超过300件。

③集装箱运输

使用集装箱装运货物或运输空集装箱，称为集装箱运输。集装箱运输适合于运输精密、贵重、易损的货物。凡适合集装箱运输的货物，都应按集装箱运输。

(5)快运货物运输

为加速货物运输，提高货物运输质量，适应市场经济的需要，铁路开办了快运货物运输(简称快运)，在全路的主要干线上开行了快运货物列车。

托运人按整车、集装箱、零担运输的货物，除不宜按快运办理的煤、焦炭、矿石、矿建等品类的货物外，托运人都可要求铁路按快运办理，经发送铁路局同意并切实做好快运安排，货物即可按快运货物运输。

托运人按快运办理的货物应在“铁路货物运输服务订单”内用红色戳记或红笔注明“快运”字样，经批准后，向车站托运货物时，须提出快运货物运单，车站填写快运货票。

(6)班列运输

货运五定班列（简称班列）是指铁路开行的发到站间直通、运行线和车次全程不变，发到日期和时间固定，实行以列、组、车或箱为单位报价、包干办法，即定点、定线、定车次、定时、定价的货物列车。班列按其运输内容分为集装箱货物班列（简称集装箱班列）、鲜活货物班列（简称鲜活班列）、普通货物班列（简称普通班列）。班列的开行周期，实行周历，按每周X列开行。

目前班列运行线中集装箱班列26条（其中预留线17条）、普通班列44条（含季节性鲜活区列2条），共70条，遍及京哈、京广、京沪、京九、陇海、浙赣等主要干线，每周开行220列上下。除不明到站的军事运输、超限货物和限速运行的货物外，其他都可以按班列办理运输。

班列运输的特点：

①运达迅速：班列运行速度双线区间为800 km/d以上，单线区间为500 km/d以上，运达速度快。

②手续简便：托运人可在车站一个窗口，一次办理好手续。

③运输费用由铁道部统一组织测算并公布，除此不得收取或代收任何其他费用，透明度高。

④班列在运输组织上实行“五优先、五不准”：即优先配车、优先装车、优先挂运、优先放行、优先卸车，除特殊情况报国家铁路局批准外，不准停装、不准分界口拒接、不准保留、不准途中解体、不准变更

到站。

二、铁路运输安全基础知识

铁路运输安全是铁路运输生产系统运行秩序正常、旅客生命财产平安无险、货物和运输设备完好无损的综合表现，也是铁路运输生产全过程中为达到上述目的而进行的全部生产活动协调运作的结果。铁路运输安全基础知识包括车务安全知识、机务安全知识、车辆安全知识、电务安全知识、工务安全知识和牵引供电安全知识。

1. 车务安全知识

(1)行车工作的基本原则

行车工作必须坚持集中领导、统一指挥、逐级负责的原则。

(2)行车基本闭塞法

行车基本闭塞法采用自动闭塞和半自动闭塞两种。电话闭塞法，是当基本闭塞设备不能使用时，根据列车调度员的命令所采用的代用闭塞法。

(3)列车的分类和等级

列车按运输性质分类和等级为：

①旅客列车：特快旅客列车、快速旅客列车、普通旅客列车(含普通旅客快车和普通旅客慢车)等。

②混合列车(包括货物列车中编挂乘坐旅客车辆10辆及以上)。

③行包快运专列。

④军用列车。

⑤货物列车：五定班列、快运货物列车以及直达、直通、区段、摘挂、超限、重载、保温和小运转列车。

⑥路用列车。

(4)编组列车的一般要求

列车重量应根据机车牵引力、区段内线路状况及其设备条件确定；列车长度应根据运行区段内各站到发线的有效长度，并预留

30 m的附加制动距离确定。

(5)调车作业的有关规定

车站的调车工作由车站值班员(调度员)统一领导,调车作业由调车长单一指挥。

(6)车站接发列车的基本原则和程序

车站应坚持安全、迅速、准确、不间断地接发列车,严格按运行图行车的基本原则。

(7)各铁路局《行车组织规则》制定的原则

各铁路局应按《铁路技术管理规程》规定的原则,结合各铁路局行车设备的实际情况和运营实践经验来制定《行车组织规则》。

2. 机务安全知识

(1)运用机车的基本类型

我国运用机车分为电力机车、内燃机车、蒸汽机车。

(2)机车装设行车安全等设备的规定

内燃和电力机车须装设列车运行监控记录装置,其中客运机车还应加装轴温报警装置;牵引特快旅客列车的机车应分别向车辆的空气制动装置和空气弹簧等其他装置提供风源;蒸汽机车上装设自动停车装置。

(3)《机车乘务员一次乘务作业程序标准》的制定原则

《机车乘务员一次乘务作业程序标准》是规定机车乘务员自待乘、出勤时起到退勤时止全过程的程序性作业标准,是保证行车安全的重要环节。各铁路局根据国家铁路局的有关规定,结合各局的实际情况制定各局的《机车乘务员一次乘务作业程序标准》,对机车乘务员一次乘务作业中每个工作环节、作业规范、技术标准作出规定。

(4)《列车运行监控记录装置》的机车运行资料分析

监控装置记录的运行信息,实行退勤、日常两级分析和运用干部辅助分析。退勤分析由退勤调度员对乘务员趟车文件中所记录的非常信息进行核对并作好记录;日常分析是按国家铁路局规定的分析内容及要求,对列车操纵、行车安全、作业标准化和监控装置使用中存在的共性问题,认真进行分析,指导司机对分管机班乘务员的制动机使用、列车操纵、监控盲区、标准化作业等信息进行重点分析;运用干部的辅助分析是由车队、车间和段技术管理及段领导等干部实行逐级复检、抽查的检索分析。

(5)机车"三项设备"运用管理的规定

机车上必须安装机车信号、列车无线调度电话、列车运行监控装置(简称"三项设备")。为保证设备的正常使用,各铁路局应根据实际编制《行车安全装备使用、维修管理实施细则》,并建立局、分局和基层单位各级干部的定期检查、抽查制度。机务段、机务折返段对入段机车的"三项设备"实行检测,确保设备良好投入运行,防止设备不良出库;建立"三项设备"故障、临修分析考核制度,对列车运行中擅自关闭及违章使用"三项设备"的人员,建立严格考核处理制度。

(6)机车乘务员待乘休息管理的基本要求

担当夜间乘务工作并一次连续工作时间超过 6 h 的乘务员,必须实行班前待乘休息制度。乘务员待乘卧床休息时间不得少于4 h,待乘人员必须在规定时间持 IC 卡到达待乘室签到,按指定房间休息,待乘室值班人员按规定办理待乘人员的入、出待乘室手续;段、车间值班干部每天必须检查乘务员待乘休息情况,并实行 IC 卡写卡的检查管理制度,铁路局、分局应对管辖内各待乘室的管理工作进行不定期的抽查。

3. 工务安全知识

(1)铁路线路类别

铁路线路分为正线、站线、段管线、岔线及特别用途线。

(2)线路标准轨距和曲线线路加宽、超高限度

轨距是钢轨头部踏面下 16 mm 范围内两股钢轨工作边之间的最小距离。直线轨距标准规定为 1435 mm。曲线线路轨距加宽限

度:300 m≤半径≤350 m,加宽 5 mm;半径≤300 m,加宽 15 mm。曲线地段外轨最大超高,双线地段不得超过 150 mm,单线地段不得超过 125 mm。

(3)机车车辆上部限界最高、最宽的限度

机车车辆无论空、重状态,均不得超出机车车辆限界,其上部高度自钢轨顶面的距离不得超过 4800 mm,其两侧最大宽度不得超过 3400 mm。

(4)铁路线间距的基本规定

铁路线间距为区间及站内两相邻线路中心线间的标准距离,线间最小距离的基本规定为:线路允许速度不超过 140 km/h 的区段,区间双线为 4000 mm,站内正线、到发线和与其相邻线间为5000 mm;线路允许速度 140 km/h 以上至 160 km/h 的区段,区间双线为 4200 mm,站内正线与相邻到发线间为 5000 mm,牵出线与其相邻线为 6500 mm。

4. 电务安全知识

(1)信号机的基本类型

信号机按类型分为色灯信号机、臂板信号机和机车信号机。信号机按用途分为进站、出站、通过、进路、预告、遮断、驼峰、驼峰辅助、复示、调车信号机。

(2)连锁设备的基本类型

连锁设备分为集中连锁(继电连锁和计算机连锁)和非集中连锁(臂板电锁器连锁和色灯电锁器连锁)。

(3)信号机的显示距离规定

各种信号机及表示器在正常情况下的显示距离规定为:进站、通过、遮断信号机,不得少于 1000 m;高柱出站、高柱进路信号机,不得少于 800 m;预告、驼峰、驼峰辅助信号机,不得少于 400 m;调车、矮型出站、矮型进路、复示信号机,不得少于 200 m。

(4)集中连锁设备应保证的基本条件

集中连锁设备应保证:当进路建立后,该进路上的道岔不可能转换;当道岔区段有车占用时,该区段的道岔不可能转换;列车进路向占用线路上开通时,有关信号机不可能开放(引导信号除外),同时,集中连锁设备,在控制台上应能监督线路与道岔区段是否占用、进路开通及锁闭、复示有关信号机的显示。

(5)道口自动信号的技术要求

道口自动信号应在列车接近道口时,向公路方向显示停止通行信号,并发出音响通知;如附有自动栏杆(门),栏杆(门)应自动关闭。在列车全部通过道口前,道口信号应始终保持停止通行状态,自动栏杆(门)应始终保持关闭状态。

5. 车辆安全知识

(1)车辆的基本类型

车辆按用途分为客车、货车及特种用途车(如试验车、发电车、轨道检查车、检衡车、除雪车等)。

(2)旅客列车安装轴温报警器的基本规定

编入直达特快旅客列车、特快旅客列车、快速旅客列车、旅客快车的客车应装有轴温报警装置。

(3)车辆轮对基本限度

车辆轮对内侧距离为1353(±3)mm;车轮轮辋厚度为客车≥25 mm,货车≥23 mm;车轮轮缘厚度≥23 mm;车轮轮缘垂直磨耗高度≤15 mm;车轮踏面圆周磨耗深度≤8 mm。

(4)列车自动制动机试验的基本规定

列车自动制动机试验主要包括:全部试验、简略试验、持续一定时间的全部试验。

(5)列车中关门车的限制规定

编入货物列车的关门车数不得超过现车总辆数的6%,超过时要计算每百吨列车重量换算闸瓦压力,不得低于280 kN。列车中关门车不得挂于机车后部三辆之内，在列车中连续连挂不得超过二辆，列车最后一辆不得为关门车，列车最后第二、三辆不得连续关门。旅客列车不准编挂关门车，运行途中临时故障准许关闭一辆，但列车最后一辆不得为关门车。

(6)红外线轴温探测设备设置的基本原则

在干线上，应设红外线轴温探测网，轴温探测站的间距一般按 30 km 设置，铁路局设红外线轴温监控中心，铁路分局设监测中心及红外线轴温行调复示终端，列检所设复示中心。

6. 牵引供电安全知识

(1)接触网工作电压的限度值

接触网最高工作电压为 27.5 kV，瞬时最大值为 29 kV；最低工作电压为 20 kV，非正常情况下，不得低于 19 kV。

(2)接触网导线最大弛度限度

接触网接触线最大弛度距钢轨顶面的高度不超过 6500 mm；在区间和中间站，不少于 5700 mm；编组站和区段站，不少于6200 mm；客运专线为 5300～5500 mm。

(3)接触网带电部分与固定接地物、机车车辆及货物的距离限度

接触网带电部分至固定接地物的距离不少于 300 mm；距机车车辆或装载货物的距离不少于 350 mm；跨越电气化铁路的各种建筑物与带电部分最小距离不少于 500 mm。

(4)电气化铁路道口限界架的高度规定

在电气化铁路上，道口通路两面应设限界架，其通过高度不得超过 4.5 m，道口两侧不应设置接触网锚柱。

(5)人员与牵引供电设备带电部分的安全距离规定

为保证人身安全，除专业人员执行有关规定外，其他人员（包括所携带的物件）与牵引供电设备带电部分的距离，不得少于 2000 mm。

三、铁路运输事故主要类型与预防技术

1. 铁路运输事故主要类型

铁路运输事故主要类型包括行车事故、客运事故、货运事故和路外伤亡事故四大类。

(1)行车事故

凡在行车工作中,因违反规章制度、违反劳动纪律或技术设备不良及其他原因,造成人员伤亡、设备损坏,影响行车及危及行车安全的,均构成行车事故。行车事故分为列车事故和调车事故。

列车事故分为以下情况:列车与其他调车作业的机车、车辆等互相冲撞而发生的事故;调车机车进入区间(跟踪、越出站界调车除外)发生的事故;客运列车在中途站进行摘挂(包括摘挂本务机车)或转线作业发生的事故,以及客运列车或客运列车摘下本务机车后的车列,被其他列车、机车、车辆冲撞造成的事故。

调车事故是指列车以调车方式进行摘挂或转线而发生的事故。不论是列车运行事故还是调车事故,都是机车、车辆和列车在线路上运行过程中发生的事故,由于铁路运输生产过程的特点,旅客和货物必须依附并伴随着列车的运行而共同移动才能实现位移,因此,行车事故往往会直接牵连或波及旅客和货物的安全。有相当一部分的客运事故和货运事故都是因为行车事故引起的。

行车事故主要有冲突(包括列车冲突、调车冲突和其他冲突)、脱轨(包括列车脱轨、调车脱轨和机车车辆脱轨)、列车火灾、电气化铁路接触网触电以及机车车辆伤害等。铁路对行车事故按其造成的设备损坏程度、人员伤亡情况以及对行车影响的程度,分为特别重大事故、重大事故、大事故、险性事故、一般事故 5 个等级。

(2)客运事故

铁路客运事故包括旅客伤亡事故和行李包裹事故两类,其中,旅客伤亡事故是旅客在运输过程中发生的人身事故,分为死亡、重伤和

轻伤3种;行李包裹事故分为火灾、被盗、丢失、破损、票货分离或票货不符、误交付和其他7种,并按损失程度分为重大事故、大事故和一般事故3类。

(3)货运事故

铁路货运事故是指货物在铁路运输过程中(含交付完毕后点回保管)发生丢失、短少、变质、污染、损坏以及严重的办理差错,按损失程度分为重大事故、大事故和一般事故3类。

(4)路外伤亡事故

路外伤亡事故包括道口事故在内,是铁路机车车辆在运行过程中与行人、机动车、非机动车、牲畜及其他障碍物相撞造成的事故。

2. 典型事故主要隐患分析

(1)机车车辆冲突事故的主要隐患

机车车辆冲突事故的隐患主要是车务、机务两方面:车务方面主要是作业人员向占用线接入列车,向占用区间发出列车,停留车辆未采取防溜措施导致车辆溜逸,违章调车作业等;机务方面主要是机车乘务员运行中擅自关闭“三项设备”盲目行车,作业中不认真确认信号盲目行车,区间非正常停车后再开时不按规定行车,停留机车不采取防溜措施。

(2)机车车辆脱轨事故的主要隐患

机车车辆脱轨事故的主要隐患有:机车车辆配件脱落、机车车辆走行部构件、轮对等限度超标、线路及道岔限度超标、线路断轨胀轨、车辆装载货物超限或坠落、线路上有异物侵限等。

(3)机车车辆伤害事故的主要隐患

机车车辆伤害事故的主要隐患有:作业人员安全观念淡薄,违章抢道,走道心、钻车底;自我保护意识不强,违章跳车、爬车,以车代步,盲目图快,避让不及,下道不及时;作业防护不到位,作业中不加保护措施,线路上作业不设防护或防护不到位等。

(4)电气化铁路接触网触电伤害事故的主要隐患

电气化铁路接触网触电伤害事故的主要隐患有:电化区段作业安全意识淡薄,作业中违章上车顶或超出安全距离接近带电部位;接触网网下作业带电违章作业;接触网检修作业中安全防护不到位,不按规定加装地线,或作业防护、绝缘工具失效;电力机车错误进入停电检修作业区等。

(5)营业线施工事故的主要隐患

营业线施工事故的主要隐患有:施工组织缺乏安全意识和防范措施,施工安全责任制不落实,施工人员缺乏资质;施工前准备工作滞后,施工中安全防护不到位,施工后线路开通条件不具备,盲目放行列车;施工监理不严格,施工质量把关不严,施工监护不落实等。

3. 典型铁路运输事故预防技术

(1)防止机车车辆冲突脱轨事故的安全措施

严格执行行车作业岗位的标准化作业,认真落实非正常行车安全措施,强化机车作业安全联控,加强机车车辆检修和机车出库、车辆列检的检查质量,提高线路道岔养护质量,落实工务防折、防胀和施工安全措施,加强货物装载加固措施和商检检查作业标准等。对车辆转向架侧架、摇枕实行寿命管理,凡使用年限超过 25 年的配件全部报废。

(2)防止电气化铁路接触网触电伤亡事故的安全措施

电气化铁路上网作业前必须先停电后作业,并落实接地和作业区段安全防护措施,作业人员防护设施和绝缘工具必须检测可靠良好。

(3)防止机车车辆伤害的安全措施

严格遵章作业,线上施工作业确保 2 人以上,加强安全防护,来车按规定提前下道等;健全道口安全管理制度,认真落实道口员岗位责任制,加强瞭望和防护,提前立岗;完善道口报警和防护安全设施;开展治安联防,加强与地方的安全联控,共同落实道口安全防范措施。

(4)防止营业线施工事故的安全措施

严格按施工计划组织施工，实行施工组织单一指挥，按规定距离设置防护信号，保证施工联系畅通，根据不同施工等级安排施工防护员、联络员，落实施工监护措施，加强施工中相关工作的联系协调，严格落实施工安全措施。

施工后必须严格确认具备放行列车的开通条件，方可按允许运行速度放行列车，原则上施工后放行第一趟列车不安排旅客列车，线路允许速度必须根据运行条件逐步提高，严禁盲目臆测放行列车。

施工机具、设备必须统一管理，专人负责检修、保养及使用，保证状态良好，严禁带病运行，机具、设备下道必须存放稳妥，严禁侵入限界，机具、设备上道使用必须落实专人防护措施。

四、危险货物铁路运输安全知识

我国危险货物95%不是在生产地使用，需要长距离、大吨位的运输，运输半径一般在200 km以上，铁路运输是危险货物运输的主要运输通道，50%以上危险货物是通过铁路运输来完成，大型企业有自己的货物运输专用线。

铁路危险货物运输是一种动态危险源，在整个运输过程中一旦发生事故，不但会造成经济上的严重损失，而且会给社会带来很大程度的影响，同时还会对环境造成严重的污染，特别重大事故可能会影响社会安全。铁路危险货物运输安全是运输的基本问题，忽视安全不仅会对铁路声誉有影响，而且会降低铁路货物运输的市场。铁路第六次大提速以来，客货运输速度大幅度提高，区间行车密度增大，一旦铁路危险货物运输过程中发生事故，危害程度会扩大，这就对危险货物运输安全服务水平提出了更高的要求。

1. 铁路危险货物运输安全现状

铁路货物运输最基本的要求就是运输安全，为了保证运输安全，迫切需要加强对铁路危险货物运输安全的重视程度，正视运输中存在的各种潜在安全隐患，并采取切实有效的措施，以确保铁路危险货物运输安全。铁路每年运输危险化学品近 1.6 亿吨，共有 2187 个危险货物运输办理站，其中专办危险货物的 330 个，专办危险货物集装箱的 98 个，专办剧毒品的 64 个，还有 1695 个车站衔接的 3464 条专用线办理危险货物发到业务。在日益繁忙的危险货物运输生产中，由于管理水平、设备条件不足、运输运输包装质量差等问题，造成危险货物事故潜在隐患多，出现事故多发局面。

现阶段铁路危险货物运输过程中存在违章作业、危险货物包装失效和企业自备罐车老化等潜在的事故安全隐患，安全监管与管理手段已难以满足我国现在铁路发展的需要，需要提高管理水平，健全危险货物运输高效有序的安全管理体系、事故应急求援体系、技术保障体系等。

2. 铁路危险货物运输的特点

危险货物运输作业、储存不仅需要一般的货物运输条件，同时还要满足特殊的运输条件。铁路危险货物运输有以下几点特点：

(1)危险货物运输品种多、化学性质复杂

运输的危险货物共九大类，8000 多种，主要具有易燃、易爆、有毒、放射、腐蚀等特性。危险货物通过外界条件(高温、高压、人为等)作用发生破坏性事故时，由于品种繁多、性质各异、产生运输条件不同，要根据各类危险货物不同的化学性质提出相应的运输各环节基本安全组织措施和设施要求。

(2)运输环节多、事故诱发因子多

铁路运输危险货物运输中搬运、保管、装卸和编组站的解体，编组等相关作业都要受到不同气温、压强和不同程度的摩擦、震动、雨水的袭击的变化，以及与不同性质货物相互的接触等，都可能诱发事故。

(3)处理事故的方法繁多且复杂

针对不同类危险货物运输或同类危险货物运输不同条件下发生事故，仅灭火方法就有很多种，有的不能用水，有的需要砂、苏打灰或二氧化碳等，急救援助的方法措施等也不同。

3. 现代我国铁路危险货物运输存在的问题

(1)许多因素均会导致铁路危险货物运输事故发生，综合归纳为三类：

①管理因素。每一批危险货物运输的整个过程的安全完成需要不同的作业人员逐步实现。管理行为和操作行为是事故隐患，是诱发事故发生的主要原因，如规章制度的修订不及时、临时文件未及时生效、作业规范化程度低、人员素质低、培训不到位应急系统不完善等。

②环境因素。危险货物事故的发生需要一定的外界条件。当环境发生变化时，如超温、超压、低温、高湿度等运输，对大部分危险货物是不利的因素。

③设备因素。设备故障对危险货物安全造成直接的影响，包括线路、车辆、信号等，比如自备车的老化、设备技术未达到标准、救护消防设备的失效等。

(2)根据危险货物事故及隐患统计，结合对相关人员的问卷调查，在参考有关专家的建议对以上三大类可能存在的事故隐患研究分析发现，我国铁路危险货物运输安全存在以下问题：

①相关业务人员从业水平低、安全意识淡薄，违章作业。部分车站从事危险货物作业的人员学习与培训机会较少，培训水平不高，对各类危险货物运输存在的相关问题针对性不强，对危险货物化学性质理解不透，对危险货物列车在编组站解体编组时经过驼峰的相关业务不熟练，安全意识不强。

②危险货物包装失效问题。危险货物包装的正确性对于货物能否安全运输到目的地至关重要。包装存在的主要问题是，一些托运

人对危险货物的安全意识低，为眼前的利益，在降低成本的心态下，以次充好，重复使用旧包装和再生材料的包装，从而达不到危险货物运输包装对质量的要求。承运时包装检查不细、不严，破、漏、低劣包装夹带装车，气密、液密等问题是危险货物运输中的很重要的事故隐患。

③专用线管理薄弱。部分专用线办理危险货物运输没有按照铁道部颁发的《铁路危险货物运输管理规则》相关规定，有时候仍然存在危险货物超出安全评价范围现象。如专用线办理未经批准超品名范围危险货物运输。有些专用线危险货物专用线运输协议、安全协议及共用协议内容简单、针对危险货物的各类管理细则不详细。由于管理意识薄弱，专用线货运员没有充分的合理的分配，造成监督装卸落实不到位，交接检查流于形式，给危险货物运输留下了很难消除的事故隐患。

④企业自备罐车问题突出。罐车运输是我国铁路危险货物运输的主要运输方式，占铁路危险货物运输总量的85%以上，但企业自备罐车管理不到位，企业为了自己的最大利益，最大限度地提高设备利用率，很多罐车陈旧老化问题突出，阀、垫圈等部件丢失、损坏后不能及时更换补充，不能有效地检查罐车运行状态，尤其是装运腐蚀性液体的罐车，由于罐车的老化加快，极易造成罐车局部穿透，导致途中泄漏，引发事故的发生，自备罐车检修问题突出，检修质量差，罐体安全不能保证。

4. 铁路危险货物运输安全对策

(1)加强危货运输队伍建设

培养危货运输人才，加强相关业务人员培训。安全管理的关键在于人才的管理。建设危货运输职工队伍，培养危货运输人才，是解决危险货物办理站安全管理问题的治本之策。现阶段铁路危险货物运输人才紧缺，高学历人才在从业人员中比重较小，整体人员素质偏低。因此，建设铁路危险货物运输人才队伍，培养专业人才，增加对高校和专科铁道学校的合作力度，提高高学历人才在危货运输货运员队伍中的比例，带动整体人员素质提升，从而提高“安全压倒一切”的整体安全意识。

(2)危险货物运输包装安全对策

①确保包装本身合格。

②严格把关包装检验检测环节。

③大力发展适用于危险货物集装箱运输的包装。

(3)加强专用线管理力度

要全面清理危险货物办理站和专用线潜在事故隐患，坚决杜绝专用线(专用铁路)超出安全评价范围办理危险货物运输的现象，对不符合安全要求的坚决予以“关、停、并、转”；完善专用线运输协议、安全协议及共用协议，对新建、扩建等铁路危险货物运输项目严格按新《铁路危险货物运输管理规则》要求进行安全技术论证，加强监、装、卸工作。

(4)加强危险货物自备罐车管理

加强对企业自备罐车运营的惩罚力度，引导其将滑管液位计和内置式安全阀，分期分批地更换为具有与介质物理隔离的磁浮式液位计和外置式安全阀，彻底解决气体危险货物跑、冒、滴、漏问题。通过物联网技术研究，运用信息控制与监测技术，实现危险货物铁路罐车运输整个过程罐车内部的压力、温度液面高度、介质密度及在途运行位置等方面进行动态实时监控，能有效地消除潜在的事故隐患，防止运输过程中交接、监督不到位、检修质量差等问题的发生。

(5)组织开展应急预案演练

完善应急预案是提高突发事件处理能力的基础，要建立相应安全组织小组和危险货物事故联系网，细化危险货物运输事故应急预案、处理方法和应急处理信息网络等内容。加强危险货物列车途经的主要城市的劳动、公安、卫生、化工、环保等部门联系，介绍所运货物性质和事故处理的各种措施，添置必要的设备，建立通讯联系发生事故的应急措施，按预定分门别类地制定有效的事故处理方案和施救对策，定期进行演练。在演练过程中及时更新、补充相关环节，通过各种演练，消除发现的可能出现的潜在事故隐患，增强有效处置铁路危险货物运输突发事件的能力，最大限度地减少人员伤亡和财产损失及对社会的负面影响。

第八节　航空运输安全基本知识

航空运输，是指使用飞机、直升机及其他航空器运送人员、货物、邮件的一种运输方式。具有快速、机动的特点，是现代旅客运输，尤其是远程旅客运输的重要方式，是国际贸易中的贵重物品、鲜活货物和精密仪器运输所不可缺的运输方式。

航空运输企业经营的形式主要有班期运输、包机运输和专机运输。通常以班期运输为主，后两种是按需要临时安排。班期运输是按班期时刻表，以固定的机型沿固定航线、按固定时间执行运输任务。当待运客货量较多时，还可组织沿班期运输航线的加班飞行。航空运输的经营质量主要从安全水平、经济效益和服务质量 3 方面予以评价。

一、航空运输安全基础知识

1. 航空安全基础知识

保障航空安全的基本要素包括优秀的飞行人员、适航的航空器、安全的交通运行和无暴力干扰的运行环境。

2. 民用航空运行和管理基础知识

对于民用航空器飞行安全的运行范围有几种不同界定：第一种是从跑道上起飞滑跑开始，到降落跑道上滑跑结束止；第二种是从停机坪上滑行开始起，至航空器在停机坪上停止时止；第三种是从航空器启动发动机起，至航空器关闭发动机止；第四种是从旅客和机组登上航空器时起，至旅客和机组走出航空器止。

民用航空的运行控制实际是指航空公司的运行控制，其核心本质在于：以科学的管理方法和先进的技术，控制航空公司中飞机、航班、机组这三种与运行密切相关的动态资源，使航班在整个运行周期内能最安全、最有效地利用资源，以达到提高生产力和降低运行成本的目的。运行控制系统是安全运作的保障，包括 5 大功能模块：飞行计划系统、飞行跟踪系统、动态控制系统、载重平衡计划、机组管理。

二、航空运输事故与预防

1. 航空运输事故类型

航空运输事故主要包括航空器地面事故和航空器飞行事故两类。

2. 民航安全影响因素分析

影响民航安全的因素包括 3 大类：人员因素、设备因素、管理因素。

(1)人员因素

人员是影响民航安全的关键因素，包括飞行人员和乘机旅客。到目前为止，人员因素仍是发生事故的主要因素。

①飞行人员

飞行人员即航空人员，分空勤人员和地面人员。空勤人员包括驾驶员、领航员、飞行机械员、飞行通信员、乘务员、航空保安员；地面人员包括民用航空器维修人员、空中交通管制员、飞行签派员、航空电台通信员。

②乘机旅客

乘机旅客对民航安全的影响不容忽视。乘机旅客具有较高的安全意识、遵守乘机规章制度、发生危机时具有较强的自救能力，有助于保障民航飞行安全；反之，则会给民航安全带来不利影响。

(2)设备因素

设备是影响民航安全的第二类关键因素，包括航空器和空港。

①航空器

航空器实现完善设计、优质制造和有效维修并符合国家适航标准才能保证民用航空活动安全、正常地运行。由于航空器故障和缺陷而造成的飞行事故排名第二，仅次于飞行机组原因，其中设计不完善和制造质量差(初始适航不合格)约占事故原因的50%，维修不良和使用陈旧材料(持续适航不合格)占40%。

②空港

空港由飞行区、候机楼区、地面运输区3部分组成，其中飞行区(机场)是航空器起飞和着陆的专用陆地或特定水域，通常设有跑道、滑行道、停机坪等专用建筑。据统计，航空事故的70%发生在起飞和降落的时候，发生地点都在空港附近。跑道道面强度不够、道面打滑、跑道道肩承重不足、净空障碍物等均能导致事故发生。《民用航空法》第六章专门对新建、改建和扩建民用机场的标准进行规定，机场具备法定条件，并取得使用许可证方可对适当机型开放使用。

(3)管理因素

民航主管部门以及航空公司的管理工作也对民航安全起着重要的作用。

民航主管部门在航空安全监督管理方面的主要职责包括：制定当年运输航空和通用航空的安全目标，发展和维护国家为民航系统所制定的法律、法规、条例和标准程序；执行执照人的持续合格审查、航空器持续适航审定及随时现场安全检查；执行事故调查、分析和事故预防监督活动。

航空公司对航空安全的主要职责：制定本企业的安全目标；提供与目标相一致的全部资源——经济、设备、人员和组织机构；招募和训练人员；建立适当的信息系统。

3. 航空运输事故预防措施

(1)人为因素控制

据国内外相关资料统计,航空运输事故发生的主要原因是人为因素和机械设备的故障。随着新技术的广泛应用和产品质量的不断提高,飞行总事故率逐渐下降,但是,人为因素引起的事故率在总事故率中的比例却逐渐上升,成为造成飞行事故的主要原因。为了预防和减少飞行事故的发生,应加强对飞行员、地勤人员和地面保障人员的培训,努力提高航空运输参与人员的素质。

利用地面飞行模拟器对飞行员进行故障飞行模拟训练与研究,通过故障飞行模拟训练,使飞行员了解和掌握故障发生时飞机的操纵感觉和反应特点,以便准确判断故障的性质、发生的原因和采取何种处置方法,从而有效避免航空运输事故的发生。

(2)飞机因素控制

加强对飞机安全性能及部件故障检测与诊断技术的研究,加强对飞机的日常维护与技术检查。

(3)环境因素控制

及时发现与处理机场周围可能威胁航空运输安全的因素。不安全因素包括:超高障碍物、近低空的不固定漂浮物等。

(4)机场安全管理

建立健全机场管理相关的规章制度,规范机场工作人员的作业;加强对旅客行李和货物的安全检查,避免危险品上飞机;加强对机场各功能区的实时监控,实现对各种隐患的及时识别和预警。

三、民航安全技术措施

民航安全技术措施包括民航安全设计技术、民航安全监控与检测技术、民航安全救援技术和民航安全信息系统等。

1. 民航安全设计技术

民航安全设计技术就是从设计入手达到保障航空安全的技术手段。在航空器制造阶段，应采用先进技术使产品不断改进，符合安全要求，满足航空器适航性，同时应通过事故调查不断改进设计和制造上的失误，使设计更臻完善。另外，在空港设计中，应符合各种设计规范，通过选择恰当的设计方案，使空港运输事故的发生降到最低。

2. 民航安全监控与检测技术

对民航运输设备进行监控与检测的目的是随时掌握设施设备的运行状态，及时发现飞行中可能出现的影响安全的因素，是实现民航安全的基础。民航安全监控与检测技术措施有空港环境监控与检测系统、近地警告系统、空中交通警戒与防撞系统、黑匣子技术、航空器维修技术和空港维修技术等。

(1)空港环境监控与检测系统

空港环境监控与检测系统包括飞行安全监控系统和航站—站坪监控系统。飞行安全监控系统的任务是对机场空中、地面以及地下实施有效的监控和管理，确保各项设施、标志完善有效，减少异常天气对场道的影响，创造良好的适航环境，保证航空器在机场安全、正常起降。

航站—站坪监控系统包括航站安全监控系统和站坪安全监控系统。航站安全监控系统主要对航站楼消防、廊桥安全、旅客安全、行李安全、设施设备安全等进行监控和管理，其主要目的是确保旅客安全登、离机，货物安全装卸；站坪安全监控系统主要对航空器地面运行、站坪运行秩序、站坪消防等进行监控，目的是确保航空器在机场的安全运行，减少停机坪事故发生。

(2)近地警告系统

近地警告系统是一种机载设备，当飞机的飞行状态和离地高度进入近地警告系统的警告方式极限，系统就发出相应的警告或警戒信号，有助于飞机及时排查事故，保持正常的运行状态和离地高度。

(3)空中交通警戒与防撞系统

空中警戒与防撞系统也是一种机载设备，它能帮助飞行员监视附近的空域，从而防止空中相撞事故的发生。

(4)飞行数据/话音记录器(黑匣子)

飞行记录器的主要功能可以归纳为以下5个方面：

①在飞行设计中，可充分利用样机、原理机上所记录的大量数据(如载荷谱、大气状态对飞机性能的影响、故障及应急状态下的飞行规律等)来指导飞机的设计，使飞机有更好的安全性能和经济性能。

②在试飞中，可利用记录的数据分析、排除故障，消除飞机上的各种隐患。

③在飞行员培训中，可利用记录的数据来评定飞行员的驾驶技术，确保训练质量。

④在航空公司对飞机的使用和维护过程中，可利用飞行记录数据，快速准确地判明飞机的故障、飞机性能及发动机性能变化的趋势，以便制定合理的维修周期和维修重点，进行“视情维修”。

⑤一旦发生飞机坠毁，根据所记录的数据分析飞行事故原因。

(5)航空器维修技术

航空器维修可分为航线维护、初级维护和高级维修三类。

航线维护是在航站完成，一般只需简单的监测仪器，进行零部件的维修或拆换；初级维护即低级的定期维护，要在维修基地进行；高级维修除前面级别的各种维修项目外，还要对发动机进行大修，对系统结构进行深入检查及改装。

3. 民航事故救援技术

民航事故救援包括事故调查和救护救援两部分。

(1)事故调查

①航空器事故的分类

航空器事故分航空器飞行事故和航空器地面事故。

航空器飞行事故：从任何人登上航空器准备飞行直至所有人员下了航空器为止的时间内，所发生的与航空器运行有关的人员伤亡(10人以上重伤)或航空器损坏(修复费用达到飞机价格5%或10%)称之为航空器飞行事故。依《民用航空器飞行事故等级》，按人员伤亡情况以及对航空器损坏程度，飞行事故分为特别重大飞行事故、重大飞行事故和一般飞行事故三个等级。

凡属下列之一者为特别重大飞行事故：人员死亡，死亡人数在40人及其以上者；航空器失踪，机上人员在40人以上者。

凡属下列之一者为重大飞行事故：人员死亡，死亡人数在39人及其以下者；航空器严重损坏或迫降在无法运出的地方；航空器失踪，机上人员在39人及其以下者。

凡属下列之一者为一般飞行事故：人员重伤，重伤人数在10人及其以上者。

航空地面事故：在机场活动区内发生航空器、车辆、设备、设施损坏，造成直接经济损失人民币30万元(含)以上或导致人员重伤、死亡事件。凡属下列情况之一者为特别重大航空地面事故：死亡人数4人(含)以上；直接经济损失500万元(含)以上。凡属下列情况之一者为重大航空地面事故：死亡人数3人(含)以下；直接经济损失100万元(含)～500万元。

②通知

依据《民用航空器事故和飞行事故征候调查规定》(CCAR—395—R1)，事故发生单位应当在事发后12小时内以书面形式向事发所在地的地区管理局报告，事发所在地的地区管理局应当在事发后24小时内以书面形式向民航局事故调查职能部门报告。民航局事故调查职能部门应当在事故发生后30天内向国际民航组织提交初始报告。

一旦发生飞行事故就要执行如下三个报告制度：初始报告、继续报告和最终报告。

飞行中一旦发生劫机或伤及旅客的紧急情况，事发单位或空中交通管制获得信息时，应立即向民航局报告。

③调查程序和内容

民用航空器事故调查的组织和程序，由国务院规定（详见《民用航空器飞行事故调查程序》和《特别重大事故调查程序暂行规定》）。民航局有责任组织事故调查或参与事故调查。民航各级政府机构中的航空安全管理部门（安监部门）是事故调查的组织部门。

（2）事故的救护救援

据统计，航空事故的70%发生在起飞和降落阶段，因此建立机场应急救援系统成为航空事故救援的关键环节。我国《民用运输机场应急救援规则》第七条规定：每个机场应当成立机场应急救援领导小组，并设立机场应急救援指挥中心，作为其常设的办事机构。

①机场应急救援的组织与管理。机场应急救援领导小组是机场应急救援工作的最高决策机构，机场应急救援指挥中心负责日常应急救援工作的组织协调。参加应急救援的单位和部门通常包括：空中交通服务部门、救援和消防部门、机场管理部门、机场公安部门和安全保卫部门、医疗急救中心、航空器经营单位、驻机场部队、基地航空公司、协议消防单位、协议医疗单位等。沿海地区还应包括海上救援力量。

各单位对救援人员应进行定期训练并对紧急事件时要使用的所有设备状态进行检查。应急程序应随时与公安、消防和救援机构、医疗机构、机场当局、公司及其他有关人士进行协调、修改、补充。

②救援设备。救援设备主要是消防车队，包括快速救援救火车、轻型救火车、重型消防车。

快速救援救火车的时速很高，发生事故时能第一个到达现场。它装有1000 L浓缩泡沫灭火溶液和急救药物等，它的任务是把指挥人员和第一批急救人员送到现场，保持撤离道路畅通，对要紧急转移和处理的伤员进行处理和安排，然后等待救火主力队伍到达。

轻型救火车装有数百千克二氧化碳和灭火干粉，对发动机和电器着火最为有效；重型消防车装有成吨的泡沫灭火剂，对控制大面积火势最有效。

③应急救援等级。航空事故应急救援等级分为紧急出动、集结待命、原地待命3类。

已发生航空器坠毁、爆炸、起火、严重损坏等紧急事件，各救援单位应当按指令立即出动，以最快速度赶赴事故现场；航空器在空中发生故障，随时有可能发生航空器坠毁、爆炸、起火，或者航空器受到非法干扰等紧急事件，各救援单位应当按指令在指定地点集结；航空器在空中发生故障等紧急事件，但其故障对航空器安全着陆可能造成困难，各救援单位应做好紧急出动的准备。

4. 民航安全信息系统

信息是决策的依据，是做好各项工作的基础。建立完备的安全信息系统，实现信息在航空公司、航空器制造厂和主管当局各部门间的有效流通，有助于尽快排查事故及事故征候的致因因素，防患于未然。

(1)各级部门在信息交换中的职责

航空公司：管理部门应确保主要安全信息反馈到相关工作人员，应将紧急问题向制造厂或当局报告，以便向第三方转达。航空器制造厂应确保与所有顾客建立有效的信息交换，与航空器有关的问题和解决办法应让有此航空器的所有单位都了解。

主管当局：检查信息系统的效率；对紧急信息予以评价，以决定是否需要下达权威性指示，修改法规等；负责刊印和发行信息出版物。

(2)民航安全信息管理工作流程

中国民航安全信息系统管理体制暂分三级，即局、地区管理局和基层。目前系统流程为：收集信息——整理上报——调查核实——发布安全信息通告。

四、危险物品空运安全基本知识

随着国民经济的飞速发展，民用航空货运量与日俱增，危险物品的种类和数量也越来越多。空运的危险物品，无论在空中，还是在地面上，都对飞机的安全构成严重威胁，极易造成恶性事故。因此，了解一些危险物品空运安全的基本知识，以利于在各个环节上采取有效的安全措施，对于保证航空安全是很有必要的。

1. 危险物品的空运限制

(1)在正常的运输状态下，易爆炸、发生危险反应、产生火焰或危险的热量，或易释放毒性、腐蚀性的发散物、易燃气体或蒸气的物质，在任何情况下都禁止航空运输。

(2)危险物品的空运限量：

①爆炸物品，客机 25 kg，货机 75 kg；

②腐蚀性物品，客机 25 L 或 25 kg，货机不限；

③易燃气体，客机禁运，货机 150 kg；

④非易燃气体，客机 70 kg，货机不限；

⑤易燃和可燃液体，客机 25 L，货机不限；

⑥易燃固体和可燃物质，客机 25 kg，货机不限；

⑦氧化剂和有机过氧化物，客货机均为 25 kg；

⑧有毒物品，客机可装载 B 级物品 25 kg；货机可装载 B，C 级物品，重量不限；

⑨刺激性物质，禁运；

⑩放射性物质，Ⅰ类物质禁运，Ⅱ、Ⅲ类级物质根据机型限定指数，客机不超 20 个指数，货机不超过 50 个指数；

⑪磁性物质，小型机不载运，大型机要根据机型差别，装于不同的舱位，但必须在起飞前核验磁罗盘；

⑫干冰，客机 200 kg，货机不限；

⑬安全火柴，客机 25 kg，货机不限；

⑭聚合物质，客机 25 L，货机不限；

⑮培养液（供注射用），客机 5 L，货机不限。

2. 危险物品的装机安全要求

(1)安全检查。所有空运物品必须经过安全检查或在民航货库存放满 24 小时，方可装机。

(2)装卸要轻，不得撞击、拖拉、翻滚或抛摔，不得用铁质工具敲击金属容器；装卸机械应有防止产生火花的防护装置。

(3)要实行隔离措施。对互起危险反应的包装件和漏损可发生反应的危险品，应采取严密的隔离措施。

(4)装机前严格检查。装机前，必须严格检查所有的包装件、合成包装件或集装箱有无破漏现象，若有不完整，必须进行安全处理。

(5)机上堆放按标志要求。危险物品在飞机上的堆放，要严格按外包装的标志要求进行，要定位牢固，防止滑移摔滚。

(6)及时清除。卸货后的飞机及所用的设备和工具要及时清洗，残渣要妥善处理。

3. 旅客乘机安全知识

自从二十世纪八十年代以来，乘坐飞机的安全性已经超过其他运输方式，但航空运输事故仍有发生。因此，了解一些乘机的安全知识，不论对乘机人本身的安全，还是对航空运输的安全，都是很有益处的。

(1)登机前安全要求

乘坐民航飞机出行的人，在登机前，应按民航承运人的要求完成一系列的手续，其中，与乘机安全有关的要求主要是：

①必须接受对人身和携带物品的安全检查。检查中发现的危及航空安全的旅客和物品，必须接受国家规定的处理。拒绝接受检查者，不得乘机；

②禁止携带的物品。在交运行李和随身携带自理的行李中，不得夹带易燃、易爆、腐蚀、有毒、磁性、可聚合、放射性物质及其他危险物品，不得携带国家法律、政府法规、命令和部门规则禁止出入境或过境的物品；

③禁止携带武器或随身携带利器和凶器；

④按要求携带行李和物品。必须按规定的物品、件数、尺寸、重量、包装的要求办理交运手续或确定随身携带。

(2)机上安全知识

乘机人登机后，必须服从机组（包括乘务员）的要求和指挥，主要是：

①按规定位置就座，不得随意找座，不得吸烟；

②按规定和要求放置行李，不得放于通道上，更不得置于应急舱门处；

③仔细阅读椅背袋子内的紧急措施说明书或乘机安全手册，并要认真听取乘务员的解说示范；

④熟悉一下位置较近的应急舱门位置。严禁触动所有标志红色的把手和开关按钮及应急设备；

⑤了解并按要求正确使用安全带；

⑥在飞机发生颠簸或其他特殊情况时，可取下衣袋内的圆珠笔、指甲刀等尖锐物品，或取下假牙、眼镜甚至高跟鞋；

⑦饮水（或饮料）最好不要用尽，必要时，可用以浸湿毛巾，捂住嘴鼻，免遭烟熏咳呛。通向应急舱门时，可将身子尽量俯屈贴近机舱地面，以减少有毒有害气体的吸入；

⑧若乘务员有要求，就及时穿上救生衣，并按要求的姿势等待，或按要求戴上氧气面罩；

⑨紧急撤离时，要以坐的姿势从充气滑梯滑下并尽量远离现场。

(3)自救知识

若发生了飞机迫降等情况，应做到以下几点：

①千方百计止血；

②争分夺秒出机身、离现场。即使不能跑动，也应背向飞机、俯身卧地、张口掩耳；若有骨折，尽量想办法固定；

③注意保暖；

④清除口中泥沙和异物，防止窒息；

⑤坚强信念，等待救援。

第四章　物流仓储安全

第一节　物流仓储安全概要

1. 物流基本概念

物流是以货主为服务对象，以材料和产品为中心而展开采购、加工、包装、储存、运输、配送等活动。物流服务过程的环节多，不测因素多，极易发生毁机沉船、翻车、伤亡、错收错发、货损、质变、遗失、错单、延搁等事故。我国物流业每年因包装事故造成的损失约150亿元，因装卸、运输事故造成的损失约500亿元，因储存事故造成的损失约30亿元。物流业是一种极具风险的行业，物流业越是发展，这种风险就越大，更应该重视其安全问题。

随着高新科技的发展和经济全球化，物流市场的竞争日趋激烈。面对众多的物流企业，客户、货主有了可供选择的空间，在服务能力相差无几的前提下，服务质量有保证的物流企业就会受到青睐，客户、货主最大的希望是安全，一些物流企业为了抓住客户，抢到业务，容易“饥不择食”，犯急功近利的毛病，置安全和风险于不顾，一旦发生事故，信誉影响和经济损失是难以挽回的，甚至会给企业带来灭顶之灾。物流企业服务能力是重要的，更重要的是由安全意识、安全文化、安全措施、安全经验构成的安全业绩，是物流企业竞争的核心。

2. 物流与安全的关系

(1)安全在物流活动中无处不在

物流是物资有形或无形地从供应者向需求者进行的物资、物质实体的流动。具体的物流活动包括包装、装卸、运输、储存、流通加工和信息等诸项活动。安全是人们最常用的词汇之一,在日常生产、生活中无不涉及安全问题,小到衣、食、住、行,大到国家的稳定、社会的安定,都与安全息息相关,而物流业正是为满足人们这些方面的需要而提供服务的,二者都与人们的生产、生活密切相关。

从各种物流活动中看,无一不与安全相关。包装活动包括产品的出厂包装,生产过程中制成品、半成品的包装以及在物流过程中换装、分装、再包装等活动。在包装过程中,不仅要考虑包装用的材料、包装方式、还要考虑被包装物质的安全性,如食品要保证新鲜,采用保鲜膜;酸碱化学品要注意防腐蚀性;对有毒物质采取密闭包装等。装卸活动包括物质在运输、保管、包装、流通加工等物流活动中进行衔接的各种机械或人工装卸活动。在装卸过程中应注意物体打击、车辆伤害、机械伤害等各种伤害以及火灾、爆炸事故发生,另外对玻璃制品需轻拿轻放,防止碰撞、破损,装卸危险物品时,操作人员不准穿带钉子的鞋,并根据危险性的不同分别穿戴相应的防护用具;对有毒物质更要注意操作一段时间后,应当呼吸新鲜空气,避免发生中毒事故。运输、仓储、流通加工等活动中也要考虑物质的安全问题,如食品储存环境的温度、湿度、时间、地点,危险化学品的储存方式,能发生反应的物质不能放在一起,应设专用库,仓库内采取适当通风排毒,构成重大危险源的仓库,注意周围防护距离的要求;易燃品闪点在28℃以下,气温高于28℃时应在夜间运输等。在信息流动时,要采用加密技术,以保证网络安全。所以每一项活动都要抓好安全问题,防止事故发生造成不必要的伤害和损失。

(2)安全科学为物流科学保驾护航

物流科学是科学技术的一个重要组成部分。物流学是研究物质资料(广义的物质)在生产、流通、消费各环节的流转规律,寻求获得最大空间和时间效益的科学。安全科学是研究事物安全与矛盾运动规律的科学,其主要是研究事物安全的本质规律,揭示事物安全相对应的客观因素及转化条件;研究预测、消除或控制事物安全与危险影响因素和转化条件的理论与技术;研究安全的思维方法和知识体系。

物流学是一门应用性科学。研究、分析、论证每一个物流问题,都要求从实际出发,为社会经济发展服务。通过各种物流活动,创造物资的空间效用、时间效用,实现企业的"第三利润"。安全科学具有跨学科、交叉性、横断性、跨行业等特点,不仅包括工程科学和技术科学的知识,而且要包括基础科学理论以及认识论和方法论的知识,运用安全的思维方法研究实现安全目标的技术方法和手段,实现本质安全,即从本质达到事物或系统的安全最优化。因此,将安全科学应用于物流科学中,从思想上、技术上、管理上采用安全思维方式,可以提高各项物流活动的效率和效益,减少事故和人财损失,创造更多的经济效益。

(3)良好的物流系统工程应该是安全的系统工程

所谓物流系统工程就是综合运用各种知识,设计制造或改造运行物流系统的综合性工程体系。物流系统是一个复杂的系统工程,同时它又处于社会系统、国民经济系统等比之更大、更复杂的大系统之中。系统论的观点、系统工程和系统分析技术成为物流学基本理论的重要组成部分,使物流学成为一门物流系统分析的科学。

系统安全工程运用科学和工程技术手段辨识、消除或控制系统中的危险源,实现系统安全,并从安全角度进行系统分析,揭示系统中可能导致系统故障或事故的各种因素及其相互关联来辨识系统中的危险源。根据系统安全工程的观点,世上没有绝对安全的事物,任何事物中都包含有不安全的因素,具有一定的危险性。安全是相对的,安全工作贯穿于系统的整体寿命期间。早在一个新的物流系统构思阶段就必须考虑其安全性问题,制定并开始执行安全工作计划,把物流系统工程变成安全的系统工程。没有绝对的安全，也不可能消除一切危险源和危险性，系统安全所追求的目标也不是“事故为零”，而是宁可降低系统整体的危险性，而不是只彻底地消除几种选定的危险源及其危险性，应达到“最佳的安全程度”，即一种实际可能的、相对的安全目标。

物流根据其作用可分为企业物流和社会物流，即企业内物流和企业外物流。针对不同的物流系统采用不同系统安全工程评价方法，进行危险源辨识、评价和控制，防止事故发生，实现系统安全工程，保证物流系统的良好运行，进而实现企业的“第四利润”(由于事故造成的损失费用)。

3. 促进物流与安全协调发展的策略

(1)提高管理人员的综合意识

进入21世纪，科技高速发展，经济全球化，人们感觉应接不暇，对好多新鲜事物还不是很理解和重视。物流概念是从20世纪70年代传入我国的，一直停留在理论研究上，直到21世纪才开始从理论应用于实践，社会许多物流公司犹如雨后春笋般地出现，但是真正理解物流，能进行科学物流管理的企业却很少，社会上缺乏大量的物流人才，好多物流公司只是从传统的运输、仓储公司直接转型过来的，物流概念淡化，认为物流安全管理更是微不足道，而从事安全管理的人员，对物流行业陌生，狭义地认为物流就是储存和运输，甚至根本没有听过，真正具备这两方面知识的人很少，能够科学运用这两种技术协调管理的人更是凤毛麟角。因此，必须加强两方面管理人员的综合培训，提高他们的综合意识，使其采用安全的思维方式进行物流管理。重视安全不仅是表面现象，要从根本上认识到安全的物流活动才是提高企业经济效益，为企业创造出“第三利润”和“第四利润”。

(2)采用先进的技术和设备，实现本质安全

随着高新科技的发展，先进的、智能的自动化设备不断出现，为实现物流系统的本质安全提供条件。自动化物流系统是集光机电信

息技术为一体的系统工程，典型的自动化物流技术主要包括自动化立体仓储系统、自动输送系统、自动导引车系统 AGVS、机器人作业系统和自动控制系统等。自动化仓库的主体设备堆垛机能准确、高速地将物质送到指定位置，最高达 50 m，载重已达 5000 kg，航空集装箱专用堆垛机的载重量已达到 16.5 t，工作人员只需控制计算机，即可完成装卸搬运工作，节省大量的人力资源，提高工作效率，同时也减少了装卸中的高处坠落、机械伤害等事故发生。自动分货系统是一种全自动分货设备，广泛应用于医药、卷烟、化妆品、汽车、电子等行业，大大提高拣选效率，降低误差和工人的劳动强度，减少了人失误的概率，提高了系统安全性。自动导向小车（AGV）是一种自动化物料搬运设备，不需要人工干预即可根据程序设定沿规定路线完成物料的搬运，应用于工作人员不宜进入的场所，如搬运有毒物质、地下煤矿等，可提高物流安全。对于物流的安全信息一是采用专用的网络加密机和主机数据加密设备，保证网络安全；二是采用指纹识别技术，它是一种保密性能最高的技术。除了通过先进的技术和自动化设备，完成各项物流活动，实现系统的本质安全，还可以利用计算机网络和通讯系统，将各个企业、商店、物流园区、运输工具、仓库等都与消防部门、安全管理部门、警察局联网，形成报警系统，一旦发生地震、火灾或盗窃事件，以上机构同时报警，保证物流系统的全程安全。

(3)建立相关的法律法规并严格监管

我国围绕加强安全生产工作，从管理体制、法制建设、责任追究等方面相继采取了一系列措施，建立了以《安全生产法》为总纲的相关配套规章、制度等一整套法律法规体系。目前又针对运输、道路安全方面提出了《道路运输危险化学品安全专项整治方案》，以保障危险品运输环节安全。应在各领域建立相关法律法规，并将款项细化，立法同时应进行监督检查，依法行政，严格把关，从人治转向法治，从集中整治向规范化、经常化、制度化管理转变，从以控制伤亡事故为主向全面做好职业安全健康工作转变，督促企业建立安全质量管理体系，规范生产流程中各环节、各岗位的安全生产行为，全面加强基础工作，建立统一指挥、职责明确、功能全面、反应灵敏、运转协调的应急救援体系。另外，安全工作具有滞后性，所以必须坚持长时间的监督管理，不可松懈。

(4)加强从业人员专项安全培训，持证上岗

物流活动中涉及的各项具体活动的从业人员，首先应该对其进行专业技能培训，掌握基本工作要领，提高工作效率以及工作质量，同时也应该对其进行相关的安全教育，加强安全意识，以及开展事故应急救援的训练。大力倡导“以人为本”的安全理念，在企业内开展全员安全培训，尤其对危险化学品的从业人员按照《安全生产法》规定必须进行专项安全培训，经考核合格后，持证上岗。从业人员应具有安全意识和法制观念，严格按照安全操作规程进行，面对突发事件能从容应急的基本素质，并且要认真作好服务过程中的安全防范工作，确保货物的全程运行安全。服务安全的能力和优异业绩就是物流企业的最大竞争优势，也是其利润的来源。

第二节　仓储物流从业人员基本素养

现代企业的竞争归根到底是人才的竞争，我国现代物流业的发展扩大了现代物流人才的市场需求。相对于市场的需求，现代物流人才特别是高级现代物流人才出现供不应求的局面。现代物流人才短缺根源于我国现代物流教育体系的相对滞后，一方面，国家教育部门仍没有设置现代物流科目，高等院校的现代物流教学大多沿用过去仓储、运输等专业的课程体系，而且在教学过程中理论传授与现代物流实务联系并不紧密。另一方面，中介机构举办的各种现代物流培训班，多数出于经济利益的目的，仅仅起到了现代物流理念的传播

作用，并不能够满足企业对现代物流人才知识结构的要求。

现代物流业是一个兼有知识密集、技术密集、资本密集和劳动密集特点的外向型和增值型的服务行业，其涉及的领域十分广阔，在现代物流运作链上，商流、信息流、资金流贯穿其中，现代物流管理和营运工作需要各种知识和技术水平的劳动者。同时，现代物流又是一个微利行业，在现代物流运作成本中，人力资源成本占较大比重，企业为降低成本，就需要降低人力成本，但单位人力成本的降低受到一定的制约，因此企业就必须提高科技应用水平，降低单位作业的人力投入，在定编定岗时，就要压缩人员编制，采取多个岗位交叉合并的策略。目前一些企业的岗位设置原则不是岗位无缝连接，而是岗位与岗位之间有一定比例的重叠，这样就需要岗位多面手来完成重叠环节的作业。譬如：①配送中心主管人员：配送中心是现代物流的缩影，主管人员必须具备各方面的综合知识与技能，如现代物流基础知识、财务知识、营销知识与 IT 技能等，从而了解运作流程并不断加以改进，利用信息共享及分析，对配送中心进行更有效的管理，提高库存周转率，开展各项增值服务，实现为供应商联合管理库存；②客户服务代表：既要熟悉客户的各项要求和服务承诺，具备货物信息处理、管理信息系统使用的能力，也要了解如仓库管理、运输作业、结算、信息系统需求分析等方面的知识，同时也应该是一个很好的销售支持人员。

由于现代物流具有系统性和一体化以及跨行业、跨部门、跨地域运作的特点，因此具有较为广博的知识面和具备较高综合素质的复合型人才是现代物流企业急需的人才。下面我们从现代物流人才的知识结构和能力素质两方面加以论述。

1. 现代物流人才的知识结构

在网络经济和知识经济时代下，为了满足企业对现代物流人才的需要，一个合格的现代物流人才应该具备以下六个方面的基础知识，并在实际中根据需要不断学习，完善知识结构。

(1)国际贸易和通关知识

国际贸易包括国际采购、国际结算等。现代物流是商流的载体,现代物流活动是贸易活动的货物交付过程。随着改革开放的不断深入,特别是我国加入WTO后,国内市场和国际市场的融合程度日益紧密,外资企业“请进来”和国内企业“走出去”将是大势所趋,而这一类企业又大都是跨国的大型企业,其业务散布于不同国家不同地区,为了降低生产成本和经营风险,其采购和营销方式向即时化、网络化、零库存的方式转移。因此,提供综合性现代物流服务的企业,就成为一个采购和供给双方的货物交接和结算点,多家供货商通过现代物流企业向采购方供货,并通过现代物流企业向采购方结算。现代物流企业的从业人员也就需要掌握相关的国际贸易、国际结算知识以及了解国家对外汇管理的有关法律法规。

在通关方面,国际贸易活动必然要涉及通关作业,通关环节的相关政策和法规对现代物流方案的设计和现代物流流程的制定具有重要的影响,如贸易性质是一般贸易下的出口还是进口、是来料加工还是进料加工、涉不涉及退税、报关方式是进口保税、出口监管还是转关运输以及在通关环节可能要产生的各种费用等等。现代物流从业人员如果对相关政策和法规没有清楚的了解,就不可能制定出合理的、可行的现代物流方案和有效的成本预算,在作业过程中必将发生异常事故,不仅影响现代物流作业的有效执行,同时给现代物流企业和货物的买卖双方造成重大的经济损失和信誉影响。

(2)仓储运输专业知识

运输包括海运、空运、铁路和公路运输等。综合性现代物流企业所从事的业务通常要涉及多种运输方式和手段,多式联运的执行水平也是衡量企业综合能力的指标之一,在一单业务中,可能要涉及海运、空运、铁路和公路运输等环节。业务人员在与客户洽谈和进行现代物流方案设计以及任务执行的时候,只有在熟练地掌握了多种交通工具使用知识的情况下,才有可能设计出切实可行、安全快速、经济有效的运输方案,才能为客户提供恰当合适的现代物流服务。

在仓储管理方面,随着现代物流服务需求的个性化和信息技术的发展,仓储管理已不局限于货物进出仓、堆码摆放等简单活动,它将可能涉及库存控制、自动化控制、包装、加工、检验、维修等作业。一个合格的仓库保管员,不仅能够履行收发、保管货物的职能,同时能够担负起作业流程优化、硬件设施设备有效利用、库存合理控制以及其他增值服务职能。

(3)财务成本管理知识

现代物流服务往往涉及多个作业环节,发生各种不同的费用类型,有些是现代物流企业的成本,有些是外部发生的费用,如在运输作业过程中出现的费用类型有:停车费、路桥费、保险费、报关费、检验检疫费、海关查车费、订仓费、提货费等。在现代物流服务营销的过程中,业务人员不仅要了解作业费用发生的原因、种类和数量等情况,而且要具有进行作业成本分析的能力,只有通过细致的成本核算和分析,才能向客户提出有针对性和说服力、客户易于接受的合理的解决方案,针对一个现代物流方案,成本分析包括分析企业需要外包的业务类型、业务量、向分包方支付项目、支付数额,以及企业内部需要投入的资源、执行该项现代物流服务资源的消耗和占用状况、资产的折旧和运作成本等。

(4)外语知识

在国际贸易活动中,外语的应用频率越来越高,特别是英语作为国际商务通用语言的地位已毋庸置疑,随着商流活动区域的国际化,英语也被广泛应用在现代物流活动中的各个领域,从商务谈判、合同签订到日常沟通、单据书写等各个环节都能见到英语的影子。如果现代物流企业要加入以跨国公司为主导的供应链或以大型现代物流企业为主导的战略联盟,或者要实施国际化发展战略,就应该适应全程现代物流活动对信息传递的要求,提高从业人员的英语水平,使其不但能够熟练使用英语与客户进行口头和书面时时准确的沟通,还要具有草拟和设计英文合同的能力。目前多数涉外现代物流企业在招聘作业人员时都设置了英语考试的项目，因此，无论是学校还是企业在对现代物流从业人员进行业务培训时都应加强英语的培训力度。

(5)安全管理知识

一般情况下，现代物流企业既不是买方，也不是卖方，而是买方或者卖方委托的现代物流服务提供者，接受买方或者卖方的委托，按照委托方的要求执行现代物流作业，在作业过程中，如果管理不善，安全隐患无时不在。由于现代物流企业处于供应链的中间环节，事故的影响将蔓延到企业的上下游各个环节中，引起交货延迟、船期航班延误、人员加班、生产线停产等一连串的问题，一个看似很小的事故最终造成的损失将无法估量。

(6)法律知识及其他

现代物流业是一个服务行业，现代物流企业的运作不简单是企业内部的行为，而是涉及多个企业之间的经济行为，任何一种现代物流服务都是一种用合同形式表现出来的承诺，现代物流服务供求双方的合同通常是以书面形式明确双方权利和义务的法律文书，是受国家法律保护和约束的。现代物流从业人员，特别是现代物流市场拓展人员必须具备一定的法律知识，了解国家有关涉及现代物流行业的法律法规，并在签订合同的时候灵活准确地运用这些知识，如经济法、海关法、合同法、公司法以及国际法等。

其他如保险、环保等知识，现代物流从业人员也应有所了解和掌握。

2. 现代物流人才应具备的基本素质和能力

一个合格的现代物流人才，除了掌握上述科技知识以外，还必须具备以下六个方面的基本素质和能力。

(1)严谨周密的思维方式

现代物流服务是一个动态的、连续的服务，服务质量的持续提高是企业生存和发展的基础。要保证货物在规定的时间内以约定的方式送到指运地，过程的设计必须是严谨的、科学的、合规合法的。一体化现代物流过程中存在多个环节，任何一个环节出现问题，少则可能增加企业不必要的费用支出，造成企业的经济损失，重则可能导致现代物流服务中断，造成客户更大的损失，引起法律纠纷和大数额的索赔。所以在这个链状的服务中，从业人员在设计现代物流方案的时候，不但要有全面的综合性知识，而且要有一个严谨的思维模式。

(2)团队合作和奉献精神

现代物流作业的物理特性表现为一种网状的结构，在这个网中存在着多条线，每条线上又存在着多个作业点，任何一个作业点出现问题，又没有得到及时妥善的解决，就有可能造成网络的瘫痪。所以现代物流从业人员应具备一种强烈的团队合作和奉献精神，在作业过程中，不仅能够做好本职工作，同时能够为周边相关岗位多想一点和多做一点，使上下游协调一致。如果没有这种团队协作和奉献精神，就不可能将整个线上的作业点有机地结合在一起，就无法实现现代物流目标系统化和业务操作无缝化的目的，就不可能有效准确地完成繁杂程度较高的现代物流服务。

(3)信息技术的学习和应用能力

现代物流企业核心竞争力的提高在很大程度上取决于信息技术的开发和应用。现代物流过程同时也是一个信息流的过程，在这个过程中，货物的供需双方要随时发出各种货物供需信息，及时了解货物在途、在库状态，时时监控现代物流作业的执行情况，而提供服务的现代物流企业，也必定要有这种准确及时地处理各种信息和提供各种信息服务的能力。目前，信息技术已受到现代物流企业的广泛重视，并被应用在订单处理、仓库管理、货物跟踪等各个环节。作为一个合格的现代物流从业人员，必须熟悉现代信息技术在现代物流作业中的应用状况，能够综合使用这一技术提高劳动效率，并且能够在使用的过程提出建设性、可操作性的建议。

(4)组织管理和协调能力

现代企业的竞争表现为对人才的竞争,而具体的就表现为企业经营管理理念的竞争。一个成功的企业不仅要有高素质的专业人才,也要有良好的经营管理理念和执行管理理念的能力。现代物流的灵魂在于系统化方案设计、系统化资源整合和系统化组织管理,包括客户资源、信息资源和能力资源的整合和管理。在目前现代物流行业没有形成统一标准的情况下,现代物流从业人员更需要具备较强的组织管理能力,在整合客户资源的前提下有效地贯彻企业的经营理念,充分利用设备、技术和人力等企业内部资源来满足外部客户的需求。

现代物流服务的特点之一是消费者参与到服务产品的生产、销售和使用的过程中,从业人员在工作过程中,需要时时与客户沟通协商、与上下游环节协调合作,需要运用不同的工具进行各种信息的传递和反馈。因此,现代物流从业人员不但要有相当丰富的知识面,同时应具有相当强的沟通、协调能力和技巧。

(5)异常事故的处理能力

能够很好地执行作业指令、完成常规作业只能说明员工具备了基本的业务操作能力,异常事故的处理能力是衡量其综合素质的重要指标之一。在市场瞬息万变的情况下,市场对现代物流服务的需求呈现出一定的波动性,现代物流企业作为供需双方的服务提供者,对信息的采集又有相对的滞后性,同时现代物流作业环节多、程序杂、缺乏行业标准,异常事故时有发生。在可利用资源有限的情况下,既能保证常规作业的执行,又能从容面对突发事件的处理和突如其来的附加任务的执行,就需要从业人员具备较强的处理异常事故的能力,具备随时准备应急作业的意识以及对资源、时间的合理分配和充分使用的能力。

(6)现代物流质量的持续改进能力

一个企业是否有生命力,主要决定于其创新能力,一个从业人员是否能够确保业务能力不断提高、服务水平连续稳定，主要体现在其对作业质量和效率持续改进能力的高低。由于科技的发展、社会的进步，市场对现代物流服务水平的期望将会越来越高，要求各级从业人员有能力不断发现潜在问题，及时采取措施，优化作业流程，持续改进作业方式，提高作业效率和服务水平。

第三节　仓储作业安全基本知识

仓储作业直接关系到货物的安全、作业人员人身安全、作业设备和仓库设施的安全，这些安全事项都是仓库的责任范围，所造成的损失 100%由仓库来承担，因而说仓储安全作业管理是经济效益管理的组成部分。

安全作业管理要从作业设备、场所和作业人员两方面进行管理，一方面消除安全隐患、减小不安全的系统风险；另一方面提高作业人员的安全责任心和安全防范意识。

一、仓储安全作业管理的内容

1. 安全作业管理制度化

仓储安全作业管理应成为仓库日常管理的重要项目，仓库应制定各种科学合理的作业安全制度、操作规程和安全责任制度，并通过严格的监督，确保管理制度得以有效和充分地运行。

2. 加强劳动安全保护

劳动安全保护包括直接和间接施行于员工人身的保护措施。仓库要遵守《劳动法》的劳动时间和休息规定，每日 8 小时、每周不超过 40 小时的工时制，依法安排加班，保证员工有足够的休息时间，包括合适的工间休息。提供合适和足够的劳动防护用品，如高强度工作鞋、安全帽、手套、工作服等，并督促作业人员使用和穿戴。采用具有较高安全系数的作业设备、作业机械，作业工具应适合作业要求，作业场地必须具有合适的通风、照明、防滑、保暖等适合作业的条件。不进行冒险的仓储作业和不安全环境的作业，在大风、雨雪影响作业时暂缓作业。避免人员带伤病作业。

3. 重视作业人员资质管理和业务培训、安全教育

新参加仓库工作和转岗的员工，应进行仓储安全教育，对所从事的作业进行安全作业和操作培训，确保熟练掌握岗位的安全作业技能和规范。从事特种作业的员工必须经过专门培训并取得特种作业资格，方可进行作业，且仅能从事其资格证书限定的作业项目操作，不能混岗作业。安全作业宣传和教育是仓库的长期性工作，作业安全检查是仓库安全作业管理的日常工作。通过不断地宣传、严格地检查，对违章和无视安全的行为给予严厉的惩罚，强化作业人员的安全责任心。

4. 仓储安全监控电子化

计算机技术和电子技术的发展促进了仓储安全管理的科学化和现代化，仓储安全管理必将突破传统的经验管理模式，增加安全管理的科技含量，依靠科技手段，推广应用仓储安全监控技术，提高仓储安全水平。

二、仓储安全作业管理的特点

现代安全管理就是应用现代科学知识和工程技术去研究、分析、评价、控制以及消除物资储存过程中的各种危险，有效地防止灾害事故，避免损失。加强商场超市仓库安全管理，重要的是找出仓库事故发生发展的规律，弄清仓库安全管理工作的特殊规律，针对性地采取相应措施。现代仓库安全管理的基本内容和要求主要有以下特点。

1. 从总体出发，实行系统安全管理

由于商场超市仓库安全管理内容繁多，有仓库安全管理组织体制，主要对仓库安全组织机构设置原则、形式、任务、目标等内容进行优化；有仓库安全管理基础工作，如仓库安全管理法规建设、仓库安全培训教育的组织与实施、仓库安全设计及其评价、仓库安全检查方案的制定与实施等；有仓库作业生产安全管理，如仓库储存作业、收发作业的安全管理；有仓库设施、设备的安全管理，如仓库库房、装卸搬运设备、电气设备、通风设备、消防设备等的安全管理及事故预防措施；有仓库检修作业安全管理；有仓库劳动保护；有仓库人员安全管理；有仓库安全评估；有仓库事故管理等。各个仓库安全管理内容和安全管理环节之间形成相互联系、相互制约的体系。因此，仓库安全管理不能孤立地从个别环节或在某一局部范围内分析和研究安全保障，必须从系统的总体出发，全面地观察、分析和解决问题，才可能实现系统安全的目标。

系统安全管理应当从仓库储存规划可行性研究中的安全论证开始，包括安全设计、安全审核、安全评价、规章制度、安全检查、安全教育与训练以及事故管理等各项管理工作。

2. 以预防事故为中心，进行预先安全分析与评价

预测和预防事故是现代仓库安全管理的重要课题，应对仓库作业系统中固有的及潜在的危险进行综合分析、测定和评价，并进而采取有效的方法、手段和行动，控制和消除这些危险，以防止事故，避免损失。

预防事故的根本在于认识危险，进行危险性预测，运用科学知识和手段，对工程项目、仓库作业系统中存在的危险及可能发生的事故及其严重程度进行分析和判断，并进一步做出估计和评价，以便于查明系统的薄弱环节和危险所在并加以改进，同时也可对各种设计方案能否满足系统安全性的要求进行评价及作为制定措施的依据。

危险性预测的基本内容包括系统中有哪些危险、可能会发生什么样的事故、事故是怎样发生的、发生的可能性有多大（也就是用事故发生的概率或用既定的危险性量度表示）以及危害和后果是什么。

为保障仓库安全，对于储存危险性的物资，既有足够潜在能量形成足以毁坏大量库存物资或造成人员伤亡的条件，而且又有引起火灾爆炸等灾害的实际可能性情况，必须预先建立完善的和可靠的安全防护系统。对各项安全设施与装置的选择以及设置的数量，应通过安全评价确定，其评价方法以分析和预测系统可能发生的故障、事故及潜在危险为基础，通过有组织的评价活动，确定危险度等级，并以此为依据，制定相应的合理的安全措施。

3. 对安全进行数量分析，为安全管理、事故预测和选择最优化方案提供科学的依据

现代安全工程把安全中的一些非定量的指标总是采取定量的方法研究，把安全从抽象的概念化为一个数量指标，从而为安全管理、事故预测和选择最优化方案提供了科学的依据。安全工程所研究的问题，说到底是一个划界的问题，也就是划定安全与危险的界限，可行与不可行的界限。现代安全工程通过定量化处理来划定系统的危险度等级并确定相应的安全措施。

对安全进行数量分析，是安全科学日益发展完善的一个标志。运用数学方法和计算技术研究故障和事故同其影响因素之间的数量关系，揭示其间的数量变化及规律，就可以对危险性等级及可能导致损失的严重程度进行客观的评定，从而为选取最优的安全措施方案和决策提供依据。

安全的定量化分析包括以事故发生频率、事故严重率、安全系数、安全极限和以预选给定数值作为尺度进行分析比较的相对方法，以及用事件发生的概率值作为安全量度的概率方法。

三、仓储安全作业的基本要求

从作业人员、作业机械设备和储存商品免受损害的角度分析，仓储安全作业的基本要求，就是按照规范操作，注意安全防护。具体地说，对仓储安全作业的要求是因操作方式的不同而有所不同的，一般是按照人工作业方式和机械作业方式这两种常规的仓储作业方式，对仓储安全作业的相关要求进行细化。

仓储安全作业的基本要求包括人力作业和机械作业两方面内容。

1. 人力作业的安全操作要求

由于人工作业方式受到作业人员的身体素质、精神状况和感知能力、应急能力等多种因素的影响，因此必须做好作业人员的安全作业管理工作，具体要求如下。

仅在合适的作业环境和负荷条件下进行作业。人工作业现场必须排除损害作业人员身心健康的因素，对于存在潜在危险的作业环境，作业前要告知作业人员，让其了解作业环境，尽量避免作业人员身处或接近危险因素和危险位置；人力作业仅限制在轻负荷的作业，不超负荷作业，人力搬运商品时要注意商品标重，一般来说，男性员工不得搬举超过 80 kg 的商品，女性员工搬运负荷不得超过 25 kg，集体搬运时每个人的负荷不得超过 40 kg。

尽可能采用人力机械作业。人力机械承重也应在限定的范围，如人力绞车、滑车、拖车、手推车等承重不超过 500 kg。

做好作业人员的安全防护工作。作业人员要根据作业环境和接触的商品性质，穿戴相应的安全防护用具，携带相应的作业用具，按照规定的作业方法进行作业；不得使用自然滑动、滚动和其他野蛮作业方式；作业时注意人工与机械的配合，在机械移动作业时人员需避开移动的商品和机械。

只在适合作业的安全环境进行作业。作业前应使作业员工清楚地明白作业要求，让员工了解作业环境，指明危险因素和危险位置。

作业现场必须设专人指挥和进行安全指导。安全人员要严格按照安全规范进行作业指挥，指导人员避开不稳定货垛的正面、运行起重设备的下方等不安全位置进行作业；在作业设备调整时应暂停作业，适当避让；发现作业现场存在安全隐患时，应及时停止作业，消除隐患后方可恢复作业。

合理安排作息时间。为保证作业人员的体力和精力，每作业一段时间应安排适当的休息，如每作业 2 h 至少有 10 min 休息时间，每 4 h 有 1 h 休息时间，还要合理安排吃饭、喝水等生理活动的时间。

2. 机械作业的安全要求

机械安全作业管理的内容主要是注意机械本身状况及可能对商品造成的损害，具体要求如下。

在机械设备设计负荷许可的范围内作业。作业机械设备不得超负荷作业，危险品作业时还需减低负荷量的 25% 作业；所使用的设备应无损坏，特别是设备的承重机件，更应无损坏，符合使用的要求，不得使用运行状况不好的机械设备作业。

使用合适的机械、设备进行作业。尽可能采用专用设备作业，或者使用专用工具。若使用通用设备，则必须满足作业需要，并进行必要的防护，如货物绑扎、限位等。

设备作业要有专人进行指挥。采用规定的指挥信号，按作业规范进行作业指挥。

移动吊车必须在停放稳定后方可作业。叉车不得直接叉运压力容器和未包装货物；移动设备在载货时需控制行驶速度，不可高速行驶；货物不能超出车辆两侧 0.2 m，禁止两车共载一物。

载货移动设备上不得载人运行。

第四节　物流配送作业安全基本知识

一、物流与配送中心的基本知识

1. 配送中心的概念

《物流术语》关于配送中心的定义为：从事配送业务的物流场所或组织，应基本符合下列要求：

(1)主要为特定的用户服务；

(2)配送功能健全；

(3)完善的信息网络；

(4)辐射范围小；

(5)多品种、小批量；

(6)以配送为主，储存为辅。

2. 配送中心的类型与功能

(1)配送中心的类型

①按配送中心的拥有者进行分类：

(a)制造商型配送中心；

(b)零售商型配送中心；

(c)批发商型配送中心；

(d)专业配送中心(第三方物流企业所有)；

(e)货运转运型配送中心等。

②按配送中心的功能分类：

(a)储存型配送中心；

(b)流通型配送中心(包括通过型和转运型配送中心)；

(c)加工配送中心等。

③按配送货物种类分类：

(a)食品配送中心；

(b)日用品配送中心；

(c)医药品配送中心；

(d)化妆品配送中心；

(e)家电品配送中心；

(f)电子(3C)产品配送中心；

(g)书籍产品配送中心；

(h)服饰产品配送中心；

(i)汽车零件配送中心等。

(2)配送中心的功能

主要有：储存功能(库存管理)、分拣功能、集散功能、衔接功能、加工功能、送货、信息管理功能等，主要可分为以下几种：

①库存保管的功能(冷藏、冷冻、常温)；

②商品调节的功能(如农产品、季节性产品)；

③流通行销的功能(如批发商、制造商的配送中心等)；

④信息管理功能(订单处理、库存管理、储位管理、拣货作业管理、帐物管理、EIQ 分析等)；

⑤商品输配送的功能。

3. 物流中心

(1)概念

目前多数书籍和相关文章中将物流中心和配送中心混用，也有将物流中心等同于物流基地的，下面是《物流术语》国家标准中关于物流中心的定义。

物流中心(Iogistics Center)指从事物流活动的场所或组织，应基本符合下列要求：

①主要面向社会服务；

②物流功能健全；

③完善的信息网络；

④辐射范围大；

⑤少品种、大批量；

⑥储存、吞吐能力强；

⑦物流业务统一经营、管理。

(2)基本功能

①运输功能；

②储存功能；

③装卸搬运功能；

④包装功能；

⑤流通加工功能；

⑥物流信息处理功能。

(3)物流中心的增值性功能

①结算功能；

②需求预测功能；

③物流系统设计咨询功能；

④物流教育与培训功能。

(4)物流中心的分类及特点

作为物流中心，其主要的机能有周转、分拣、保管、在库管理和流通加工等，根据其侧重点不同，可以分为不同类型的物流中心。具体讲，主要有 TC、DC、SC、PC 四种类型，每种类型的特点是：

①TC(Transfer Center)——周转中心，不具有商品保管、在库管理等机能，而是单纯从事商品周转、分拣作用的物流中心。

②DC(Distribution Center)——配备中心，拥有商品保管、在库管理等管理型机能，同时又进行商品周转、分拣业务的物流中心。

③SC(Stock Center)——库存中心，单一从事商品保管机能的物流中心。

④PC(Process Center)——加工中心，从事流通加工机能的物

流中心。

4. 物流中心与配送中心的区别

“配送中心”一般是企业根据客户的需要，自己建立的进行货物分装、拣选、包装存储、配送的场所，它根据需要或者为单一客户提供量体裁衣式的服务，或者为多个客户提供共同的服务，通常位于供应链的下游。配送中心可能由企业自己建设、经营，也可能由第三方物流服务公司建设、经营。

而“物流中心”是指设在公路、铁路、港口、空港等交通枢纽，用于社会性货物大进大出的一个集散地，又被称做物流基地、货运中心等等。“物流中心”有许多功能，在社会物流系统供应链中有较高的地位，对于提高社会的运输效率、物流效率有非常重要的作用。物流中心通常是由政府进行规划，比如德国不来梅市物流中心就是由不来梅市政府征集土地，进行规划建设，成为不来梅市货物进出的一个结点，政府提供这样一个平台，吸引企业到这里来经营运作。

二、安全配送基本知识

1. 建立信息化合作式调配管理机制

商品流通是由商流活动与物流活动两部分组成，它们之间既有互相制约而构成整个商品流通有机体的统一性，又具有各自处于不同流通环节的相对独立性。现代社会商业企业商品购进和销售的交接货方式，应由购销双方协商，根据商品的特点和运输条件确定。通常采用的商品交接方式一般有提货制、送货制和发货制三种。商业企业的发展规模不断大型化、商品构成呈多样化复杂化和订货的频度不断增加现象，造成商业企业的商品配送输送作业比较频繁，配送效率也较低，在途时间较长，因此，为实现商品配送的计划化、集约化和效率化，商业企业必须建立信息化合作式调配管理机制，即必须同合作的相关物流企业和生产厂家合作，共同采用现代化的网络科技手段协调彼此所需要的配送作业，实时完成商品的安全配送，以实现双赢。

(1)建立比较完善的物流配送信息管理系统

现代化的物流配送信息平台，采用先进的物流配送管理信息系统和电子设备，具有信息采集、存储、传递、交换、整理、分析、反馈、安全管理和电子商务等服务功能。商业企业电子商务中的物流配送，是针对社会需求，严格地、守信用地按照用户要求，进行一系列分类、配载、运输等综合物流配送服务。在配送过程中，商业企业配送中心的信息系统不仅要支持管理者制订商品物流运作计划，而且要符合实际的业务操作，即信息系统提供的信息必须精确地反映配送中心在途货物的当前状况，并能向信息需求方提供快捷获取信息的方式，以便在运输途中若发生意外情况及时解决。

(2)商品配送信息系统要有灵活调配性

商品配送信息系统要有灵活调配性，即能够灵活保障处理在途商品配送不安全的异常情况。商品的快速运转往往被认为是沃尔玛的核心竞争力，于是中国的不少企业纷纷加快建设配送中心的步伐，认为只要加强商品的配送与分拨管理，就能像沃尔玛一样在商战中制胜。其实不然，中国的物流现状表明，商品物流配送是一个网络，是资源整合，每一个环节都要紧密衔接，如果一个商业企业销售量很高，而相关的商品配送运输环节没有较强的实现信息化，则会出现商品配送不及时的情况，企业效率就会降低。因此，商业企业的商品配送需要自身或与合作伙伴之间进行协调信息资源的有效运用，配送服务信息的合作优良程度不仅可以弥补在途商品在运输中的不足，而且在一定程度上可以提高合作企业的知名度和信誉。

(3)配送中心的信息系统要完善和易操作

若系统管理人员操作规程完善且使用比较灵活，不仅可以提升工作效率，卓有成效地降低人力成本，而且也能保证信息畅通，使在途商品配送提高安全性。如果商业企业与其他物流企业合作，商业企业物流配送可以和物流服务的企业实现信息实时共享，按照服务购买方的要求，提供与业务流程相吻合的高效率的在途商品配送安全服务，共同实现物流配送信息化高效管理，具体表现为：物流信息搜集的数据库化和代码化、物流信息处理的电子化和计算机化、物流信息传递的标准化和实时化、物流信息存储的数字化等。

(4)建立商品配送在途预警系统

商品物流配送是“一条龙”的全程服务，要求物流服务的灵活性和紧急情况下的预警处理。要达到这一点，商业企业就必须建立完善的信息系统，建设多功能的综合物流服务中心和高效系统的综合运输配送网络和对商品流通全程的监控体系。只有这样，才能保证商业企业与其货物运输伙伴制订的相关计划安全运行，即当货物处于运输过程时，各种通讯和安全保障流程会启动，以确保商品安全顺利地被送往目的地，比如途中运行时，可以随时利用科技手段监控检查商品是否存在、包装袋有无破损，一旦有异常破坏情况，及时解决问题。

2. 加强商品配送运输人员的业务培训

(1)树立规范服务的意识

配送是在经济合理区域范围内，根据用户要求，对物品进行挑选、加工、包装、分割、组配等作业，并按时送达指定地点的物流行动。为增强商业企业服务人员的服务意识，大大提高服务安全的质量，根据商业企业配送业务运作与管理的要求，对商品运输人员应按岗位进行岗前培训，增强服务意识，按服务流程输送商品，培训内容可以涉及管理要求、员工职业道德、行车消防安全、货物流程、包装方法、表单填制、配送管理等，经培训并考试合格后才能上岗配送；否则不能成为合格的安全配送运输人员。

(2)树立安全防范的意识

在商品运输过程中，虽然相关合作的物流部门对运输车辆都实行了跟踪监控，但就目前的技术手段来看，我国的商业企业还无法保证对所有上路的商品配送货车时刻“紧盯”不放。所以，对送货车辆要统一安排调度，以保证每台车辆能适应和完成当天线路送货任务。商品在流通过程中发生破损的原因不仅仅是包装和管理不善所造成的，很多破损是由运输驾驶行为不当而引起的，比如，有些驾驶人员为了尽快将商品送到目的地，往往会超速行驶，甚至违章行驶，致使有些怕颠簸的商品因车速快而不稳造成损坏；有些驾驶员的安全技术素质差，常见酒后开车、客货混装、疲劳驾驶、技术不熟练等表现，造成不应发生的事故。因此，输送途中要小心行事，确保商品安全。

3. 加强商品配送的运行管理

商业企业商品配送的整个运行过程比较复杂，从提货到交货，配送人员都要认真核对，最终确认商品的质量、包装质量和准确数量，要做到这些，必须对运行流程加强管理。

(1)对配送环节中的运输人员诚信管理

由于商品一旦装上了配送车，途中只有运输人员对商品了如指掌，此时，在途中企业只能通过通讯手段控制其行为，极有可能发生商品丢失或“调包”的现象。因此为防止配送人员利用工作之便，对所运输的商品进行“调包”，或者在商品详单上“做手脚”，对运输人员一定要诚信管理，提升企业的隐性成本。

(2)贵重商品，保价运行

对比较贵重、易盗的商品，根据需要可以组织武装押运，保价运输，虽然成本较高，但比较安全。对保价运输商品，要求承接一方在受理时要严格规章办事，认真及时组织装车和挂运，运送途中严格交接检查，详细记录，并且装有保价商品的货车在站中转停留时间一般不宜久留，保价商品运到目的地后要尽快采取有效的防范措施，及时通知收货人领取，尽量避免安全隐患。

(3)对运输车辆严格管理

无论是对商业企业自有的运输车辆，还是对社会中物流合作的车辆，都应该尽量保证车辆调度的及时性和动态管理，同时要在配送过程中应用智能机器人、自动化立体仓库、自动化分拣系统、条码技术、扫描技术EDI、GIS系统和GPS系统等现代化装备和高新技术，在商品的货车上备齐微型保险箱以及防身器械，加强防抢劫预案演练，确保人身及商品的安全。

(4)选择最佳配送路线

商业企业运作过程中，配送处理以准时为原则。在线路选择上，确定出全程运行时间最短、道路条件最为安全的配送路线。在配送运行中，接货和发运计划都可能临时进行调整，实现最高负载率，以保证商业企业各部门的配送成本及配送效率达到最佳值，保障运输时间上的安全准确性。

此外，在出发前，还要提前告诉驾驶员一些安全防范常识，例如，要考虑到不利因素(如:雾、雨、雪等天气，车辆故障等突发事件)对物流的影响，恶劣天气下，物流配送到货时间不确定，假设配送车辆在运输途中遭遇抢劫、盗窃、火灾等意外情况，应如何应对，怎样才能将人员损伤和商品损失降到最低等。虽然没有解决这些问题的有效捷径，但不论是在美国、巴西还是中国，许多高科技公司正在采取存储与运输安全策略。例如，在墨西哥的某条路线上，政府官员建议请武装警卫押送高科技产品，一些保险公司明确表示不对没有武装押送的货物提供失窃保险。因此，加强商业企业的商品配送，加强商品的在途安全管理势必在行。

第五节　仓库防火安全

一、仓库火灾知识

1. 仓库火灾的特点

(1)易发生，损失大

仓库物资储存集中，大部分是易燃易爆物品，一旦遇到着火源，极易发生火灾。仓库发生火灾不仅造成库存物资付之一炬，而且还会对仓库建筑、设备、设施等造成破坏，引起人身伤亡。

据统计，我国的一些特大火灾许多发生在仓库，1985 年全年 10 起仓库大火统计（损失在百万元以上的特大火灾）经济损失达 4 500 多万元，约占当年全国火灾损失总额的 16%。例如，1989 年 8 月 12 日由于雷击引起黄岛油库油罐内产生感应火花引起爆炸和燃烧，烧毁 2.2 万立方米非金属油罐 2 座，1 万立方米金属油罐 3 座，烧掉原油 3.6 万吨，燃烧 104 小时，损失 4 000 多万元，在救火中牺牲 19 人，受伤 78 人，这次火灾除造成重大损失外，还严重威胁黄岛油港输油码头、青岛海湾和沿海地区安全。又如，1993 年 8 月 5 日发生的深圳安贸储运公司清水河仓库因违章将过硫酸铵、硫酸钠等化学品混储，引起化学反应而发生火灾和爆炸，火灾蔓延导致连续爆炸，爆炸又使火灾蔓延，共发生两次大爆炸和 7 次小爆炸，共有 18 处起火燃烧。这次火灾爆炸事故，初步统计死伤 891 人，其中死亡 18 人，重伤 136 人，烧毁、炸毁建筑物面积 39 000 m^2 和大量化学物品，直接经济损失约 2.5 亿元。

(2)易蔓延扩大

储存可燃物的仓库，由于储存物资多，火势发展较快，着火后火势会迅速蔓延扩大，产生很高的温度。一般物资仓库燃烧中心温度往往在 1 000℃以上，而化学危险物品（如汽油等）着火的温度更高。高温不仅使火势蔓延速度加快，还会造成库房、油罐的倒塌，在库外风力影响下，形成一片火海。爆炸品仓库、化学危险物品仓库等还易引起爆炸。

(3)扑救困难

由于库内物资堆放数量大，发生火灾后，物资燃烧时间长，加之许多仓库远离城区，供水和道路条件较差，仓库消防设备设施不足，消防力量有限，这就增加了扑救的难度。库房平时门窗关闭，空气流通较差，发生不完全燃烧，产生大量烟雾，影响消防人员的视线和正常呼吸,发生火灾后,库房内堆垛物资倒塌,通道受阻,也给扑救造成困难。

2. 仓库火灾原因

仓库中储存有可燃物(各种物资),空气中也总是存在助燃物(氧气),根据燃烧三要素,分析引起仓库火灾的原因,就是要找出引起仓库火灾的着火源。这些着火源主要有:

(1)明火。就是一种敞开的火焰(或火星及灼热的物体),具有较高的温度并释放一定的热量。仓库中的明火主要有打火机、火柴、吸烟、在库区打猎、烧荒、烟花爆竹、施工中的电焊、气焊以及玩火、纵火等等。

(2)雷电。许多地处山区,尤其是地处多雷地区的仓库,雷电是引起仓库火灾的重要原因。雷电的危害主要表现为直接雷击、雷电感应和雷电波。

(3)静电。两种不同物质由于相互摩擦或其他原因,导致了一个物体上电子转移到另一个物体上,就要产生静电。在储存易燃易爆危险物品的场所,如弹药库、油库等,静电荷的火花放电,就会引起火灾爆炸。

(4)电气。电气引起火灾的原因主要有短路、超负荷、接触电阻过大、火花和电弧、熔断器、开关插销、照明灯具、电动机、架空配电线路和火灾爆炸场所未按规定安装防爆电气装置等。

(5)自燃。有些自燃点较低的物质,在储存的过程中,发生自燃,引起火灾。

(6)爆炸。在仓库中,储存的可燃气体或蒸气与空气混合达到爆炸极限,遇火源发生爆炸,引起火灾爆炸事故。弹药库内储存的爆炸性物质,接触火源、受热、通电、撞击、摩擦等,引起爆炸。

(7)其他。如人为破坏等。

3. 防火防爆基本措施

防火防爆基本措施,就是根据科学原理和实践经验,对火灾爆炸危险所采取的预防、控制和消除措施。根据物质燃烧爆炸原理，防止仓库火灾爆炸事故，可采取控制可燃物、消除着火源、阻止火势蔓延等措施。

(1)控制可燃物

物质是燃烧的基础，控制可燃物，就是使可燃物达不到燃爆所需要的数量、浓度，从而消除发生燃爆的物质基础，防止或减少火灾的发生。

①以不燃或难燃材料取代可燃或易燃材料，提高建筑耐火等级。在仓库修建、改造时，应尽量采用不燃或难燃材料或作必要的耐火处理。例如同样截面积(20 cm×20 cm)的构件，木质材料耐火极限为1小时，而钢筋混凝土材料的耐火极限为2小时，又如木板和可燃材料上涂刷用水玻璃调剂的无机防火漆，其耐火温度可达1 200℃。

②加强通风，使可燃气体、蒸气或粉尘达不到爆炸极限。例如，弹药修理中大量地使用的涂料、溶剂，易挥发出易燃易爆气体；弹药除锈具有较多的粉尘；酸性蓄电池充电室充电时能放出氢气；油料储存及收发作业中挥发油蒸气等。因此，这些场所应特别加强通风。通风排气口的设置要得当，对比空气轻的可燃气体或粉尘，排风口应设在上部，对比空气重的可燃气体或粉尘，排风口应设在下部。通风设备本身应防爆，安装位置应有利于新鲜空气与可燃气体交换，防止可燃气体循环使用。

③密闭可燃物或设备，防止可燃物质挥发、泄漏或可燃物质、空气渗入设备。许多可燃物质具有流动性和扩散性，如盛装涂料、溶剂、油料的容器，若密闭性不好，就会出现“跑、冒、滴、漏”现象，以致在空间发生燃烧、爆炸事故。因此，盛装可燃物质的容器和有关设备，应加强检查和维护。

④加强可燃物质的管理。可燃物质的储存使用必须符合有关规定，如修理工序上所使用的涂料、溶剂，应严格领取制度，限量供应，随用随取，防止工序上积有过多的可燃物质；设备维修时使用的清洗

溶剂应限量使用,废料应及时作适当处理,不得倒入下水道或洒向室外或长期存放;储存可燃物质的库房条件应符合防火规定要求,库房周围环境一定距离内不得存放木材、废料等可燃物质。

(2)消除着火源

火源是物质燃烧必备的三个条件之一,它是火灾的引发因素。在多数情况下,可燃物和助燃物的存在是不可避免的,因此,控制或消除引发火灾的着火源就成为防火防爆的关键。

①消除和控制明火源。在有火灾爆炸危险的场所,应有醒目的"禁止烟火"标志,严禁动火吸烟;进入危险区的蒸汽机车,应停止抽风,关闭灰箱,其烟囱上装设火星熄灭器;进入危险区的机动车辆,其排气管应戴防火帽;进入危险区的人员,应按规定登记,严禁携带火柴、打火机等;使用气焊、电焊等进行安装维修时,必须按规定办理动火批准手续,领取动火证,并消除物体和环境的危险状态,备好灭火器材,采取防护措施,确保安全无误后,方可动火作业。动火过程中,必须遵守安全技术规程。

②防止电气火花。采取有效措施,防止电气线路和电气设备在开关断开、接触不良、短路、漏电时产生火花;防止静电放电火花;防止雷电放电火花。

③防止撞击火星和控制磨擦热。对机械轴承等转动部位及时加油,保持良好润滑,经常注意清扫附着的可燃污物,防止机械轴承因缺油、润滑不均等,引起附着可燃物着火;在有爆炸危险的场所,应使用有色金属或防爆合金材料制作的工具;进入有爆炸危险的场所,禁止穿带钉子的鞋,地面应用摩擦撞击不产生火花的材料铺筑。

(3)阻止火势蔓延

阻止火势蔓延,就是阻止火焰或火星窜入有燃烧爆炸危险的设备、管道或空间,或者把燃烧限制在一定范围内不致向外传播。其目的在于减少火灾危害,把火灾损失降到最低程度。这主要是通过设置阻火装置或建造阻火设施来达到,主要阻火装置或阻火设施有以下几种：

①阻火器。用于阻止可燃气体或可燃液体蒸气火焰扩展的装置。其阻火原理是根据火焰在管中蔓延的速度随着管径的减小而降低，同时随着管径的减小，火焰通过时的热损失相应增大，致使火焰熄灭。有金属网、波纹金属片、砾石等多种形式。通常安装在油罐、油气回收系统等处。

②防火阀。安装在洞库通风系统中，用以防止火势沿通风管道蔓延的阻火阀门。其工作原理是：防火阀平时处于开启的使用状态，在发生火灾时，依靠易熔合金片或感温、感烟等控制设备在温度作用下关闭以起到防火作用。

③火星熄灭器。又称防火帽，是用于熄灭由机械等排放废气中夹带的火星的安全装置。通常装在进入危险场所的汽车上。

④防火门。是在一定时间内，连同框架能满足耐火稳定性、完整性和隔热性要求的一种防火分隔物。按耐火极限，分为甲、乙、丙三级，要求各种防火门满足一定的耐火极限，关闭紧密，不能窜入烟火。

⑤防火墙。专门为减少或避免建筑物、结构、设备遭受热辐射危害和防止火灾蔓延，设置在户外的竖向分隔体或直接设置在建筑物基础上或钢筋混凝土框架上的非燃烧体墙，其耐火极限不低于4小时。

⑥防火带。是一种由非燃烧材料筑成的带状防火分隔物，通常用于无法设防火墙时，可改设防火带。

⑦水封井。是一种湿式阻火设施，设置在含有可燃性液体的下水道中，如油库污水系统，用以防止火焰、爆炸波的蔓延扩散。

⑧防火堤。又称防油堤，是为容纳泄漏或溢出油料的防护设施，设置在地上、半地下油罐的四周。

⑨围墙。不仅是库区界限和防卫设施，而且是库区防火设施，可以防止外部火向库区蔓延。围墙一般用砖石、钢筋混凝土板柱等材料修建，高度不低于2.5 m，在根部留出排水口，并采取措施防止库

外山火窜入库区。

⑩防火道。主要用于延缓山火的蔓延。仓库一般在库区围墙内侧用库房周围要设置防火道。要求防火道宽度：围墙不小于 50 m，地面库周围不小于 5～30 m，洞库口部不小于 20 m。根据当地干燥季节主导风向在迎风及山坡地段适当加宽。防火道不要留有缺口，不得种植非耐火树种，每年秋冬要清理地面杂草枯叶。

⑪防火林带。由耐燃树种组成，可以有效地阻止山火蔓延，起到隔火防火的作用。仓库防火林带常用耐火、隔热性好的常绿阔叶树类，要求宽度：库区边界林带 30 m，地面库和洞库周围林带 15～20 m。

二、几类常见仓库火灾扑救

1. 油库火灾扑救

(1)油料火灾的特点

①燃烧速度快

油料火灾，在燃烧初期时速度是缓慢的，随着燃烧深度的增高，燃烧速度也逐渐加快，直至达到最大值，此后，燃烧速度在整个燃烧过程中，就将稳定下来。

油料的燃烧速度，与液体的初始温度、油罐直径、罐内液体的高低、液体中水分含量、油品性质等因素有关。初始温度越高，油料燃烧速度越快；油罐中低液位时比高液位时燃烧速度快；含水的油品比不含水的油品燃烧速度要慢。

②火焰温度高，辐射热强

油料在发生燃烧时将释放出大量的热量，使火场周围的温度升高，造成火灾的蔓延和扩大，使扑救人员难以靠近，给灭火工作带来困难。

据测试，油罐发生火灾时，火焰中心温度高达 1 050～1 400℃，油罐壁的温度达 1 000℃以上。油罐火灾的热辐射强度与发生火灾的时间成正比，与燃烧物的热值、火焰的温度有关。燃烧时间越长，辐射热越强;热值越大,火焰温度越高,辐射热强度越大。强热辐射易引起相邻油罐及其他可燃物燃烧,同时严重影响灭火战斗行动。

③易流动扩散形成大面积火灾

油料是易流动的液体,具有流动扩散的特性,这在火灾时随着设备的破坏,极易造成火灾的流动扩散,而油料在发生火灾爆炸时又往往造成设备的破坏,如罐顶炸开、罐壁破裂或随燃烧的温度升高塌陷变形等。因此,油料火灾应注意防止油料的流动扩散,避免火灾扩大。

④易沸腾突溢

储存重质油料的油罐着火后,有时会引起油料的沸腾突溢。燃烧的油品大量外溢,甚至从罐内猛烈喷出,形成巨大的火柱,可高达70～80 m,火柱顺风向喷射距离可达120 m左右,这种现象通常称为"沸溢"。燃烧的油罐一旦发生"沸溢",不仅容易造成扑救人员的伤亡,而且由于火场辐射热量增加,引起邻近油罐燃烧,扩大灾情。

⑤爆炸危险性大

油料在一定的温度下能蒸发大量的蒸气。当这些油蒸气与空气混合达到一定比例时,遇到明火即发生爆炸。这一类爆炸称之为化学性爆炸。储油容器在火焰或高温的作用下,油蒸气压力急剧增加,在超过容器所能承受的极限压力时,储油容器发生的爆炸,称之为物理性爆炸,在石油火灾中,有时是先发生物理性爆炸,容器内可燃蒸气冲出引起化学性爆炸,然后在冲击波或高温、高压作用下,发生设备、容器物理性爆炸,有时是物理性与化学性爆炸交织进行。

⑥具有复燃、复爆性

油料火灾在灭火后未切断液源的情况下,遇到火源或高温将产生复燃、复爆。对于灭火后的油罐、输油管道,由于其壁温过高,如不继续进行冷却,会重新引起油料的燃烧。

(2)油库火灾扑救方法

①组织指挥

(a)组织好火场供水工作,备足灭火剂和灭火器材。火场供水是扑救油库火灾的基本保证，要指定专人负责，具体落实供水的水源，确定最优的供水方法，要保证不间断地供给火场灭火和冷却用水。

(b)经常保持和各队联系，掌握情报信息，迅速决策，下达命令。

(c)扑救油库火灾应强调集中统一，协调一致，发起进攻时应由指挥员统一下达命令，实施总攻。

②火情的侦察判断

油库火灾火势非常猛烈，瞬时间便会浓烟滚滚，形成熊熊大火，强烈的辐射热、凶猛的火势严重地威胁着救火人员、邻近油罐和其他设施的安全。

正确判断和估计火情，对尽快控制火势，防止火灾蔓延，迅速扑灭以及保障人员安全都是很重要的。在火灾发生后，应迅速查明下列情况：

(a)着火罐的类型、直径、高度、油品性质、储油高度、底水厚度及设备设施的破坏情况等。

(b)火场周围的环境、地形、道路、与防火堤贯通的管沟情况及可供进攻的线路等。

(c)着火部位、燃烧形式、油品有无外溢的动向、对周围的威胁程度。

(d)观察火焰颜色，判断有无产生爆炸的可能性。

(e)着火罐内油品转移的可能性，防火堤及下水道水封情况是否完好。

(f)固定式、半固定式灭火装置是否被破坏，以及架设泡沫沟管的位置。

(g)对洞库火灾，应派出侦察组，着防火服装，戴防毒面具及照明设备，携必要探测仪表，迅速探明洞内氧气含量、有害气体浓度、温度及爆炸、燃烧地点、损坏情况等。

③灭火的战术原则

油库一旦着火，火场情况非常复杂，瞬息万变。扑救时应根据具体态势决定具体战术。无论在什么情况下都应在灭火战斗中，根据油库火灾特点，迅速控制火势，防止火灾蔓延，把保证人员安全作为首要任务。一般情况下，扑救油库火灾应注意下列几个原则。

(a)先控制，后灭火

油库着火爆炸后，应尽量保证设备结构完好，将油品限制在设备内稳定燃烧，不至于外泄扩大火势。因此，在做好灭火准备工作之前，应立即组织力量冷却着火油罐和可能危及的邻近油罐，以控制火势，防止火灾蔓延。特别是下风方向的油罐，受到着火罐的辐射热最强，罐壁温度往往高达 80～90℃，如不冷却，很有可能被引燃，扩大火灾态势，造成更大范围的火灾，给消防人员的人身安全带来威胁。

对着火罐和邻近罐进行冷却的同时，还应组织力量对周围可能受到威胁的设备、建筑物进行疏散、拆迁，对油品可能流散的方向、部位进行筑堤堵流，或将流散油品导向安全地点。

(b)集中优势兵力，速战速决

油库着火不同于一般建筑物的火灾。油库着火后，燃烧速度快，燃烧时间过长，易使罐内油气混合气体达到爆炸极限，造成爆炸。因此，必须在火灾的初期集中优势力量，投入战斗，力图一举扑灭火灾。

(c)做好火场灭火防范措施

在灭火抢险的整个过程中，必须始终把人身安全放在首位。预先考虑到火场可能出现的各种危险情况，既要能有效地灭火，又要处于比较安全的地位，一旦出现危及生命的状况，要及时撤离。

(3)油库火灾的扑救步骤

扑救油库火灾原则上要经过三个步骤：冷却保护、灭火准备、灭火。

①冷却保护

冷却是控制火势、预防邻近油罐或建筑物燃烧爆炸的一种有效方法。通常，对燃烧的油罐和邻近油罐和建筑物都要冷却。

冷却油罐时，冷却水要射到罐壁上沿或罐顶部，使水从上往下流，起到全面冷却的作用；冷却水要均匀，不能留有空白点，以免罐壁温差过大，引起油罐变形或破裂。

②灭火准备

消防队到达火场后，在对油库进行冷却的同时，要做好进行灭火的一切准备工作。

(a)灭火剂。泡沫液的准备要备足相当于一次灭火需要量的6倍。

(b)供水准备。使用水池等水源，存水量要保证满足一次灭火的需要，中间不得断水。

(c)做好进攻时水枪掩护准备。进攻时会遭到高温和浓烟封锁，要组织喷雾水枪交叉进行掩护。

(d)佩戴好防护装备。穿隔热服、披湿棉被、戴防护面罩等。

③灭火

掌握好灭火有利时机，在火场指挥员的统一号令下，各个阵地同时发动，一举将火扑灭，切忌各行其是，零星进攻，这样，既浪费人力物力，又达不到灭火的目的。

2. 爆炸物品仓库火灾扑救

爆炸物品仓库是指储存火药、炸药及其他火化工生产成品和原材料的仓库。

爆炸物品在受到外界能量，如热能(加热、火星、火焰)、电能(电热、电火花)、机械能(冲击、摩擦、针刺)和光能、冲击波能等的作用下，极易发生燃烧爆炸，而在爆炸的瞬间又能释放出巨大的能量，使周围的人员及建筑物等受到极大的伤害和破坏。因此，扑救爆炸物品仓库火灾的基本点就是抑制或消除可能产生的爆炸或二次爆炸，防止人员伤亡。

(1)爆炸物品仓库的火灾特点

①容易发生爆炸

爆炸物品仓库一旦发生火灾，随时都会伴随爆炸，其主要危险性就是爆炸伤人，破坏力强。

(a)爆炸引起燃烧。库内发生爆炸后，冲击波在破坏库房的同时，爆炸高温瞬间便会将可燃结构及库内的可燃物引燃。

(b)燃烧引起爆炸。爆炸物品堆垛附近的包装纸、木箱等可燃物起火，或炸药起火燃烧后，随着火势的发展，突然引起猛烈爆炸，有可能摧毁整幢库房。

(c)殉爆。当库房、堆垛之间的殉爆安全距离不符合规定要求时，库内某一堆垛爆炸后，将引起其他堆垛爆炸，因某一库房爆炸而波及其他库房，造成连锁反应。

(d)间断性不规则爆炸。枪炮弹药仓库发生火灾时，在火焰烧烤及高温的作用下，枪弹、炮弹时而发生爆炸，其破坏力虽然不是很强，但弹头及爆炸碎片不规则地乱飞，常妨碍消防人员抵近灭火。

②燃烧面积大

(a)库房爆炸后，可燃材料被抛向空中，散落在较大范围内燃烧。

(b)高温爆炸碎片飞落远处，引燃可燃建筑及其他可燃物，扩大火场面积。

(c)散装的黑火药等炸药起火后，火势发展速度很快，能瞬间波及整幢库房。

③救人任务重

爆炸物品仓库发生爆炸，不仅会造成本库房工作人员伤亡，有时还会伤害周围的居民群众，消防人员到现场后，救人的任务十分艰巨。

(2)扑救爆炸物品仓库火灾的战斗措施

①火情侦察

(a)查明爆炸或燃烧物品的种类、性能、库存量。

(b)查明爆炸或燃烧的具体位置、燃烧的时间及火势蔓延的主要方向、爆炸波及的范围。

(c)查明发生爆炸后的人员伤亡情况和建筑结构的破坏情况。

(d)查明发生火灾后是否会引起爆炸，可能引起爆炸的大概时间；已经发生爆炸后会不会再次引起爆炸，再次爆炸的时间。

(e)查明火场周围的地理环境情况，库房有无防护土围堤、库内水源位置等。

②灭火行动

(a)全力以赴抢救伤员。

爆炸物品仓库发生火灾，消防人员是较早到达现场的救灾力量，抢救受伤人员是消防人员的首要任务。

在接到爆炸物品仓库起火或爆炸的报警后，于调动力量的同时或出动途中，就要通知救护站调派力量前往救护。

消防人员到场后，指挥员在部署力量控制火势、避免发生爆炸或再次爆炸的同时，要组织人员积极抢救伤员；在救护力量尚未到达现场时，要派消防车将伤员送到就近医院。

抢救伤员的行动要积极稳妥，胆大心细。要尽量减少被建筑构件压埋人员的压埋时间和伤痛程度；运送伤员要轻抬轻放，有条件时应尽量先包扎止血，身体裸露者要用衣服覆盖后护送。

(b)制止爆炸，防止爆炸伤人。

抓紧可能发生爆炸之前的有利战机，快速展开战斗。利用地形地物，接近火点射水灭火或浇湿火源附近的炸药，制止可能发生的爆炸。

疏散未爆炸药。扑救弹药仓库火灾，应一面组织力量控制火势，一面组织人员将火源邻近库房内的弹药箱、地雷箱等疏散出去，防止发生大的爆炸。

要在基本消除爆炸险情的前提下，才能组织较多人员进入现场抢救伤员、疏散弹药。如存在爆炸危险时，只能派少量人员进入现场。

消防车不能停在离燃烧库房太近的地方，不能停靠、使用离燃烧库房太近的水源。一般前方战斗车要离燃烧库房 100 m 以上，后方供水车更要选择有利地形展开行动。

(c)充分发挥消防水流作用。

水是扑救爆炸物品火灾最有效的灭火剂，绝大多数的爆炸性物质，在含水量达30%以上时，就会失去燃烧爆炸的性能。

库区有防护土围堤时，应利用土围堤作阵地，靠近燃烧库房射水，冷却结构或控制火势。

以最快的速度向火源附近的弹药箱、炸药包射水，使其失去爆炸性能。

扑救爆炸物的火灾，应尽量使用喷雾或开花水流，不要用强水流冲击炸药堆垛，以防堆垛倒塌震动引起爆炸。若弹药箱(包)是靠近墙壁堆放的，可将水流射向墙壁上部，通过折射使水流散落在弹药堆垛上。

(3)灭火注意事项

①扑救爆炸物品仓库火灾，要及时划定警戒线，禁止无关人员进入现场，尽量减少前方战斗人员。

②扑救爆炸物品仓库火灾，须特别注意灭火人员的自身安全。要认真查明情况，对火情作出准确的判断，不可在情况不明时盲目进攻；在弹药接连不断地发生爆炸时，灭火人员要暂停前进或暂时隐蔽，待爆炸停息后再灭火。

③靠近或进入库房灭火的水枪手，要注意利用地形地物，以匍匐或低姿接近火点，并注意利用墙角、土坡、坑凹地等设水枪阵地。

④疏散弹药要有专人组织指挥，搬运弹药箱(包)要轻提慢放，不能随意摔扔；疏散的弹药要放在安全可靠的地点，并指定专人看管。

⑤某些爆炸物品爆炸时，会产生有毒物质。如底火药爆炸时生成汞、二氧化硫等，汞在高温下呈气态，毒性较大，二氧化硫系剧毒气体。在扑救底火药等爆炸物品火灾时，要注意人身防护工作。

⑥如果是曳光药剂爆炸、燃烧，不可用水和泡沫扑救，因为这类药剂中含有镁和硝酸锶等，它们能和水反应生成氢和氧，从而会加剧燃烧。

3. 地下仓库火灾扑救

(1)地下仓库火灾特点

①火灾发展速度慢,变化大

对于储存 A 类物资的地下仓库,由于其建筑密闭,结构不燃,库内存放物资空间小,自然通风差,火灾发生规律与地上仓库火灾发展有很大区别。其主要特点是引燃时间长、旺盛燃烧时间短、下降阶段长而起伏大。火势进入旺盛猛烈燃烧阶段后,由于库内氧气的减少使火势不得不衰退又进入缓慢燃烧。火灾在缓慢发展中又由于物资堆垛出现燃烧钻心的现象,导致部分堆垛的倒坍造成短时间的旺盛燃烧,或者是由于温度过高造成毗邻堆垛燃烧和一些可燃物品包装容器爆炸,出现短时间的猛烈燃烧。这种突然出现的猛烈燃烧,如不能及时发现,往往给扑救工作造成困难,甚至烧伤和砸伤扑救人员。深入内部灭火的战斗员要特别注意防止这种现象的出现,一旦发现要及时采取冷却和撤退措施。

②库内烟雾大,温度高

由于引燃和缓慢燃烧时间长,加之通风不畅,燃烧产生的大量烟和热都聚积在库内。因此,发生火灾后库内空间往往烟雾弥漫,温度也将急剧上升,浓烟和高温使消防人员无法进入库内救人、灭火和疏散物资。

③容易造成人员伤亡

大家知道,烟是有毒的,地下仓库发生火灾产生的烟毒性更大。一般有机物质燃烧生成的烟,主要成分是二氧化碳、一氧化碳、水蒸气、二氧化二硫和五氧化二磷,在不完全燃烧时,还能产生醇类、酮类、醛类以及其他复杂的化合物,对人体十分有害。以一氧化碳为例,一般着火房间浓度可达到4%～5%;地下仓库着火,一氧化碳浓度可高达10%,甚至更高;而人员在火灾时进行疏散要求最大浓度不允许超过0.2%,超过后极易造成人员中毒、伤亡。因此,消防人员在扑救地下仓库火灾时,必须先要考虑救人。

④扑救行动艰难，战斗艰苦

地下仓库出入口少、通道窄、拐弯多，火灾时烟大、浓度高、能见度低，消防人员深入内部进行侦察、救人、灭火时不但要佩戴复杂的防护器材，还要携带照明、探测、破拆工具，行动非常艰难。

(2)地下仓库火灾扑救措施

①平时要做好充分准备

主要是了解地下仓库建筑结构、火灾特点、烟雾流动规律，研究扑救战术与组织指挥，组织实地演练；配备充足的个人防护器材、照明、检测工具和排烟设备，并经常组织使用训练和维修保养，保持完整好用；制定灭火方案，定期组织联合演练，并通过制定方案和演练使消防队员熟悉仓库情况，使仓库人员了解灭火的基本知识、方法及自己担负的任务；加强对地下仓库内固定消防设备、给排风设备、应急照明设备的检查养护，保证正常运行；加强值班，一旦发生火灾能够及时发现、及时报警，争取主动。

②加强火灾扑救的组织指挥

地下仓库发生火灾，应及时组织有关人员成立火场指挥部。火场指挥部通常应有消防队领导、仓库领导和有关技术人员参加。指挥部根据需要下设人员救护组、灭火作战组、物资疏散运输组、后勤保障组、政治工作组。火场总指挥由到场的公安消防队最高领导担任，火场的全部扑救工作由火场总指挥负责统一组织指挥。

③及时查明火灾情况

扑救地下仓库火灾，公安消防队到达火场后必须首先要组织火情侦察，在未查明库内情况前，切勿盲目行动。通过火情侦察要查明：库内是否有人员受到威胁，被困人员的位置、数量和抢救办法；库内结构及平面布局；物品存放数量、性质及堆放形式；库内是否有消火栓及排烟送风设施，消火栓水压能否满足灭火需要，排烟送风设施能否正常运行；库内是否有固定报警、喷淋设施，能否正常工作等。侦察方法：一是向知情人特别是发生火灾后从仓库逃出的人询问；二是深入内部侦察。深入内部侦察首先对在询问中含糊不清的问题进行重点侦察，其次是对仓库进行全面侦察。侦察人员深入库内侦察时，要对所有的通道、库房、设备间等进行全面细致地搜索，获得库内的全部情况，为正确地制定扑救行动方案提供全面、详实的材料。

④积极抢救伤员

扑救地下仓库火灾要坚持"救人第一"的原则。公安消防队到达火场后，当查明有人员受到火势威胁时，要立即组织精干力量佩戴个人防护装备，携带抢救器材，克服一切困难尽快将被困人员救出。

⑤保护和疏散物资

保护和疏散物资是最大限度地减少火灾损失的一项重要措施。地下仓库物资多、出口少、通道窄，物资疏散十分困难，如不能处理好灭火与疏散的关系同时进行，往往相互影响，事倍功半。为了减少物资损失，在地下仓库火灾扑救中应着重做好保护措施。保护物资可筑防火墙分隔，堵截火势蔓延；也可用不燃篷布遮盖在未燃物的表面，挡住火焰的辐射热，使物品免受损害；还可以采用喷雾水保护。

⑥科学组织排烟

烟是扑救地下仓库火灾、影响战斗行动的最大障碍，因此，同烟雾作斗争是扑救地下仓库火灾一项十分突出和艰难的任务。正确适时地组织排烟，可提高库内的能见度，降低库内温度，缩短侦察救人、灭火、疏散时间。火场上排烟的方法很多，在具体火灾扑救中，可根据地下仓库的实际结构、库房排列形式、防火分区等，分别采取封闭排烟、自然排烟和机械排烟及喷雾水排烟等方法。

⑦灵活运用灭火战术

地下仓库火灾扑救应根据地下仓库的实际和到场的灭火力量采取不同的战术措施。

(a)启动库内固定灭火装置灭火。凡设有灭火装置的地下仓库发生火灾，应及时查明起火部位，启动灭火装置灭火。

(b)战斗人员深入库内灭火。对于库内没有固定灭火装置或固定灭火装置损坏不能正常运行的，为达到快速灭火的目的，消防人员必须深入内部打击火源。深入地下作战动作要迅速，尽量缩短在库内的停留时间。进攻时应选择进风口或烟雾少的洞口进入，顺烟流方向推进。在摸清库内情况需强攻灭火并从靠近火源一端的出入口直接进入时，要做好准备，加强攻势，速战速决。

(c)封闭洞(门)口窒息灭火。封闭洞(门)口一般可先用砂袋或不燃材料堵住，然后用不透气的不燃布帘覆盖达到隔绝空气的目的。实行封闭后要加强对封闭区的检查、观测，发现漏气，要及时采取措施堵死。一些实测结果证明，当封闭区内一氧化碳的浓度稳定在0.001%以下时，气体温度可降到30℃以下；当氧气浓度低于2%时，可以认为库内火源已经熄灭，封闭即可拆除。

(d)地面控制火势。先控制、后消灭，是公安消防队在灭火战斗中的基本原则。公安消防队到达火场后，在库内火灾发展正处于猛烈阶段、烟火已封锁出入口、人员无法进入内部灭火的情况下，应首先采取地面控制措施，打击火势。地面控制一般采取通过出入口和其他通向燃烧区的孔洞喷撒惰性气体、喷射雾状水、灌注高倍泡沫的方法，以达到控制火势的目的。

⑧防止复燃造成二次火灾

地下仓库火灾扑灭后，要进行认真的火场检查，防止留下残火复燃。即便残火全部扑灭，消防队在撤离火场时还应留下一定的留守力量继续守护2—4个小时。待库内的温度降至常温，彻底消灭复燃因素后，方可撤离。

4. 仓库带电火灾的扑救

(1)带电火灾的特点

①燃烧猛烈，蔓延迅速

由于照明及生产作业所需，仓库中有许多电气设备如油浸式变压器、多油式油断路器等，其内部均储有大量的可燃绝缘油。这些设备在高温下一旦发生爆炸，就会引起绝缘油外溢或飞溅，形成大面积的油类火灾，而且电缆、电线的保护层都是用橡胶、塑料、黄麻之类的可燃物质制成，一旦发生火灾，则会沿线路迅速蔓延，形成立体火灾或多点火灾，给扑救工作带来难度。

②烟雾大，伴有毒气

火灾发生后，将会产生大量的烟雾和毒气，不利于灭火人员的行动，影响视线并造成呼吸困难，防护不当会导致中毒。

③容易触电

灭火人员身体的某一部分或使用的灭火器材直接与带电部位接触或与带电导体过于接近，会发生触电事故；灭火人员使用了能导电的灭火剂，如水枪射出的直流水柱、泡沫灭火剂喷出的泡沫等，射至带电部位，电流通过灭火剂导入人体而触电；着火时，由于带电的电气设备发生故障或电线断落对地短路，形成跨步电压，当灭火人员进入该地段时，易发生触电事故。

(2)带电火灾扑救措施

①带电灭火

发生火灾后，如果等待断电后再灭火，可能失去灭火时机，使火灾蔓延扩大，或者不能立即切断电源时，应采取带电灭火措施。

(a)确定最小安全距离。了解带电设备、线路的电压，确定最小安全距离，而后进行带电灭火。最小安全距离指人体通过泄漏电流小于1 mA时应保持的最小距离。在实施带电灭火时，扑救人员以及所使用的消防器材装备要与带电部分保持足够的距离，电压越高，距离越大。距电压10 kV的带电体，保持最小距离不应小于40 cm。当室内高压电气设备或线路发生接地时，其周围4 m范围内，灭火人员不得接近，如在室外，其周围8 m的范围以内，人员不得接近。在用水带电灭火时，无论采取何种措施，一般的最小安全距离都应保持在不超过5 m；扑救变压器火灾时，扑救人员所站位置的地面水平距离与带电体高度形成的上倾角应不小于45°；在扑救架空带电线路火灾时，灭火人员与带电体导线之间的仰角应不小于45°，并应站在线路外侧，以防导线断落后掉下触及人体致人伤亡。架空电线断落时在水流能到达火点的情况下，人与带电体之间应尽量保持较大的水平距离，发生电线断落时，要划出警戒区，禁止人员入内。

(b)正确使用灭火剂。由于水、泡沫等灭火剂是导电体，在扑救带电火灾时，容易造成灭火人员触电，因此，需要运用不导电的灭火剂灭火。火场上扑救初起火灾，可采用不导电的灭火剂 CO_2 或干粉灭火剂。这些灭火剂电阻率很大，导泄电流很小。使用时，应尽量在上风向施放，特别是要使人体、盛装上述灭火剂的筒体、喷嘴与带电体之间保持最小安全距离以上。

干粉。干粉灭火剂由钾和钠的碳酸盐类加入滑石粉、硅藻土等掺和而成，不导电干粉灭火器有人工投掷和压缩气体喷射两种。灭火原理是抑制燃烧，干粉能够与物质燃烧所产生的 OH 等活性基团进行反应，使其成为非活性物质，让燃烧连锁反应不能继续进行，从而达到灭火的效果。干粉灭火剂不适用于扑灭有旋转电机的电气设备和怕灭火剂污损的精密电气设备火灾。

二氧化碳。二氧化碳灭火剂是完全燃烧产物，常温下是一种无色、无味、不导电的气体，对设备无腐蚀性，属不燃气体，相对空气密度为1.5，液态状态下装入灭火器筒内，极易挥发，常温下保持 60 kg/cm^2 的压力，当液态二氧化碳喷射时，体积扩大 400～700 倍左右，强烈吸热冷却凝结为霜状干冰，在燃区直接变为气体，吸热降温使燃烧物隔离空气，从而达到灭火目的。二氧化碳气体容易致人窒息，使用时人应在上风或侧风方向，同时手应握住灭火器手柄，防止干冰接触人体造成冻伤。

(c)用水带电灭火。水是廉价又广泛的灭火剂，比热容大，在标准大气压下，每千克水沸腾蒸发要吸收 539 kJ 的热量。水冷却效果好、灭火效率高，是常用的灭火剂，但是水具有导电性，在用水扑救带电设备火灾时，带电体、水柱、人体和大地便形成电气回路，容易发生触电事故。据试验，当电流通过人体为 1 mA 时，人就感觉有电。因此只要熟悉了影响泄漏电流大小的因素，把水柱泄漏电流控制在1 mA以下，就可以保障扑救人员的安全，带电灭火时人员就没有任何感觉了。

水枪喷嘴口径对泄漏电流大小的影响。不同的水枪喷嘴口径所形成的水柱截面是不同的，水柱电阻也跟着变化，喷嘴小，截面小；喷嘴大，截面大。若灭火时带电体电压一定，泄漏电流大小遵从欧姆定律规律，假如喷嘴直径一定，泄漏电流又不超过1 mA，那么，对应一定的喷嘴，就可以确定最小水柱的安全距离。在电压相同、水的电阻率相同、距离相等的条件下，用小口径水枪通过水柱的漏泄电流比大口径的要小。在火场上采用直流水枪进行带电灭火时，如电压比较高或水的电阻率比较小时，为了提高安全程度，宜采用小口径水枪。如需增加灭火用水量时，可增加小口径水枪数量而不需改用大口径水枪。

水压和水枪射流的形式对泄漏电流大小的影响。当水泵压力增大时，喷嘴大小一定，从直流水枪射出的充实水柱就相应增长，水柱密实，电流更易通过，泄漏电流就会随着压力的增大而增大，若水流经开花水枪射出，则水泵的压力愈大，射出的水流和水滴分散得愈好，水滴间的间隙愈均匀，电阻也相应增大，而漏泄电流则相应减少。若水流经喷雾水枪射出，则水泵压力愈大，水流的雾化程度愈好，水射流中气泡增加，使电阻增加，泄漏电流也就相应减少。因此，在火场上，采用直流水枪带电灭火时，距带电体较近的情况下，不宜采用过高的水压；采用开花水枪时，不宜用过低的水压；采用喷雾水枪带电灭火时，压力必须大于7 kg，从而保证有足够的水压，确保雾化程度和足够的电阻值。

水质的电阻率对泄漏电流大小的影响。不同的介质有不同的电阻率，其导电性能随杂质而变化。采用水电阻率大的水质进行带电灭火时，水柱的电阻就大，通过水柱的漏泄电流就小，这样就可以提高安全程度。使用化学纯净水不导电，但在现实中是不可能的。

水枪喷嘴至带电体的距离对泄漏电流大小的影响。水枪喷嘴至带电体的距离越大，则水柱愈长，水柱电阻就愈大，而通过水柱的漏泄电流就愈小。因此，在火场上如果用直流水枪带电灭火时，就可以充分发挥直流水枪射程远的特点，适当增大水枪喷嘴至带电体之间的距离，以提高用水带电灭火的安全程度，也可适当地用直流水枪直射灭火。

带电体电压对泄漏电流大小的影响。在火场上用直流水枪进行灭火时，如果带电体的电压比较高，通过水柱的漏泄电流也比较大。因此要注意水枪喷嘴至带电体之间的距离。

②断电灭火

在扑救带电设备、线路火灾时，为了防止发生触电事故，在允许断电时，要尽可能设法切断电源，然后扑救。

(a)切断用磁力开关启动的带电设备时，应先按电钮停电，然后再切断闸门，防止带负荷操作产生电弧伤人。操作时，最好使用绝缘操作杆或干燥的木棍。

(b)有配电室的部位可断开主开关(油开关)等，装有隔离开关的，不能随便拉开隔离开关，以免产生电弧，发生危险。

(c)对地电压在 250 V 以下的电源，可穿戴绝缘靴和绝缘手套，用绝缘电剪将电线切断。切断的位置应在电源方向的支持物附近，防止剪断后导线掉落在地上，造成对地短路，触电伤人。对三相线路的非同相电线，应在不同部位剪断。剪断后，断头要用胶布包好，防止发生短路。

③带电灭火注意事项

扑救带电火灾是一项比较危险的作业，灭火指挥员要全盘考虑火灾现场的情况，做好各项安全防护措施，在确保安全的前提下组织实施灭火工作。

(a)防止人体与水流接触。

在带电灭火过程中，灭火人员应避免与水流接触。扑救人员应当穿着绝缘鞋，防止脚腿部位接触带电体。要戴绝缘手套，防止手直接与带电体接触；有条件时灭火人员应穿均压服，穿戴均压服时一定要把帽子、袜子、手套、胶鞋之间用铜丝和铜扣连接好，使其相互间连成整体。没有穿戴防护用具的人员，不应该接近燃烧区，以防地面积水导电伤人。火灾扑灭之后，如果设备仍有电压，所有人员不得接近带电设备积水地区。

(b)设置接地装置。

在金属水枪喷嘴上安装接地线，方法是用截面积 5～10 mm^2 的铜绞线作接地线，用长 1 m 以上，直径 50 mm 钢管或 50×50 mm 的角钢作接地棒，接地线两端分别与水枪喷嘴和接地棒牢固连接，且接地棒最好钉入底下 0.5 m，要求土壤不能太干燥，并在接地棒处倒入盐水或普通水使接地体与导线之间可以连接，导除水枪上的电流。另外，避雷针引下线、自来水接管、金属暖气管、电线杆拉线都可以作为接地装置使用。

(c)水枪喷嘴与带电体之间须保持安全距离。

在其他条件相同的条件下，电压越高，越要注意安全，水枪喷嘴与带电体之间更应注意保持较大的距离。

尽量采用高压水枪的雾化水流扑救。高压水枪口径一般为 6.5 mm、7.0 mm、7.5 mm、8.0 mm，工作压力 4 MPa，其对应射程为 9 m、11 m、12 m、15 m，雾化水滴直径 100～200 μm，并根据电压高低选好距离，雾化水流正常后，才能射向带电体进行灭火。实践证明喷雾水枪喷嘴距离带电体 1.5 m 并大于 7.07×10^5 Pa 的水压下进行灭火时，没有漏泄电流。用喷雾水枪灭变压器火灾时，要求水枪手不要乱摆动，最好用两支枪相对用强有力的喷雾水流覆盖窒息将火灾扑灭。

合理采用射流形式：使用铜网格代替不能使用接地棒的地方。尽量采用喷雾水流带电灭火，喷雾水流可以不接地线，但要根据电压大小选好与带电体的安全距离，消防车泵压力保持 0.5～0.7 MPa，直接使用充实水柱带电灭火。宜用大口径水枪，采用点射进行远距离射水灭火或使水流呈抛物线状落于火点，增加水柱长度。

(d)注意发现异常现象。

使用直流水枪灭火时，如发现放电声、放电火花或人有电击感，可以卧倒，将水带与水枪的结合部金属接地，采取卧姿射水，以防触电伤人。

(e)架空电线断落时的应变措施。

扑救架空带电设备、线路火灾时，在保证水流达到火焰的情况下，人与带电体之间应尽可能保持较大的水平距离，以防导线断落危及扑救人员的安全。如果发生电线断落时，要划出警戒区(距电线断落地点 18～20 m)，禁止人员入内，并通知电力部门迅速派人处理，以防因跨步电压而造成事故。已处于该区域内的灭火人员要镇静应付，扔掉灭火工具，用单腿或双脚并拢慢慢跳出，至带电体触地处 10 m以外，即较安全。

(f)破拆要注意安全。

当使用金属工具破拆结构时，要防止工具接触带电物体。在带电设备附近进行破拆作业，人与带电物体应保持必要的安全距离。

第五章 交通事故的预防与处理

第一节 交通事故概述

我国是世界上交通事故发生最严重的国家之一。道路交通事故伴随着交通运输业的发展应运而生，近年来，随着机动车辆数量的增加，交通事故有愈演愈烈的趋势。自20世纪70年代以来，我国交通事故死亡率总体呈上升趋势，10万人口死亡率一直攀升。2001年，我国公安交通部门共受理交通事故案件75.5万起，因道路交通事故造成死亡的人数首次突破10万人，54.6万人受伤，造成直接经济损失30.9亿元，达到历史最高峰，造成社会财富的极大浪费，同时也对社会安定团结产生一定的消极影响。

一、我国道路交通事故的特点

1. 经济发达地区交通事故量大

交通事故发生最多的省份分别为广东、浙江、山东、四川、江苏五个地区，交通事故占事故全部的45.2％，但从死亡人数来看，广东、江苏、山东、浙江、河南位列前五位，占总数的36.5％，其中广东、江苏、浙江经济快速发展、客货运量增大，是这些地区交通事故量大的主要原因。此外，北京、上海为我国特大型城市，发生交通事故量在全国处于前列，因城市交通拥挤，交通冲突点多，因此事故量大，但由于城市交通运行速度相对较低，这两市交通建设的快速发展以及交通管理设施的改善，使死亡人数较低，但事故量大，反映了交通冲突量大，违章现象多，潜在事故可能性大。私家车、出租车投放过快过猛导致交通环境恶化是经济发达地区交通事故的增长率远高于经济落后地区的一个重要原因。

2. 驾驶人违章操作、行为规范差是交通事故的主要原因

超速行驶、疲劳驾驶、客车超员等交通违法肇事仍是造成事故的主要原因。2005 年全国机动车驾驶人交通肇事 4 177 355 起，造成 91 062 人死亡，分别占总数的 92.7%和 92.2%。因非机动车驾驶人、乘车人及行人过错导致事故 20 090 起，造成 4 207 人死亡，分别占总数的 4.5%和 4.3%。因超速行驶导致 16 015 人死亡；疲劳驾驶导致 2 566 人死亡；违法超车、会车导致 6 871 人死亡；违法占道行驶导致 4 488 人死亡；超员客车交通事故导致 3 039 人死亡。

3. 大货车、小客车和摩托车肇事突出

2005 年大货车肇事造成的人员伤亡占总数的 21.8%；小型客车肇事造成的人员伤亡占总数的 20.6%；摩托车肇事造成的人员伤亡占总数的 21%。

4. 低驾龄驾驶人肇事减少，但所占比例较高

统计表明，驾龄在 1～3 年、年龄在 21～35 岁的驾驶人是主要的肇事人群。经验不足、判断能力低、盲目自信是产生事故的主要原因。2005 年全国 3 年以下驾龄的机动车驾驶人肇事共导致人员伤亡占全部死亡人数的 31.9%。从交通方式看，3 年以下驾龄的驾驶人驾驶大货车肇事较多，占 3 年以下驾龄驾驶人肇事致死总人数的 26.3%。

造成交通事故的基本因素是人、车、路、环境与管理。其中人是主要因素。人应该包括汽车驾驶人员、驾驶自行车的人和行人。当然驾驶人员则更为重要。苏联白俄罗斯共和国对 1979 年至 1980 年

的车祸进行了分析，结果表明，92%的事故责任在于驾驶人员，美国1968年的事故统计指出，有90%的责任应归于驾驶人员。

二、道路交通事故的原因分析

驾驶人员导致交通事故的原因很多，如超速行车、违章驾驶、行车中精力不集中等。另外，如车辆的技术性能不好、道路状况不良和缺少必要的道路安全措施、自然条件和其他意外情况的影响等都有可能成为交通事故的成因。

1. 驾驶人员的违章驾驶和精神不集中

驾驶人员的违章作业常常是造成交通事故的主要成因。如在不应该或不允许超车的地方强行超车，或超车不提前鸣笛，前车尚未示意让路就超车等。

驾驶人员该让的车不让，甚至故意不让超车。在交叉路口支线车不让干线车先行，变道车不让直行车先行等很容易造成事故。另外在会车前不减速不鸣笛或在狭窄地带抢道、夜间会车不关闭大灯等也容易造成事故。超速行车，使车辆的稳定性降低而难以操纵，延长了制动距离，扩大了制动非安全区，使驾驶人员判断情况和躲避险情的时间缩短，都容易成为肇事成因。

行车过程中精神不集中也是造成交通事故的重要因素，如有驾驶人员因家庭、工作等不顺心而思虑，因受有某种刺激而过度兴奋或沮丧，在行车中吸烟、吃东西、与坐车的人谈笑或听收录机，有的因轻车熟路而麻痹大意等都能使驾驶人员精力分散，致使观察失真或不认真观察而造成事故。

2. 车辆技术性能不好

车辆的技术性能主要指车辆的结构、性能、强度等。经常出现故障的关键部位和系统主要是制动系统的转向系统，这些关键部位如出现故障常常会造成行车事故。

3. 道路状况不良或缺少道路安全措施

道路状况不良是导致交通事故的潜在因素。道路状况的优劣主要指道路的线形、曲线半径的大小、道路的坡度和路面宽度、路基和路面等。

道路的安全措施主要指交通标志、信号、路面标线、照明、安全岛、安全护栏、隔离栏栅等。在急弯、窄路、陡坡、交叉路口和铁路道口等应设置警告标志，在禁止超车处、禁止掉头处、禁止鸣笛处等应有相应的禁令标志，对于限重、限速、限高、限宽处也应有明确的限令标志。应有的交通标志和设施而没有或不全容易造成行车事故。

4. 酒精及药物对交通安全的影响

(1)血液中酒精浓度与驾驶能力的关系

酒精会使大脑高级神经紊乱，从而破坏人们正常的生理机能，所以酒后开车所造成的交通事故在世界各国都占有相当比重。我国交通规则中明确规定：严禁酒后开车。

酒精对水有很好的亲和性，饮酒后，酒精容易被胃黏膜、肠黏膜迅速吸收，而渗透于身体组织之内，进入血管内的酒精溶于血液中而循环于体内。

试验表明，血液中酒精浓度达到 0.3‰时，驾驶能力开始下降，达到 0.8‰时，误动作比正常人增加 16‰，酒精浓度超过 0.9%时，其判断能力比正常人下降 25%。总之，随着酒精浓度的增高对驾驶机能的影响越来越大，致使驾驶能力下降，操作方向盘的正确性降低，所以容易造成驾驶的车辆向静止的物体如停放的车辆或安全地带的电线杆等冲撞。酒精浓度增加能使驾驶人员的视力下降，容易看错道路(特别是夜晚)而将车翻到路外。在夜晚行车时，由于对面车灯晃眼和意识朦胧，也常有与对面来车发生正面冲撞的情况。总之酒后开车是十分危险的，害人害己，应予严禁。

(2)药物对驾驶能力的影响

有些药品如巴比妥等催眠剂对中枢神经系统有直接作用,从而对人体产生各种效应,如困怠、思睡、昏迷等,以致影响驾驶能力。有的驾驶人员由于失眠深夜服用催眠药,早晨又要早起行车,药品的作用还未消失,致使行车途中精神不佳,犯困打盹,很容易造成行车事故。又如有的驾驶人员因疾病或其他原因而服用一些对神经系统有麻醉作用的药品,也可产生如上述效果。

近些年来人们经常服用一种弱镇静剂——安定。驾驶人员服用这种药物,能使其驾驶技能下降,造成对周围环境的不注意,与酒后开车有着同样的危险。国外试验,让驾驶模拟汽车的人员,一组服用15 mg安定,另一组喝酒使其血液酒精含量略超过许可范围,这些驾驶人员不论是吃药的还是喝酒的,对保持汽车在规定的车道内行驶或控制速度同样都有困难,而且在超车时多半要碰撞。

研究人员还通过对127名因交通事故而死亡的驾驶人员的血液检验,发现其中10%的人含有安定成分。牛津大学的研究人员将处方记录与医院病历及发生情况对照后断定,弱镇静剂安定使严重的交通事故增加了将近5倍。

5. 自然条件和其他因素的影响

在风、雪、雾等恶劣气候条件下致使道路状况恶化,视线不良等容易造成交通事故。在遇到较为严重的自然灾害如地震、积水、暴风雨等致使车辆失去控制则更容易造成行车事故。

另外,行人和骑自行车的人不遵守交通规则也是造成交通事故的重要因素,特别是在自行车交通占有绝对优势的情况下,更是不可忽略的成因。

在行车中的意外事故也是常有发生的。如聋、哑人听不到鸣笛声而不知让路,精神不正常的人或疯傻人突然奔向车前等都能造成交通事故。

第二节　交通事故的预防

我国的交通事故为何如此严重？业内人士指出，造成交通事故的原因很多，主要与交通参与者的素质、车辆机械性能以及道路设施条件有关。车辆的性能的好坏、道路交通状况的改善都有一个过程，预防和避免车祸的发生，最现实的措施是行车驾驶员提高自己的预防意识和防范能力。

1. 及时了解和掌握车况

安全行车是建立在车况良好的基础上的，为此我们广大驾驶员要及时了解和掌握自己所驾驶车辆的车况，比如注意观看驾驶室的各种仪表数据，如果有异常情况，及时处理。还要养成良好的观察和养护习惯，比如通过视觉来观察轮胎等设备的使用状况，通过听觉来分辨“车辆异响”的正常性，通过味觉来分辨车内异味、糊味的来源等等，从而确保自己驾驶的车辆在良好的车况下行驶。

2. 杜绝一切严重违章行为

在行车中，每一位驾驶员都应该做到遵章守纪，按章操作，杜绝疲劳驾驶、酒后驾驶、驾驶时打手机等严重的违章行为，因为这些行为是开车发生事故的最大隐患。

3. 了解在特殊天气、不同气候下的行车方法和技巧

在特殊天气、不同气候下，行车的要求、方法、技巧和平时在正常的状况下是有很大不同的，例如跟车距离、制动技巧、速度控制和应急工具，驾驶员应该对特殊天气、不同气候下的行车方法和技巧有一个基本的了解。

4. 若路况不佳或行驶在不熟悉的路段，请低速行驶

很多交通事故不是直接由驾驶员的驾驶技术造成的，而是缘于

路况不佳或路段不熟。研究和实践表明，将车速从 50 千米/小时提高到 60 千米/小时，发生交通事故的可能性就会提高数倍，而将车速降低 1%，就能使车祸的发生率降低 2%～3%。所以，低速行驶是防止在路况不佳或路段不熟悉的情况下发生交通事故的最好防范措施。

5. 将自己的眼睛保护在最好状态

视觉在人获取信息中占有重要的地位，80%左右的信息是靠人的眼睛来获得的。因此，驾驶员视觉机能的好坏，直接决定着行车安全。即使是眼睛疲劳、迎风流泪这些轻微障碍发生时，驾驶员也不能准确及时地获取交通信息，就容易发生交通事故。尤其是现在的很多年轻驾驶员喜欢玩电脑，眼睛很容易疲劳或受伤害，因此，当上述情况发生时，利用停车间隙洗个脸，重点清洗和按摩一会儿眼睛，就有助于解除这些轻微障碍，从而消灭交通事故隐患。

6. 切记右脚的常态应该是放在“准刹车位置”

右脚的常态应该是什么位置上？是放在刹车板的后边？油门上？还是……？相信即使是很多老司机也没有考虑过这个问题，更没有意识到这个问题的严重性。正确的答案是：在不加油行驶时，右脚的常态应该放在“准刹车位置”，即位于刹车板位置的后方、距离刹车板 1 cm 左右但又没有接触到刹车板的位置，此时右脚以刚刚将要接触到刹车板，而又没有接触到刹车板为宜。这个“准”字有两层含义，一个是“准备”刹车的意思，另外一个是“不是刹车但即将要刹车”的位置。究其原因，是为了防止随时发生的交通事故，然后根据不同情况在第一时间或者适合时间紧急制动，从而将事故伤害降低到最低程度，甚至避免交通事故的发生。

车祸的发生，主要由于疲劳驾驶、酒后开车、路面处理技术欠佳以及在不熟悉的路段高速驾驶等原因造成，因此希望我们广大驾驶员在行车中遵章守纪，确保行车安全。

第三节　交通事故现场紧急处置

一、道路交通事故应急处置措施

应急处置工作原则：统一领导、统一指挥、各司其职、整体作战、发挥优势、保障安全。

1. 应急要点

(1)遇到道路交通事故，不要惊慌失措，要保持冷静，利用电话、手机拨打 122 交通事故报警电话(高速公路发生交通事故应拨打 12122)和 120 急救中心报警电话。

(2)要说清发生交通事故的时间、地点及事故的大致情况；在交通警察到来前，要保护好现场，不要移动现场物品；交通事故造成人员伤亡时，当事人不要与车方私了，以免事后伤情恶化，后患无穷；遇到肇事车逃逸时，要记下车牌号码、车身颜色及特征，及时向当地公安机关举报，为侦破工作提供依据和线索。

(3)在高速公路上发生故障或交通事故时，应在故障车来车方向 150 米以外设置警告标志，车上人员应迅速转移到右侧路肩上或应急车道内，并迅速报警。

(4)发生人身伤亡事故时，在无人救助的情况下，要尽可能将伤者移至安全地带，以免再次受伤；暴露的伤口要尽可能先用干净布覆盖，再进行包扎，以保护好伤口；利用身边现有的材料如三角巾、手绢、布条折成条状缠绕在伤口上方，用力勒紧，可以起止血作用。

2. 专家提示

(1)走人行横道、过街天桥、地下通道，禁止跨越双黄线横路。在没有上述设施的路段，要注意观察道路车辆情况，注意避让来车，在确保安全的情况下通过。

(2)行人横穿马路时,不能斜窜猛跑。过马路要先看左后看右,确保安全再通过。车辆临近时不要突然横穿马路。

二、驾驶员事故应急处理方案

通常情况下驾驶员遇到突发性交通事故时,表现有三:一是突然发生交通事故,在现场束手无策,贻误抢救的时机,加剧不应有的后果;二是不知保护原始现场,使肇事现场很快被破坏,给事故现场的勘察及正确处理造成困难;三是由于私心严重和缺乏法制观念,还存在肇事后自已"私了"和肇事后逃跑的情况,带来很多"后遗症"。

驾驶员对事故现场应采取的处置方法是:

(1)立即停车。凡是发生交通事故都要立即停车,肇事后逃跑,甚至置伤亡人员或国家财产于不顾,只为逃脱个人罪责而跑掉,是严重违犯法律法规的行为,也是极不人道的违反社会公德的恶劣行为。事实上,在广大人民群众以及现代公安手段面前,跑是跑不掉的,只能躲避一时,结果是受到法纪的加重处罚,所以驾驶员肇事后必须马上停车。

(2)立即抢救伤员和物资。停车后应首先检查有无伤亡人员,如有死亡人员,确属当场死亡而无丝毫抢救希望者,应原地不动,用草席、篷布、塑料布等物覆盖。如有受伤人员,应拦截过往车辆,送就近医院抢救,同时要用白灰、石头、绳索等将伤员倒位描出。如一时无过往车辆,应马上动用肇事车将人送往医院,并且要留人员看护现场,将肇事车各个车轮的着地点以及伤员倒位描出。在抢救伤员中,如伤员身体某部位正压在车轮下,要注意不能用驾车前进或后倒来抢救,正确的做法是用千斤顶把车轿顶起,将伤员救出。

若无人伤亡时,应迅速抢救物资和车辆。如属贵重物资或危险物品,继续滞留现场会造成更大损失或危险时,应及时组织抢救转移,同时应标出物体的位置,如属一般物资,可以待现场处理完毕后再行处置。

(3)保护原始事故现场。保护现场对于交通管理部门了解事故情况,正确处理事故具有极其重要的意义,无论现场对己是否有利,都不应破坏、伪造,同时要制止对方伪造现场的企图。

现场保护的内容有:肇事车停位、伤亡人员倒位、各种碰撞碾压的痕迹、刹车拖曳、血迹及其他散落物品均属保护内容。

现场保护方法是:寻找现场周围的就便器材,如石灰、粉笔、砖石、树枝、木杆、绳索等设置保护警戒线,禁止无关人员和车辆进入。对于过往车辆,应指挥其在不破坏现场的情况下,从旁边或绕道通行,实在无法通过或车辆通行可能使现场受到破坏和危及安全时,可以暂时封闭现场,中断交通,待交警对现场勘察完毕后再行疏通。

(4)及时报案。在抢救伤员、保护现场的同时,应及时亲自或委托他人向当地交通管理部门报案,在城区应向管辖该区域的交警中队或支队报案,在县区应向该县交通警察大队报告,然后向本单位领导或有关业务部门报告,报告内容有:肇事地点、时间、报告人的姓名、住址及事故的死伤和损失情况,交警到达现场后,一切听从交警指挥且主动如实地反映情况,积极配合交警进行现场勘察和分析等。

公司基层领导如在现场,应立即组织人员按上述步骤抢救伤员、物资,并保护好现场;如不在现场,接到报告后应立即亲赴现场,除组织抢救工作,保护现场,维护秩序外,要主动调查事故发生的原因及经过,协同有关部门进行妥善处理,同时,要注意保护肇事驾驶员的安危。如驾驶员已经受伤也应立即送往医院治疗,如无受伤也要注意保护或暂时回避,以防受害者或死者家属因过分悲伤而伤害肇事驾驶员。

以上这些对事故现场处置的一般方法在具体情况下可灵活应用,以减少事故造成的损失,为及时、准确地处理交通事故创造条件。

三、交通事故防范手册

1. 行人交通事故

行人是交通事故中的弱者，极易受到伤害。

应急要点：

(1)行人与机动车发生事故后，应立即报警，并记下肇事车辆的车牌号，等候交通警察前来处理。

(2)行人被机动车严重撞伤，驾车人应立即拨打110、122报警，并拨打120求助，同时检查伤者的受伤部位，并采取初步的救护措施，如止血、包扎或固定。应注意保持伤者呼吸通畅。如果呼吸和心跳停止，应立即进行心肺复苏法抢救。

(3)行人与非机动车发生交通事故后，在不能自行协商解决的情况下，应立即报警。

(4)遇到撞人后驾车或骑车逃逸的情况，应及时追上肇事者。在受伤的情况下，应求助周围群众拦住肇事者。

(5)发生重大交通事故时，伤者很可能会脊椎骨折，这时千万不要翻动伤者。如果不能判断脊椎是否骨折，也应该按脊椎骨折处理。

专家提示：

(1)行人横过马路时，应走人行横道、过街天桥、地下通道。过人行横道时还应先看左后看右，在确保安全的情况下迅速通过。

(2)行人不得跨越、倚坐道路隔离设施，不得扒车、强行拦车或实施妨碍道路交通安全的其他行为。

(3)学龄前儿童、精神疾病患者、智力障碍者出行应有人带领。

(4)严禁在机动车道上兜售物品、卖报纸、散发小广告等。

(5)不要在街上滑旱冰、踢足球等。

2. 乘车意外事故

乘车意外事故容易造成群死群伤的严重后果。

应急要点：

(1)乘客在车内闻到烧焦物品的气味或看到有不明烟雾时，要及时通知司售人员。司售人员有责任停车检查，将乘客疏散到安全区域，并做到有序撤离，同时照顾和保护老人、妇女和儿童。

(2)司售人员应在后面来车方向 50 m 至 100 m 处设置专用的警示标志。

(3)司售人员应安排乘客免费换乘后续同线路、同方向车辆或者另调派车辆。

(3)乘坐公交车遇到火灾事故，乘客应迅速撤离着火车辆，不要围观。

(4)公交车辆运行中，乘客如发现可疑物，应迅速通知司售人员，并撤离到安全位置，切勿自行处置。

(5)出现伤亡情况时应及时拨打 110、120 救助电话。

专家提示：

(1)发生乘车意外事故，切忌惊慌、拥挤，应及时报警，并服从司售人员的指挥，积极开展自救、互救。

(2)不要让儿童在行驶的车内跑跳、打闹。

3. 非机动车交通事故

驾驶非机动车应在非机动车道内行驶，在没有非机动车道的道路上，应靠车行道的右侧行驶。非机动车不得进入高速公路行驶。

应急要点：

(1)非机动车与机动车发生事故后，非机动车驾驶人应记下肇事车的车牌号，保护好现场，及时报警。如伤势较重，要记下肇事车的车牌号并报警，求助他人标明现场位置后，及时到医院治疗。

(2)非机动车之间发生事故后，在无法自行协商解决的情况下，应迅速报警，并保护好事故现场。如当事人受伤较重，应求助其他人员，立即拨打 110、122 报警，并拨打 120 求助。

(3)非机动车与行人发生事故后，应及时了解伤者的伤势，保护好事故现场并报警。如伤者伤势较重，在征得伤者同意的情况下，应迅速求助他人将伤者及时送往医院救治。

专家提示：

(1)骑自行车时，不要抢行、猛拐、争道，不要在机动车道内行驶，不要打闹。

(2)严格遵守交通信号灯指示通行；通过人行横道时，要注意避让行人；停车等信号灯时，不要越过停车线；拐弯时要伸手示意。

(3)通过铁路道口时，在火车到来前，自觉停在道口停止线或距道口最外侧铁路 5 m 以外处。

4. 机动车交通事故

“十次事故九次快”。驾驶机动车时，必须“依法取得机动车驾驶证；靠马路右侧行驶；严格遵守机动车通行规定、载物规定、载客规定、行驶速度规定、停车规定；听从交警指挥。”

应急要点：

(1)发生交通事故后应立即停车，保护现场，开启危险报警闪光灯，并在来车方向 50 m 至 100 m 处设置警示标志。

(2)造成人员伤亡时，驾驶员应立即抢救受伤人员，并迅速拨打110、122 报警。

(3)因抢救受伤人员而需变动现场时，应标明事故车和人员位置。

(4)在道路上发生交通事故，未造成人员伤亡或财产损失轻微的，当事人应先撤离现场再进行协商处理。

专家提示：

(1)不要驾驶有机械故障的“带病车”上路。

(2)驾驶旅游车辆或在山区公路行驶时，要选派驾驶经验丰富的司机。

(3)禁止酒后驾车，禁止非司机驾车，禁止驾驶中打手机，不要疲劳驾驶。

(4)通过铁路道口时，要主动避让火车，坚决杜绝强行、闯行通过道口的行为。

5. 高速公路交通事故

高速公路上车辆行驶速度快，驾驶员的动态视力会降低，视野变窄，判断能力减退，平衡感觉也有所变化，容易发生交通事故。

应急要点：

(1)机动车在高速公路上发生事故后应立即停车，保护现场，拨打 110、122 报警电话，清楚表述案发时间、方位、后果等，并协助交警调查。

(2)有死伤人员的交通事故，应先救人，并立即拨打 120。

(3)开启危险报警闪光灯，并在来车方向 150 m 以外设置警示标志。

(4)车上人员应迅速转移到右侧路肩上或者应急车道内；能够移动的机动车应移至不妨碍交通的应急车道或服务区停放。

专家提示：

(1)保护现场。主要是指：标记现场位置，标记伤员倒卧的位置，保全现场痕迹物证，协助公安机关寻找证明人。

(2)任何人不得以任何理由破坏高速公路设施，以免造成事故隐患。

第四节　机动车保险理赔相关知识

一、车辆保险理赔基本步骤

不同保险公司在理赔程序上会有所不同，但理赔的基本步骤大部分还是相同的。

1. 保护事故现场,抢救伤员,迅速报案

车险条款通常规定在出险后 48 小时内报保险公司,否则保险公司有权拒绝赔偿。如果委托他人代为报案,报案人还应携带身份证及被保险人出具的代为报案委托书。

2. 定损修理

因保险事故导致的车辆所有损失在修复之前,必须经保险公司定损,以核定损失项目及金额,定损完毕后才可修理受损车辆;给第三人造成人身或者财产损害所支付的赔偿金,理赔前也要经保险公司核定赔偿项目和相关证据、数额。

3. 提交索赔单证,领取保险赔款

被保险人或者其代理人在事故处理完毕后,10 日内将索赔单证(包括:交通事故责任认定书、调解书、判决书和修理发票、医疗费发票、病历、误工费证明、被抚养人身份情况以及保单正本(复印件)、身份证复印件、行驶证复印件、驾驶员驾照复印件等资料)提交给保险公司,由保险公司计算赔款,届时,保险公司会通知领取保险赔款;领取赔款时,领款人要携带保险单正本、被保险人身份证或者户口本原件,如委托他人他人代领,代领人还要携带身份证及被保险人出具的《领取赔款授权书》。

4. 特殊案件的理赔

当车辆被盗或被抢时,应该先向公安机关报案,应在 24 小时内通知出险地的派出所或刑警队,然后向保险公司报案,车辆被盗或者被抢 48 小时内携带个人资料到保险公司填写《机动车辆保险出险通知单》,办好登记手续。三个月内,车辆未能寻回的,可带齐以下证件到保险公司索赔:公安机关开具的失窃证明、保险单正本、被保险车辆的行驶证、驾驶员的驾驶执照、被保险人的身份证原件、报案人的身份证原件及车辆的钥匙。

5. 轻微交通事故的保险理赔

当车辆发生损失数额较小的保险事故后，车主可以将车开至保险公司指定修理处，那里有定损打价权，让修理厂帮助索赔。这种情况一般经过以下几步为车辆定损理赔：

(1)检验证件，出示三证及保单：本车行驶证、驾驶员的驾驶证、被保人的身份证、保户保险单；

(2)坏车检查，初定车辆损失部位、填写案件审批表、复印所有证件等；

(3)照相定损，安排处理意见；

(4)报案定时，按照案件审批表内容报案。修理完毕，带齐证件及修车发票到修理处接车即可，让修理处代理索赔。

二、保险理赔员理赔流程

1. 一般理赔流程

出现交通事故后首先要做的是及时报案。出了交通事故除了向交通管理部门报案外，还要及时向保险公司报案，一方面让保险公司知道投保人出了交通事故，另一方面也可以向保险公司咨询如何处理、保护现场，保险公司会教车友如何向对方索要事故证明等。车主在理赔时的基本流程：

(1)出示保险单证

(2)出示行驶证

(3)出示驾驶证

(4)出示被保险人身份证

(5)出示保险单

(6)填写出险报案表

(7)详细填写出险经过

(8)详细填写报案人、驾驶员和联系电话

(9)检查车辆外观,拍照定损

(10)理赔员带领车主进行车辆外观检查

(11)根据车主填写的报案内容拍照核损

(12)理赔员提醒车主车辆上有无贵重物品

(13)交付维修站修理

(14)理赔员开具任务委托单确定维修项目及维修时间

(15)车主签字认可

(16)车主将车辆交于维修站维修

以上是车主和保险公司保险理赔员必须要做的。事实胜于雄辩,车主一定要注意做好前期工作,避免事后理赔时麻烦被动。

2. 单方事故的处理及索赔程序

单方事故:指不涉及人员伤(亡)或第三者财物损失的单方交通事故。如碰撞外界物体,自身车辆损坏,但外界物体无损坏或者无需赔偿。

事故处理及保险索赔程序:

单方肇事是最为常见的一类事故,因为不涉及第三者的损害赔偿,仅仅造成被保险车辆损坏,事故责任为被保险车辆负全部责任,所以事故处理非常简单。

(1)报案

事故发生后,保留事故现场,并立即向保险公司报案。

(2)现场处理

①损失较小(一万元以下),保险公司派人到现场查勘,并出具《查勘报告》;

②损失较大(一万元以上),如查勘员认为需要报交警处理,会向交警部门报案,由交警部门到现场调查取证,并出具《事故认定书》。

(3)定损修理

①车主将车辆送抵定损中心并同时通知保险公司,定损;

②修理厂修车;

③车主提车。

(4)提交单证进行索赔

理赔:收集索赔资料交保险公司办理索赔手续。

(5)损失理算

保险公司收到齐备的索赔单证后进行理算,以确定最终的赔付金额。

(6)赔付

保险公司财务人员会根据理赔人员理算后的金额,向车主指定账户划拨赔款。

3. 双方事故的处理及索赔程序

双方事故:指不涉及人员伤亡,但涉及第三者财物损失,事故责任明确的双、多方交通事故。

车辆追尾,后车负全部责任;碰撞防护栏,车辆负全部责任,护栏损坏也需赔偿。

事故处理及保险索赔程序:

(1)报案

①事故发生后,保留事故现场,并立即向保险公司报案;

②如第三方损失为道路设施或者第三方损失为车辆,需向交警部门报案。

(2)现场处理

①保险公司人员到达现场,并出具《查勘报告》;

②交警部门到达现场,并现场出具《事故认定书》。

提醒:一般情况下,如果在向保险公司报案时,保险公司要求向交警报案时,保险公司人员无需到现场处理!

(3)第三者修理

①如果第三者非机动车,则最好要求保险公司人员在进行现场处理时,直接达成三方(第三者、保险公司、车主)公认的一个核损价格,如果当场不能核定损失,则在进行第三者损失核定的时候或者过程中,要求保险公司给出核损价格。

提醒:如果不经过保险公司允许,自行答应第三者有关索赔金额的承诺,这种承诺保险公司是有权推翻重来的,如果重新核定的价格与第三者的要求有差距,则这个差距会由车主自行承担。

②如果第三者是机动车,则要分以下两种情况:

第一,如果第三者同意与车主一同前往车主选定的修理厂进行修理,则当场不必支付第三者任何现金;

第二,如果第三者要求去自己选定的修理厂进行修理,也就是说第三者将与车主去不同的修理厂进行车辆修理时,则第三者可能要求车主在事故现场先支付一部分修理费用,或称押金或定金,(因为担心事后找不到车主或者事后车主不认账),切记:①现场掏钱,一定要立收据;②支付一半的修理费用比较适当(因为也有可能发生事后第三者不认账的情况)。

提醒1:第三者车辆修理完毕后,车主必须先将修理费交付给第三者或者第三者选择的修理厂,然后拿到第三者的修理发票及维修明细才能进行保险索赔,如果事后第三者不提供相关资料或者找不到第三者时,第三者的维修费用保险公司是不能赔付的。

提醒2:虽然上文提到在现场掏钱时,要第三者立收据,虽说这种收据是不能作为赔偿依据的,但是这种收据至少可以避免第三者事后不认账的情况。因为第三者修理完毕后,车主必须先将修理费交付给第三者或者第三者选择的修理厂,如果没有这个收据,第三者万一不认账的情况下,车主到底应该在第三者车辆修理完毕后,支付多少钱呢?

(4)车辆定损修理

①将车辆送抵定损中心并同时通知保险公司,定损;

②修理厂修车;

③车主提车。

(5)提交单证进行索赔

理赔:收集索赔资料交保险公司办理索赔手续。

(6)损失理算

保险公司收到齐备的索赔单证后进行理算，以确定最终的赔付金额。

(7)赔付

保险公司财务人员会根据理赔人员理算后的金额，向车主指定账户划拨赔款。

4. 多方事故的处理及索赔程序

多方肇事(有人伤亡)：指涉及人员伤亡的双、多方交通事故。如碰撞行人，行人受伤。

该类事故因为涉及人员伤亡，所以处理起来比较复杂。

(1)报案

事故发生后，事故各方车辆应停在原地，保留好事故现场，并立即向保险公司和交警部门报案。

提醒：如有人员伤亡，应立即送往医院，除非事发地段比较荒凉或者无车经过，否则尽量不挪动事故车。因为如果用事故车将伤者送往医院，将造成事故责任无法认定。

(2)现场处理

交警部门到现场调查取证，并暂扣事故车辆、当事司机《驾驶证》和事故车辆《行驶证》。一般情况下，交警处理的事故保险公司查勘人员无需再到现场查勘。

(3)责任认定

交警部门根据事故情况作出责任判断，并向当事各方送达《责任认定书》；如当事各方对事故责任认定不服，应在收到《责任认定书》15 日内向交警部门提出复议或者向人民法院提出诉讼。

(4)伤者治疗

①伤情诊断

医生对伤者进行检查，出具《病历》和《诊断证明》，并作出是否住院治疗的决定。

②住院治疗

医生对伤者进行治疗。

③出院手续

主治医生认为伤者无需再住院治疗的，伤者应办理出院手续开具《出院证明》，注明出院后的注意事项，休养时间，护理时间及护理人数。

主治医生认为伤者无需再住院治疗的，伤者拒不办理出院手续，赔偿义务人应通知交警部门，从主治医生证明伤者可以出院之日起的费用赔偿义务人可以不负责赔偿，保险公司也不会赔偿。

如伤者出院之后需继续治疗的，医生出具《继续治疗费用预估证明》，合理的费用保险公司可以赔付。

④伤残评定

伤者治疗结束后，可以到相关的鉴定机构进行伤残评定，如达到伤残等级，应取得《伤残等级证明》

⑤医疗担保和预付费用

当肇事各方无法承担医疗费用时，可以向保险公司提出申请预付医疗费用，凭医生出具的《医疗费用预估证明》和已交费用清单可以获得不超过所需费用50%的预付款。

⑥医疗核损

保险公司在伤者治疗期间，会派医疗核损人员到医院及交警大队了解伤者的受伤情况和治疗情况，对治疗费用进行预估和监督。

(5)车辆定损修理

①将车辆送抵定损中心并同时通知保险公司，及时定损；

②修理厂修车；

③车主提车。

(6)赔偿调解

①伤者治疗结束后，事故各方可到交警大队申请办理赔偿调解手续，也可到法院提起诉讼。法院及交警大队都会根据事故各方提

供的证明材料依据相关赔偿标准和法规条款进行赔偿调解，当事各方不服的可以向上级人民法院提起诉讼。

②涉及保险赔偿的事故，向法院提起诉讼时，可提请保险公司作为第二被告或第三人(厦门岛内法院只允许保险公司作第三人、岛外可以作被告)。

(7)提交单证进行索赔

付清相关费用，收集索赔资料交保险公司办理索赔手续。

(8)损失理算

保险公司收到齐备的索赔单证后进行理算，以确定最终的赔付金额。

(9)赔付

保险公司财务人员会根据理赔人员理算后的金额，向车主指定账户划拨赔款。

5. 停放被撞事故处理及索赔程序

停放被撞：指车辆在停放过程中无人照料的情况下被不明物体碰撞造成车辆受损的事故。如车辆在停车场停放中被第三方车辆碰撞损坏，但第三方车辆无法找到。

注意：该类案件保险公司只承担70%的赔偿责任！

事故处理及保险索赔程序：

(1)报案

事故发生后，保留事故现场，并立即向保险公司报案。

(2)现场处理

保险公司人员抵达现场进行查勘，并出具《查勘报告》，同时根据查勘员要求到派出所或者交警部门开具《事故证明》，无法出具事故证明保险公司不予以受理赔付。

(3)车辆定损修理

①将车辆送抵定损中心并同时通知保险公司，定损；

②修理厂修车；

③车主提车。

(4)提交单证进行索赔

理赔:收集索赔资料交保险公司办理索赔手续。

(5)损失理算

保险公司收到齐备的索赔单证后进行理算,以确定最终的赔付金额。

(6)赔付

保险公司财务人员会根据理赔人员理算后的金额,向车主指定账户划拨赔款。

6. 整车被盗事故的处理及索赔程序

整车被盗抢:指整部车辆被盗、被抢。

事故处理及保险索赔程序:

该类事故因为涉及交警大队立案以及必要的侦破时间,所以处理起来周期比较长。

(1)报案

①24 小时内带齐身份证、驾驶证、行驶证原件向案发地派出所报案,并取得加盖派出所公章的报案回执及被盗(抢)车辆报案表。

②48 小时内向保险公司电话报案。

(2)刊登《寻车启事》

一周内带齐报案回执、被盗(抢)车辆报案表到市一级报纸上刊登《寻车启事》,并保存好全幅报纸。

(3)开具《被盗(抢)车辆侦破结果证明书》

如果三个月后(有些公司规定 2 个月)车辆仍未找到,带齐报案回执、被盗(抢)机动车辆报案表到派出所和区公安分局刑警大队办理未侦破证明手续,并由上述两个部门在《被盗(抢)车辆侦破结果证明书》上盖章确认未破获。

(4)车辆销户

①到保险公司复印两份《被盗(抢)车辆立案表》并盖章;

②办理车辆销户手续。

带齐被盗(抢)车辆侦破结果证明书、报案回执、被盗(抢)机动车辆报案表、被盗(抢)机动车辆立案表(一份交车管所留存)、行驶证，填写《机动车辆停驶登记申请表》,在公安报上刊登《销户声明》,取得《销户证明》。

(5)提交单证进行索赔

收集索赔资料交保险公司办理索赔手续。

(6)损失理算

保险公司收到齐备的索赔单证后进行理算，以确定最终的赔付金额。

(7)赔付

保险公司财务人员会根据理赔人员理算后的金额，向车主指定账户划拨赔款。

7. 事故处理流程

依据《道路交通事故处理办法》和《道路交通事故处理程序》特规定如下事故处理流程：

(1)现场勘查

①发生交通事故后，当事人对事实及成因无争议的，可即行撤离现场，自行协商处理损害赔偿事宜。不即行撤离现场的，必须保护好现场，并迅速报告公安机关。

②值班民警接到指令后，必须严格在承诺的时间内快速赶赴现场，并快速处置现场。

③进行现场勘查包括现场访问、摄影、制图、丈量、勘验等系列工作。现场勘查必须做到依法、及时、全面、准确。

④现场勘查记录经复核无误后，应要求当事人或见证人在现场图上签名。

⑤为检验需要，必要时可扣留肇事车辆和当事人的相关证件。

⑥与当事人预约事故处理时间。

⑦事后展开调查必须依法进行，包括询（讯）问、痕迹提取检验、技术检测、损害评估和其他必要的鉴定。

（2）责任认定

①在调查阶段，必要时可召集当事人举行听证。

②在查明事故的基本事实和收集充足的证据后，严格按照规定时间依法作出责任认定。

③公布责任时，必须召集各方当事人到席讲清事故的基本事实和认定责任的理由与依据。

④告知当事人申请重新认定的权利和法律时效。

（3）处罚

①责任认定发生法律效力后，应对责任当事人作出处罚意见呈送领导审批。

②根据领导作出的处罚决定填写处罚裁决书。

③向责任人宣布处罚裁决。

④告知当事人申请行政复议的权利和法律时效。

⑤完善处罚的相关手续。

⑥执行处罚。

（4）赔偿调解

①收集与损害赔偿相关的证明、票据、各种资料。

②在确认伤者治疗终结或确定损害结果后，必须在规定时间内组织各方当事人或代理人进行赔偿调解。调解次数最多为两次。

③调解成功后，制作《调解书》，并分别送交当事人。

④调解未成功的，必须填写《调解终结书》，送交当事人，并告知当事人可在法定时效内向人民法院提起民事诉讼。

第六章　现场紧急救护与紧急处置基本知识

第一节　现场紧急救护的基本方法

一、事故现场急救基本原则

事故现场急救，必须遵循“先救人后救物，先救命后疗伤”的原则。现场急救总的任务是采取及时有效的措施，最大限度地减少伤员的痛苦，降低致残率，减少死亡率，为医院抢救打好基础。

二、常用现场急救基本方法

掌握必要的现场急救方法，对开展现场自救互救显得十分重要。下面介绍几种现场急救常用的基本方法。

1. 人工呼吸法

无论心跳存在与否，若长时间呼吸中止，可造成机体缺氧而致死，特别脑组织缺氧时间稍长，便可产生不可逆转的损害。因此，当发现患者呼吸停止时，必须争分夺秒、不失时机地进行人工呼吸，保持持续不间断供氧。常见的人工呼吸方法有以下三种：

(1)口对口的人工呼吸法

使患者仰卧，松解衣扣和腰带，除去假牙，清除病人口腔内痰液、呕吐物、血块、泥土等异物，保持呼吸道畅通。救护人员位于患者一侧，用一只手将患者下颌托起，使其头尽量后仰，将其口唇撑开，另一口手捏住患者的鼻孔，呼吸一口气，用自己的嘴对准患者的口用力吹气，可见到患者胸部隆起，然后离开患者的口，同时松开捏鼻孔的手，对其胸部收缩自行呼出，然后做下一次吹气，直至恢复自主呼吸。

(2)口对鼻人工呼吸法

患者因牙关紧闭或外伤等原因，不能进行口对口人工呼吸时，可采用口对鼻人工呼吸法，方法与口对口人工呼吸基本相同，只是把捏鼻改为捂口，对着鼻孔吹气，吹气量要大，时间要稍长一些。

进行口对口(鼻)人工呼吸时，应当注意：①一定要捏(捂)住患者的鼻孔(嘴)，防止空气从鼻孔(嘴)漏掉；②吹气时，施救者的嘴一定要完全封堵住患者的嘴(鼻)，否则让空气从嘴(鼻)周围漏掉，人工呼吸就会失败；③吹气要快而有力，速度要均匀有规律，此时要密切注意患者的胸部，如果患者胸部不鼓起来，就说明人工呼吸没有成功；④患者胸部有活动后，立即停止吹气，不要一直吹下去；⑤对氰化物等剧毒物质中毒患者，不要进行口对口(鼻)人工呼吸。

(3)史氏人工呼吸法

当因故不宜进行口对口(鼻)人工呼吸，可采用该方法。操作要领如下：使患者仰卧，松解衣扣和腰带，除去假牙，清除病人口腔内痰液、呕吐物、血块、泥土等异物，保持呼吸道畅通。救护人员位于患者头一侧，两手握住患者两手，交叠在胸前，然后握住两手向左右伸展180度接触地面，按压30次后立即开放气道，进行口对口人工呼吸。人工呼吸与胸外按压比例为2:30。单纯进行胸外心脏按压时，每分钟频率至少为100次。有条件要及早实施体外除颤。

2. 胸外心脏按压法

患者出现突然深度昏迷，颈动脉或股动脉搏动消失，瞳孔散大，脸色土灰色或发绀，呼吸停止或喘等症状时，可认为心跳骤停，应立即进行胸外心脏按压急救。操作方法如下：

将患者仰卧在地上或硬板床上，救护人员跪或站于患者一侧，面对患者，将右手掌根部置于患者胸骨下端，避开剑突，左手掌交叉置于右手掌之上，双手肘关节伸直，上身前倾，以身体的重量垂直用手冲击下压胸骨下陷至少 5 cm，随后迅速将手腕放松，然后再按压，直至患者自主心搏恢复。按压速度与心律相近，每分钟不少于 100 次（成人）。

在进行胸外心脏按压时，应注意：①不要按错位置；②不要用力过猛，防止肋骨骨折；③宜将患者头部放低，以利静脉血回流；④压力、速度要均匀；⑤胸外心脏按压要做较长时间，不要轻易放弃；⑥患者自主心搏恢复后，还要密切注意观察，以便心跳再次出现停止时能及时再次施术。

若患者同时伴有呼吸停止，在进行胸外心脏按压时，还应进行人工呼吸。人工呼吸与胸外按压比例为 2∶30。可一人急救，也可以由两人同时配合进行，但要注意按压与吹气不能在同一时间进行。

3. 中毒急救方法

中毒往往发生急骤、病情严重，因此，必须全力以赴、分秒必争、及时抢救。抢救方法如下：

(1)迅速将患者救离现场

这是现场急救的一项重要措施，它关系到下一步的急救处理和控制病情的发展，有时还是抢救成败的关键。

平地抢救：二人抬或一人背；有肺水肿的患者，最好是二人抬或用担架抬。

由下而上的抢救方法（如在地沟、设备、贮藏、塔内发生中毒时）：用安全绳将患者往上吊，但应注意要有人保护，且在没有脱离危险区域之前应给患者戴上过滤式或隔离式防毒面具；抢救人员须戴上空气（氧气）呼吸器并捆扎安全绳，如遇酸碱容器，救护人员还应穿戴好防酸碱护具，上边的救护人员应站在固定好的支架上，以防滑倒；上下过程应预先设好信号进行联系。

由上而下的抢救方法(如在高空管架和塔顶发生中毒时):从走廊或爬梯上往下抬时,必须将患者的头部保护好,应采用脚在前头在后的方式;当用安全绳往下吊时,必须把安全绳悬挂稳固的支架上,用布带固定患者防止摔落,下面要有人接应。

特别提示:脊柱骨折者由于脊柱处于不稳定状态,搬运需要特别小心。无论紧急移动还是长距离搬运,都必须讲究体位和方式,否则会造成瘫痪甚至致命。不许用背负式和托、抱式,否则加重病情。

(2)采取适当方法进行紧急救护

迅速将患者移至空气新鲜处,松开衣领、紧身衣物、腰带及其他可妨碍呼吸的一切物品,取出口中假牙和异物,保持呼吸道畅通,有条件时给氧。注意保暖、静卧,若有呕吐则应侧卧,以防呕吐物吸入气管。同时,密切注意中病毒者的病情变化,如有呼吸、心跳停止者,应立即在现场进行人工呼吸和胸外心脏按压术,不要轻易放弃。但对氰化物等剧毒物质中毒者,不要进行口对口(鼻)人工呼吸。

皮肤接触强腐蚀性和易经皮肤吸收引起中毒的物质(脂溶性)时,要迅速脱去被污染的衣物,立即用大量流动清水或肥皂彻底清洗。清洗时,要注意头发、手足、指甲及皮肤皱褶处。冲洗时间不少于 15 min。但有一些遇水能发生化学反应的物质,如四氯化钛、石灰、电石等,则不能立即用水清洗,应先用布、纸或棉花将其去除后再用水清洗,以免加重损伤。此外,也可以用“中和剂”(弱酸性和弱碱性溶液)清洗。

眼睛受污染时,应用大量流动清水彻底冲洗。冲洗时应将眼睑提起,注意将结膜囊内的化学物质全部冲洗掉,同时要边冲洗边转动眼球。冲洗时间不少于 15 min。

口服中毒者,可按具体情况和现场条件,采用催吐、洗胃或导泻等方法去除毒物。在催吐前给患者饮水 500～600 mL(空胃不易引吐),然后用手指或钝物刺激舌根部和咽后壁,即可引起呕吐。催吐要反复数次,直至呕吐物纯为饮入的清水为止。如食入的为强酸、强碱等强腐蚀性物质，则不能催吐，可让其服用牛奶或蛋清解毒，保护胃黏膜，此外，食入石油产品或出现昏迷、抽搐、惊厥未控制前也不能催吐。

(3)迅速将患者送往就近医疗部门做进一步检查和治疗

在护送途中，应密切观察患者的呼吸、心跳、脉搏等生命体征，某些急救措施如输氧、人工心肺复苏术等亦不能中断。

4. 碰撞伤紧急救护

工作场所中，经常会发生碰撞，身体各部位出现碰伤、戳伤是常有的事，有时人们不太在意，如果有疼痛感或伤及筋骨，也需紧急处理：

轻度的碰伤，可马上冷却受伤部位，这样会舒服许多；

如果受伤部位是身体活动较多的部位，可能会造成内出血，应注意静养；

尽可能使受伤部位在一段时间内保护在高于心脏的位置，如果受伤部位不能动弹或不自然地弯曲，可能是脱臼或骨折，应立即去医院治疗；

如果是手指发生戳伤，千万不可拽拉，应先在伤痛部位包上布，用冰冷却 30 min，在垫板并和相邻手指用绷带缠上固定，尽快到医院治疗。

(1)手脚扭伤脱臼紧急救护

扭伤和脱臼都是由于关节受到过大力量冲击引起的。关节周围的组织断裂或拉长是扭伤，关节处于脱位状态是脱臼。不论是处于哪种状态，千万不可试图自己使关节复位或强行扭动受伤部位使其复原。

发生踝关节扭伤要静养，停止行走，尤其不要负重，同时可作如下处理：

①用冰袋或是盛放冰块的塑料袋放在毛巾上局部冷敷，可以减轻出血、肿胀；

②抬高下肢，患足最好垫高 2 cm；

③扭伤部位可外贴伤科药膏，并可内服七厘散、红药片、跌打丸等中成药；

④有陈旧性扭伤的患者，平时穿高腰鞋，以保护踝部；

⑤发生脱臼时，要用绷带和固定物固定受伤部位，到医院治疗，没有绷带和固定物时可用手绢、领带、长筒袜、撕开的衬衫、杂志、树枝、纸箱等替代。

(2)骨折紧急救护

骨骼因外伤发生完全断裂或不完全断裂叫骨折。骨折时，局部疼痛，活动时疼痛剧烈，局部有明显肿胀并出现明显变形。骨折的急救非常重要，应争取时间抢救生命，保护受伤肢体，防止加重损伤和伤口感染。出现骨折应采取如下措施：

①若伤口出血，应先止血，然后包扎，再进行骨折固定；

②固定伤骨可用木板、杂志、纸箱等作支撑物固定伤骨，不要试图自己扭动或复位。固定夹板应扶托整个伤肢，包括骨折断端的上下两个关节，这样才能保证骨折部位固定良好；

③固定时，应在骨突出处用棉花或布片等柔软物品垫好，以免磨破突出的骨折部位；

④固定骨折的绷带松紧应适度，并露出手指或脚趾尖，以便观察血液流通情况；

⑤立即送医院骨科治疗。

5. 外伤紧急救护

身体的某部位被切割或擦伤时，最重要的是止血，如果是小的割伤，出血不多，可用卫生纸稍加挤压，挤出少许被污染的血，再用创可贴或纱布包扎即可。如果切割伤口很深，流出的血是鲜红色且流得很急，甚至往外喷，可判断为动脉出血，必须把血管压住(压迫止血点)，即压住比伤口距离心脏更近部位的动脉(止血点)，才能止住血。

如果切割的器具不洁，简单进行创面处理后，要去医院注射破伤风预防针，同时注射抗生素，以防伤口感染。

如果手指或脚趾全部被切断，应马上用止血带扎紧受伤的手或脚，或用手指压迫受伤的部位止血。伤口用无菌纱布或清洁棉布包扎，断离的手指、脚趾也要用无菌纱布包扎，立即送医院进行手术。夏天，最好将断指（趾）放入冰桶内护送，但冰块不能直接接触断指（趾），以防冻伤，绝对禁止用水或任何药液浸泡，禁止做任何处理，以免破坏再植条件。

(1)穿刺伤紧急救护

穿刺伤是开放性损伤常见的一种，是由尖锐而细长的致伤物如铁钉、木刺等锐器穿入人体组织所致。穿刺伤由于物品直径小，往往被凝血块所堵塞，易被忽略，此外，穿刺伤因伤口深，引流不畅，容易发生感染，还会引起败血症或破伤风，所以无论发生多小的刺伤，也不要慌张地用指甲去拔异物，而应使有消过毒的小镊子等工具进行处理。

①小而浅的伤口，可将异物拔除，压迫伤口周围，使细菌和血一起流出，清洁伤口后垫上消毒纱布，用绷带缠好；

②刺伤伤口深、污染重者最易发生破伤风，一定要注射破伤风预防针；

③刺伤深，估计会伤及血管、神经和内脏时，刺入物不能随意拔除，要防止大出血等意外情况，应到医院治疗。

④穿刺伤较严重，肠管、网膜等脏器脱出，不应在现场复位，可由碗、盆等覆盖后包扎，急送医院；

⑤受伤后出血严重，如无人救护，伤者不要惊慌，四肢上的伤口可用干净的衣物、手帕、毛巾等加压包扎，到医院进一步处理。

(2)止血方法

直接压迫法：伤口脏污时，要用自来水等冲洗，在伤口处包上干净的布或用洗过的手紧紧压住，不可把卫生纸和脱脂棉直接包在伤口上，压住伤口，用绷带紧紧缠住，将伤口抬高到高于心脏的位置。

止血点压迫法：

①上臂动脉，用 4 个手指掐住上臂的肌肉并压向臂骨。

②大腿动脉，用手掌的根部压住大腿中央稍为偏上点的内侧。

③桡骨动脉，用 3 个手指压住靠近大拇指根部的地方。

第二节　触电事故现场急救

一、触电事故现场急救的意义与症状

1. 触电事故现场急救的意义

随着电气设备和家用电器的应用已越来越广，人们发生电击伤事故也相应增多。因此，触电的现场急救方法已是大家必须熟练掌握的急救技术。一旦事故发生后，在向医疗部门告急求援的同时，更多的人就能立即投入现场抢救，共同配合，进行急救。这对挽救生产现场触电人员的生命有着极为重要的意义。

现场抢救的宗旨是借助综合措施通过人工的方法使伤员迅速得到气体交换和重新形成血液循环，恢复全身组织细胞的氧供给，保护脑组织，继而恢复伤员的自动心跳和自动呼吸，把伤员从死亡状态拯救出来。

国内外一些统计资料指出，触电后一分钟开始救治者90%有良好的效果；触电时间六分钟开始抢救者，50%可能复苏成功；触电后12分钟再开始抢救，很少有救活的可能。可见，就地进行及时、正确的抢救，是触电急救成败的关键。处理得好，就能挽救许多触电者的生命。反之，那种不管实际情况，不采取任何抢救措施，只求将触电者送往医院或只等医务人员的到来的做法，只会丧失抢救时机，造成不可弥补的损失。

2. 触电事故伤员的病状

人员遭电击后，病情表现为三种状态：第一种是神志清醒，但感觉乏力、头昏、胸闷、心悸、出冷汗，甚至恶心呕吐；第二种是神志昏迷，但呼吸、心跳尚存在；第三种神志昏迷，呈全身性电休克所致的假

死状态，肌肉痉挛、呼吸窒息、心室颤动或心跳停止，伤员面色苍白、口唇发绀、瞳孔扩大、对光反应消失、脉搏消失、血压降低。这样的伤员必须立即在现场进行心肺复苏抢救，并同时向医院告急求救。

二、触电事故现场急救的步骤

触电急救必须分秒必争，立即就地进行抢救，并坚持不断地进行，同时及早与医疗部门联系，争取医务人员接替救治。在医务人员未接替救治前，不应放弃现场抢救，更不能只根据没有呼吸或脉搏擅自判定伤员死亡，放弃抢救。只有医生有权做出伤员死亡的诊断。

1. 脱离电源

触电急救的第一步是使触电者迅速脱离电源，因为电流对人体的作用时间越长，对生命的威胁越大。

(1)脱离低压电源的方法

脱离低压电源可用“拉”、“切”、“挑”、“拽”、“垫”五字来概括。

拉：指就近拉开电源开关。但应注意，普通的电灯开关只能断开一根导线，有时由于安装不符合标准，可能只断开零线，而不能断开电源，人身触及的导线仍然带电，不能认为已切断电源。

切：当电源开关距触电现场较远，或断开电源有困难，可用带有绝缘柄的工具切断电源线。切断时应防止带电导线断落触及其他人。

挑：当导线搭落在触电者身上或压在身下时，可用干燥的木棒、竹竿等挑开导线，或用干燥的绝缘绳套拉导线或触电者，使触电者脱离电源。

拽：救护人员可戴上手套或在手上包缠干燥的衣物等绝缘物品拖拽触电者，使之脱离电源。如果触电者的衣物是干燥的，又没有紧缠在身上，不至于使救护人直接触及触电者的身体时，救护人才可用一只手抓住触电者的衣物，将其拉开脱离电源。

垫：如果触电者由于痉挛，手指紧握导线或导线缠在身上，可先用干燥的木板塞进触电者的身下，使其与地绝缘，然后再采取其他办法切断电源。

(2)脱离高压电源的方法

由于电源的电压等级高,一般绝缘物品不能保证救护人员的安全,而且高压电源开关一般距现场较远,不便拉闸。因此,使触电者脱离高压电源的方法与脱离低压电源的方法有所不同。

①立即电话通知有关部门拉闸停电;

②如果电源开关离触电现场不太远,可戴上绝缘手套,穿上绝缘鞋,使用相应电压等级的绝缘工具,拉开高压跌落式熔断器或高压断路器;

③抛掷裸金属软导线,使线路短路,迫使继电保护装置动作,切断电源,但应保证抛掷的导线不触及触电者和其他人。

(3)注意事项

①应防止触电者脱离电源后可能出现的摔伤事故;

②未采取绝缘措施前,救护人不得直接接触触电者的皮肤和潮湿衣服;

③救护人不得使用金属和其他潮湿的物品作为救护工具;

④为使触电者与导电体解脱,最好用一只手进行,以防救护人触电;

⑤夜间发生触电事故时,应解决临时照明问题,以利救护。

2. 现场的简单诊断

在解脱电源后,伤员往往处于昏迷状态,全身各组织严重缺氧,生命垂危,所以,这时不能用整套常规方法进行系统检查,而只能用简单有效的方法尽快对心跳、呼吸与瞳孔的情况作一判断,以确定伤员是否假死。

简单诊断的方法有三。一是观察伤员是否还存在呼吸。可用手或纤维毛放在伤员鼻孔前,感受和观察是否有气体流动;同时,观察伤员的胸廓和腹部是否存在上下移动的呼吸运动。二是检查伤员是否还存在心跳。可直接在心前区听是否有心跳的心音,或摸颈动脉、肱动脉是否搏动。三是看一看瞳孔是否扩大。人的瞳孔受大脑控制，在正常情况下，瞳孔的大小可随外界光线的强弱变化而自动调节，使进入眼内的光线适中，在假死状态中，大脑细胞严重缺氧，机体处于死亡边缘，整个调节系统失去了作用，瞳孔便自行扩大，并且对光线强弱变化也不起反应。这样诊断的结果，为采取对症措施提供了依据。

3. 现场救护

触电者脱离电源后，应立即就近移至干燥通风处，再根据情况迅速进行现场救护，同时应通知医务人员到现场。

(1)根据触电者受伤害的轻重程度，现场救护可以按以下办法进行：

①触电者所受伤害不太严重：如触电者神智清醒，只是有些心慌、四肢发麻、全身无力，一度昏迷，但未失去知觉，可让触电者静卧休息，并严密观察，同时请医生前来或送医院救治。

②触电者所受伤害较严重：触电者无知觉、无呼吸，但心脏有跳动，应立即进行人工呼吸；如有呼吸，但心脏跳动停止，则应立即采用胸外心脏按压法进行救治。

③触电者所受伤害很严重：触电者心脏和呼吸都已停止，瞳孔放大、失去知觉，应立即按心肺复苏法（通畅气道、人工呼吸、胸外心脏按压），正确进行就地抢救。

(2)注意事项

①救护人员应在确认触电者已与电源隔离，且救护人员本身所涉环境安全距离内无危险电源时，方能接触伤员进行抢救。

②在抢救过程中，不要为方便而随意移动伤员，如确需移动，应使伤员平躺在担架上并在其背部垫以平硬阔木板，不可让伤员身体蜷曲着进行搬运。移动过程中应继续抢救。

③任何药物都不能代替人工呼吸和胸外心脏按压，对触电者用药或注射针剂，应由有经验的医生诊断确定，慎重使用。

④在抢救过程中，要每隔数分钟再判定一次，每次判定时间均不得超过5—7秒。做人工呼吸要有耐心，尽可能坚持抢救4小时以上，直到把人救活，或者一直抢救到确诊死亡时为止；如需送医院抢救，在途中也不能中断急救措施。

⑤在医务人员未接替抢救前，现场救护人员不得放弃现场抢救，只有医生有权做出伤员死亡的诊断。

第三节　烧（烫）伤现场急救

烧伤是指各种热力、化学物质、电流及放射线等作用于人体后造成的特殊损伤，重者可危及生命，而有幸保住生命者往往遗留下严重的瘢痕和残疾。常见的有生活中开水烫伤、热油灼伤、电击烧伤等。

烧伤引起的严重后果尤其要注意的是面部烧伤、呼吸道烧伤、手烧伤、化学性眼烧伤。面部和手烧伤对功能和外形影响最大，而呼吸道烧伤对生命的威胁最大。化学烧伤最严重的后果是眼烧伤，处理不当，极易造成失明。还有一些人不了解烧（烫）伤的急救知识，例如在被开水烫伤后，应该先用冷水冲洗冷却伤口处，再剪掉衣服，如果立刻把穿着的衣服脱下来，使烫伤处的水疱皮一同撕脱，造成伤口创面暴露，增加感染机会。因此，烧伤的早期正确的现场救护对降低死亡率和伤残率有十分重要的意义。

1. 烧伤严重程度

决定烧伤严重程度的主要因素是烧伤面积占体表面积的百分比及烧伤的深度。而对于儿童和老年人，即使烧伤面积和烧伤深度与年轻人相似，而就伤情来讲也比年轻人严重得多。

（1）烧伤深度的判断

一般用“三度四分法”，即：Ⅰ度、Ⅱ度、深Ⅱ度、Ⅲ度烧伤；帮助记忆的口诀是“Ⅰ度红，Ⅱ度泡，Ⅲ度皮肤变焦炭”。

(2)用手掌法估计较小面积的烧伤

手掌法:病人手掌展开,一手掌大的面积相当于本人体表面积的1%。

烧伤严重程度的划分:

轻度烧伤——烧伤面积在10%以下,小儿为5%,且为Ⅱ度烧伤;

中度烧伤——Ⅱ度烧伤面积11%～30%或者Ⅲ度烧伤在10%以下,小儿减半。

重度烧伤——Ⅱ度烧伤面积在31%～50%或者Ⅲ度烧伤11%～20%,小儿减半;烧伤总面积在30%以下,但是出现中、重度呼吸道烧伤或休克、化学物中毒。

(3)如何判断呼吸道烧伤

面部有烧伤、鼻毛烧焦、鼻前庭烧伤、咽部肿胀、咽部或痰中可有炭末、声音嘶哑,早期肺部出现广泛干鸣音,重者发生呼吸困难、窒息。

2. 烧伤现场急救

(1)一般烧伤处理

轻度烧伤尤其是生活因素引起的肢体烧伤,应立即用清水冲洗或将患肢浸泡在冷水中10～20 min,如不方便浸泡,还可用湿毛巾或布单盖在局部,然后浇冷水,目的是使伤处尽快冷却降温,减轻热力的损伤。化学物质造成的烧伤尤其要彻底冲洗,防止化学物质的损害。穿着衣服的部位烧伤严重,不要先脱衣服,应立即朝衣服上面浇冷水,待衣服局部温度快速下降后再轻轻脱衣服或用剪刀剪开褪去衣物。

一般Ⅱ度烧伤伤处已有水疱形成,小的水疱不要弄破,大的水疱应到医院处理或可用消毒过的针(酒精消毒或用火烧过的针)刺小孔排出疱内液体,以免影响创面修复,增加感染机会。烧伤创面一般不做特殊处理,只需保持创面及周围皮肤清洁即可。较大面积烧伤用清水冲洗清洁后最好用干净纱布或布单覆盖创面,伤后4 h内送医院治疗。

(2)火灾引起的烧伤

在现场应立即脱去着火的衣物，用水浇灭火焰或迅速卧倒在地滚压灭火。切忌带火奔跑、呼喊，以免导致呼吸道烧伤或使得火借风势，越烧越旺。还要记住用湿毛巾捂住口鼻，防止烟雾吸入导致窒息或中毒。

(3)酸碱特殊烧伤的现场急救

①强酸烧伤

强酸包括硫酸、盐酸、硝酸。

发生烧伤的意外情况有：故意用强酸喷洒他人伤害对方，严重伤及面部和眼睛；误服或自服强酸液体，伤及口腔和消化道；发生吸入性中毒，导致呼吸道烧伤。

强酸烧伤的表现：吸入性中毒出现呛咳、咳血性泡沫痰、胸闷、流泪、呼吸困难、肺水肿；皮肤和眼烧伤部位呈灰白、黄褐或棕黑色，局部剧痛；误服强酸液体后上腹部剧痛、呕吐大量褐色物及食道、胃黏膜碎片，严重者发生胃穿孔或腹膜炎。

强酸烧伤的现场急救要点：

吸入烧伤要注意保持呼吸道通畅，可用2%～4%碳酸氢钠雾化吸入；眼部烧伤至少用清水冲洗20 min以上；皮肤烧伤可用4%碳酸氢钠冲洗或湿敷。

②强碱烧伤

强碱包括氢氧化钠、氢氧化钾、氧化钾等。

强碱烧伤的表现：与强酸烧伤的表现相似。皮肤和眼烧伤部位开始为白色，后变为红色、棕黑色，并形成溃疡，局部剧痛；误服强碱后上腹部剧痛、呕吐大量褐色物及食道、胃黏膜碎片，严重者发生胃穿孔或腹膜炎；吸入性中毒出现呛咳、呼吸困难、喉头水肿、肺水肿。

强碱烧伤的现场急救要点：

大量清水彻底冲洗创面或眼部，直到皂样物质消失为止；

皮肤烧伤可用食醋或2%醋酸冲洗或湿敷，禁止用酸性物质冲洗眼内，可在清水冲洗后点眼药水；

误服强碱后，立即口服食醋、柠檬以中和，也可口服牛奶、蛋清、豆浆、食用植物油任一种，每次 200 mL，保护消化道黏膜，严禁催吐或洗胃。

严重烧伤早期应注意给伤员补充液体，防止休克。伤员如口渴，最好口服烧伤饮料、含盐饮料，少量多次饮用。不要单纯喝白水、糖水，更不可一次饮水过多。

第四节　中暑现场急救

中暑是指人体在高温或烈日下，体温调节功能紊乱、散热机能发生障碍，致使热能积累所致的以高热、无汗及中枢神经系统症状为主的综合征。中暑多见于热带及亚热带地区，温带地区在遭遇严重的热浪袭击时，可引起大量不适人群受累。据研究表明，当日最高气温大于 31℃时，便可有中暑发生。在我国，中暑多见于南方地区的夏季，老年人多见。人群分布上多见于在炎热天气下从事体力劳动的人、参加大型体育竞赛和军事训练的人；另外，长途旅行的人也多见。随着全球气候变暖，已经习惯于人工恒温环境生活工作的人们，由于普遍面临机体耐热能力的下降，日常生活中，中暑的发生率有呈逐渐升高的趋势。据不完全资料统计，中暑的病死率可高达 20%～70%，所以在炎热的夏季，人们更需积极防治中暑。

一、中暑症状

1. 先兆中暑

病人常常感到大量出汗、头晕、眼花、无力、恶心、心慌、气短、注意力不集中、定向力障碍，体温常常小于 37.5℃。在离开高温作业环境进入阴凉通风的环境时，短时即可恢复正常。

2. 轻症中暑

病人除有先兆症状外，有的表现为体温升高至38℃以上，皮肤灼热、面色潮红；面色苍白、呕吐、皮肤湿冷、脉搏细弱、血压下降等周围循环衰竭的表现，通常休息后体温可在4小时内恢复正常。

3. 重症中暑

上述症状进一步加重。中暑衰竭主要表现为皮肤苍白、出冷汗、肢体软弱无力，脉细速、血压下降（收缩压降至80 mmHg以下）、呼吸浅快、体温正常或变化较小、意识模糊或昏厥。中暑高热主要表现为高热，体温高达40℃以上，伴有晕厥、皮肤干燥灼热、头痛、恶心、全身乏力、脉快、神志模糊，严重时引起脏器损害而死亡。

二、中暑的现场急救措施

(1)搬移：迅速将患者抬到通风、阴凉、干爽的地方，使其平卧并解开衣扣，松开或脱去衣服，如衣服被汗水湿透应更换衣服。

(2)降温：患者头部可捂上冷毛巾，可用50%酒精、白酒、冰水或冷水进行全身擦浴，然后扇风，加速散热，有条件的也可用降温毯给予降温，但不要快速降低患者体温，当体温降至38℃以下时，要停止一切冷敷等强降温措施。

(3)补水：患者仍有意识时，可给一些清凉饮料，在补充水分时，可加入少量盐或小苏打，但千万不可急于补充大量水分，否则，会引起呕吐、腹痛、恶心等症状。

(4)促醒：病人若已失去知觉，可指掐人中、合谷等穴，使其苏醒。若呼吸停止，应立即实施人工呼吸。

(5)转送：对于重症中暑病人，必须立即送医院诊治。搬运病人时，应用担架运送，不可使患者步行，同时运送途中要注意，尽可能地用冰袋敷于病人额头、枕后、胸口、肘窝及大腿根部，积极进行物理降温，以保护大脑、心肺等重要脏器。

三、中暑的预防

(1)躲避烈日:尤其应避免上午10点到下午16点这段时间在烈日下行走,因为这个时间段发生中暑的可能性是平时的10倍！尤其老年人、孕妇、有慢性疾病的人,特别是有心血管疾病的人,在高温季节要尽可能地减少外出。

(2)遮光防护:如打遮阳伞,戴遮阳帽、太阳镜,涂抹防晒霜,准备充足的饮料。需要提醒的是,即便是身体强健的男士,也应做好上述防护措施,至少应该打一把遮阳伞。

(3)补充水分:养成良好的饮水习惯,通常最佳饮水时间是晨起后、上午10时、下午3～4时、晚上就寝前,分别饮1～2杯白开水或含盐饮料(水2～5 L加盐20 g)。不要等口渴了才喝水,因为口渴表示身体已经缺水了。平时要注意多吃新鲜蔬菜和水果亦可补充水分。

(4)充足睡眠:夏天日长夜短,容易感到疲劳。充足的睡眠,可使大脑和身体各系统都得到放松,既利于工作和学习,也是预防中暑的好措施。

(5)增强营养:营养膳食应是高热量、高蛋白、高维生素A、B1、B2和C。平时可多吃番茄汤、绿豆汤、豆浆、酸梅汤等。

(6)备防暑药:随身携带防暑药物,如人丹、十滴水、藿香正气水、清凉油、无极丹等,一旦出现中暑症状就可服用所带药品缓解病情。

(7)适时查体:提倡每年暑期来临前行健康体检。凡发现有心血管系统器质性疾病、持久性高血压、溃疡病、活动性肺结核、肺气肿、肝肾疾病、甲状腺功能亢进、中枢神经系统器质性疾病、重病后恢复期及体弱者,要增强防护意识,不宜从事高温作业。

第七章　交通运输与物流仓储典型生产安全事故案例

第一节　“4·28”胶济铁路特别重大交通事故

一、事故概况

2008年4月28日，百年胶济铁路发生一场悲剧：当日凌晨4时41分，北京至青岛的T195次列车下行到胶济线周村至王村区间时，客车尾部第9节至第17节车厢脱轨，与上行的烟台至徐州的5034次旅客列车相撞，致使机车和五节车厢脱轨，造成重大人员伤亡。这场灾难夺去72人的生命，另外还有416人受伤。

二、事故发生经过

1. 事故相关情况

发生火车相撞的胶济铁路，全长384千米，是连接济南、青岛两大城市，横贯山东的运输大动脉，也是青岛、烟台等港口的重要通道，长期以来客货混跑，非常繁忙。

“4·28”胶济铁路特别重大交通事故发生时，5034次列车上有乘客1620人，乘务员44人；T195次列车上有乘客1231人，乘务员35人。

2. 事故发生经过

4 月 28 日事故发生之日，恰恰为胶济铁路线因施工调整列车运行图的第一天。4 月 23 日，济南局印发 154 号文件《关于实行胶济线施工调整列车运行图的通知》，定于 4 天后的 4 月 28 日 0 时开始执行。这份文件要求事故发生地段限速 80 km/h。不过，济南局如此重要的文件，只是在局网上发布，对外局及相关单位以普通信件的方式传递，而且把北京机务段作为了抄送单位。按惯例，北京局应作为受文单位，此类公文应由受文单位逐级传达至运输处、调度所，再传达到各相关的机务段、车辆段。然而，在 154 号文下发三天之后，即 4 月 26 日，济南局却又发布 4158 号调度命令，要求取消多处限速，其中正包括王村至周村东间路线（事故发生地）的限速命令。北京机务段的执行人员没有看到 154 号文件，相反看到了 4158 号调度命令，于是，删除了已经写入运行监控器的限速指令 80 km/h。

4 月 28 日午夜 1 时多，路过王村的 2245 次列车发现，现场临时限速标志（80）和运行监控器数据（不限）不符，随即向济南铁路局反映。济南铁路局在 4 时 2 分补发出 4444 号调度命令：在 k293＋780 至 k290＋784 之间，限速 80 km/h。按照常规，此调度命令通知到铁路站点，然后由值班人员用无线对讲机通知司机，两者的通话会被录音，并记入列车“黑匣子”。但致命的是，这个序列为 4444 号的命令，却被车站值班人员漏发，而王村站值班员对最新临时限速命令未与 T195 次司机进行确认，也未认真执行车机联控，T195 次列车司机最终没有收到这条救命令，只能依靠 T195 司机的肉眼观察发现 80 km/h限速牌，然后对列车限速，但司机显然没有注意到一闪而过的限速牌。机车乘务员没有认真瞭望，失去了防止事故发生的最后时机。

山东淄博王村镇和尚村与事故现场隔着一片麦子地。胶济铁路在村子的东北面有一个接近 90°的转弯，从转弯处往西，中铁二十局正在施工建设的胶济客运专线大尚特大双线立交桥正在进行桥墩建设。事故就发生在拐弯处。

4月28日凌晨4时41分，由北京开往青岛四方的T195次客车通过胶济铁路王村站后，在K289＋610处客车车尾前9—17节车厢突然发生脱线、颠覆，而此时一列由烟台开往徐州的5034次客车在会车时与T195次列车相撞，5034次客车机后1—5节车厢及机车脱线、颠覆。

3. 救援情况

“4·28”胶济铁路特别重大交通安全事故发生后，济南铁路局发布紧急救援命令，出动救援。山东省政府立即启动应急预案，组织力量进行救援。

事故发生后，淄博市启动了34家救助站，130辆次救护车，在现场救治的医疗专家、医护人员有700多人，共有19家医院收治伤员400多人。

经全力抢修，胶济铁路受损铁轨已连接完成，恢复通车条件已基本具备。28日19时45分，一列10多节满载石子的货车缓缓驶上了中断线路。

三、事故原因分析

1. 现场查勘

4月28日，事故调查人员对事故进行了现场查勘。从北京至青岛的T195次列车有9节车厢脱轨，而与其发生碰撞的5034次从烟台至徐州的火车，则有5节车厢脱轨。T195次列车的第9节至第17节车厢脱轨，滑下五六米高的路基，侧翻在地，滚到一个小山坡下边。5034次列车上有乘客1620人，乘务员44人；T195次列车上有乘客1231人，乘务员35人。T195接近尾部的14—16节车厢乘客伤亡最惨重，16号硬卧车厢被拦腰截断，这几节车厢多数是软卧与硬卧车厢。本次事故列车是电力机车，事发后并未发生火灾或爆炸等,死者是由于列车相撞时冲击力过大致死。事故现场 648 米铁路轨道损毁,大部分牵引供电设备破坏,另外,现场还散落着一些被褥、暖瓶等物品,其中部分被褥上沾有血迹,部分车厢严重变形。

通过现场查勘及询问,总体情况如下:

(1)路基情况:胶济铁路存在路基不稳定情况;

(2)线路运行状况:在运行过程中存在不符合标准情况,超速行为很明显;

(3)机车技术状况:列车在发车前状况良好,并无非正常状态下运行情况;

(4)铁路运输调度指令下达情况:通过现场询问及调查,事故发生过程中存在违章指挥、下达错误指令或漏下指令的情况;

(5)铁路信号显示情况:限速牌显示状态良好,并不存在错误显示、信号失效的情况;

(6)机车司机驾驶工作情况:T195 次列车司机在驾驶过程中,由于没有认真瞭望,没能发现到限速牌,导致了事故的发生;5034 次列车司机在发现 T195 次列车脱轨后曾经紧急刹车;

(7)铁路安全规章制度建设情况:济南铁路局在五天的时间里连发三道命令,从限制速度到解除限速,随后又再次限速,充分说明了济南铁路局工作人员不负责任;

(8)列车损毁情况:T195 次列车 9 节车厢脱轨,5034 次列车 5 节车厢脱轨。

2. 事故发生时间分析

通过查看 T195 次列车运行监控记录装置的记录,T195 次列车是在凌晨 4 时 38 分停止行驶,可以确定 T195 次列车是在凌晨 4 时 38 分脱轨、颠覆。通过查看 5034 次列车运行监控记录装置的记录,5034 次列车是在凌晨 4 时 41 分停止行驶,可以确定 5034 次列车是在凌晨 4 时 41 分与 T195 次列车发生碰撞。由此可以确定事故发生在 2008 年 4 月 28 日凌晨 4 时 41 分。

3. 事故发生地点分析

通过到现场查勘，T195 次列车是行驶到胶济线周村至王村区间时，在 K289＋610 处客车尾部第 9 节至第 17 节车厢脱轨，与上行的烟台至徐州的 5034 次旅客列车相撞。

4. 事故原因分析

(1)每小时超速 51 km

北京至青岛的 T195 次列车严重超速，在本应限速 80 km/h 的路段，实际时速居然达到了 131 km/h。通过调阅 T195 次列车运行记录监控装置数据，该列车实际运行速度每小时超速 51 km/h，这是导致“4・28”胶济铁路特别重大交通事故发生的直接原因。

(2)调度命令传递混乱

济南铁路局 4 月 23 日印发了《关于实行胶济线施工调整列车运行图的通知》，其中含对该路段限速 80 km 的内容。这一重要文件距离实施时间 28 日零时仅有 4 天，却在局网上发布。对外局及相关单位以普通信件的方式传递，而且把北京机务段作为了抄送单位。这一文件发布后，在没有确认有关单位是否收到的情况下，4 月 26 日济南局又发布了一个调度命令，取消了多处限速命令，其中包括事故发生段。

4 月 23 日致 4 月 28 日的整个过程中，列车调度员对“胶济线施工路段临时限速”的命令传达存在玩忽职守，从 23 号到 28 号，济南铁路局在大约五天的时间里连发三道命令，从限制速度到解除限速，随后又再次限速，这样混乱和频繁地更改真是让人头昏脑涨，以致命令最终未能传达到 T195 次机车乘务员。

(3)漏发调度命令

济南局列车调度员在接到有关列车司机反映现场临时限速与运行监控器数据不符时，4 月 28 日 4 时 02 分济南局补发了该段限速每小时 80 km 的调度命令，但该命令没有发给 T195 次机车乘务员，漏发了调度命令。而王村站值班员对最新临时限速命令未与T195次司机进行确认，也未认真执行车机联控。

(4)T195次列车司机没有认真瞭望

T195次列车司机在时速131 km的列车上没有看到插在路边的直径为约30 cm的黄底黑字“临时限速牌”，从而失去了防止事故的最后时机。

(5)事发线路是一条呈“S”形的临时线路

为了实现客货分运，并进一步提高客车运行速度，2006年投入使用的新胶济线王村段需修一座铁路桥，以便将货运线分出。施工期间，为了保证火车正常运行，旁边修了一段临时线路。“4·28”事故发生地，恰为临时线路与原线路东侧交会处。这段仅有1.5 km左右的临时线路，却有两个圆弧，呈现出一个巨大的“S”形。

(6)临时线路的工程质量不过关

由于在主线建好之后，临时线注定将会废弃，地方铁路部门为了避免浪费，往往很注意节省成本，从而影响到施工质量。修临时线的费用，很大一部分并非来自上级拨款，而是由地方铁路局自筹(主要来自于铁路维修费用)，这样进一步影响临时线路的工程质量。

四、事故损失及赔偿

1. 损失情况

北京至青岛的T195次客车尾部第9节至第17节车厢脱线、颠覆，由烟台开往徐州的5034次客车机后1—3位及机车脱线、颠覆。这场灾难已夺去72人的生命，另外还有416人受伤，其中包括4名法国旅客。事故现场648米铁路轨道损毁，大部分牵引供电设备破坏。

每节硬座车厢、软座车厢、硬卧车厢和软卧车厢的造价分别为300万元、400万元、600万元和800万元。T195次列车中有5节硬卧车厢和4节软卧车厢，5034次列车中有5节硬座车厢，共14节车厢,共计为7 700万元人民币。由于车厢损坏过于严重,并不能恢复使用,属于全损。考虑每节车厢的例如钢材等残值的处理,每节车厢残值为20万元人民币,共计为280万元人民币,扣除残值车厢合计损失为7 420万元人民币。

5034次客车车头造价为1 000万元人民币。由于车头损坏过于严重,且不能恢复使用,属于全损。考虑每个车头的残值处理,车头残值为50万元人民币,车厢损失为950万元人民币。

铁路轨道受损路段长度为648 m,但主要是两端铁轨相接触处断裂,所以在维修过程中只需要维修人员的人力费用及工作设备如吊车等其他费用。估计损失为50万元人民币。

沿途1 km牵引供电设备破坏,每千米牵引供电设备造价为200万元人民币,共计为200万元人民币。由于受损牵引供电设备损毁严重,且不能重复使用,属于全损。考虑牵引供电设备残值的处理,每千米牵引供电设备残值为10万元人民币,共计为10万元人民币,车厢损失为190万元人民币。

另外在进行损失计算时还需考虑由于此路段在修复过程中,22小时不能运营所带来的间接经济损失。

2. 赔偿情况

"4·28"胶济铁路事故伤亡人员中,已确认保险公司客户为124人,其中死亡31人,受伤93人。目前单笔最高赔付额是50万元,预估赔付金额约为561.07万元,目前已支付保险赔款93.5万元。在预估赔付金额中,死亡赔付约245万元,重大疾病、意外伤残及医疗费用赔付约为316.07万元。

根据目前规定,对于没有购买商业保险的旅客,每一张火车票的票价中已经包含了2%的强制性意外伤害保险费,其最高赔偿额不超过2万元。此外,据《铁路交通事故应急救援和调查处理条例》的规定,人身伤亡和自带行李损失的赔偿责任限额分别为15万元和2000元。也就是说,除了旅客自已从商业保险公司购买保险外,一名旅客如果死亡最多只能获得17.2万元的赔偿。

五、结论及建议

1. 教训

这个重特大交通事故纯属人为责任事故，暴露了原铁道部日常管理上的软肋，总结其血的教训：

(1)这些年原铁道部为显露政绩，片面抓提速，列车时速由每小时80 km提到近200 km，而铁路基础设施建设滞后，很多线路上道岔、弯道改造不足。T195次客车属快速动车，时速都在150 km以上，而胶济铁路始建于1904年，现在技术改造不足，长年客货混运，出事故的弯道处限速只有80 km，当时的客车时速131 km，由于客车超速，在拐弯处由于离心力作用，造成列车后半部分9—17节车厢侧翻而颠覆。

(2)现在是信息时代，移动通信这么发达，T195列车出事故后，司乘人员为什么不及时通知前方站调度转告对开列车司机，注意瞭望和减速，如果这一切都在快速反应之中，本可降低事故损失程度，可见原铁道部的通信联络系统建设和指挥存在问题。

(3)我国铁路建设明显滞后于全国的经济发展，改革开放30年，我国经济总量提高了14倍，而铁路长度增长不足一倍，只有7.8万km，铁路总长只是美国的五分之一，俄罗斯的二分之一，铁路建设满足不了经济发展的需求。2008年春南方冰雪灾害造成广州20万旅客滞留，几大电厂煤炭运输告急，暴露了铁路运输的瓶颈束缚。

(4)造成如此重大伤亡的事故，根据已经确认的124名保险公司客户计算，人均保险赔偿仅4.5万多元。更可怕的是，目前已经确认的投保人数仅为伤亡人数的1/4左右，凸显了我国商业保险在铁路方面的不足。

2. 建议

铁路系统应建立起五大体系来保障提速后铁路运行的安全。这五大体系应包括：

(1)检测监控体系。对主要行车设备运行状况实施动态检测；采取人机结合的方式，对提速区段线路封闭情况和沿线治安状况实施动态监控；采用路地结合的防灾系统，对提速区段气候变化情况实施有效监控。

(2)设备维修体系。铁路部门应制定科学的行车设备维修标准，装备具有世界先进水平的线路和接触网检修设备，建成现代化的动车组和大功率机车检修基地，确保设备质量状态良好。

(3)规章制度体系。从 2007 年“4·18”开始，铁路内部所有与提速相关的单位、部门，都应按照时速 200 km 及其以上的提速需要，建立起包括提速安全责任、分析、检查、考核制度等在内的一整套确保提速安全管理办法。

(4)应急预案体系。铁路部门应及早建立相应应急预案体系，保证在事故发生后第一时间做出反应，以减少损失。

(5)建设安全防护体系。在建造铁路设施等基础设施的时候应完全按照规定进行施工，不能有偷工减料等行为发生，并做好质量监督工作，保证铁路运行的安全。

第二节 “大舜号”海难

一、事故经过

“大舜号”轮船排水量近万吨，属于山东省烟大轮船有限公司，是客货混装船，即船的下部装载渡海的汽车和货物，上部是客舱；该船在日本已经服役 5 年，是烟大公司 1998 年购进的，专用于烟台至大连航线。

1999年11月24日13时30分，载有304人，汽车61辆的“大舜号”驶离烟台港；

16时20分，因风大浪急，停在“大舜”轮底舱的汽车挣断加固链，互相碰撞，轮船后甲板起火；

17时10分，“烟救”13号拖轮驶向出事水域，但因浪大，无法靠近；

19时30分，海军驻烟某部出动5艘舰艇出海营救，救起12名落水者；

22时30分，“大舜号”船舱进水；

23时38分，山东烟大轮船轮渡有限公司“大舜号”混装船从烟台驶往大连途中在烟台附近海域倾覆，经历了近十个小时的燃烧和漂泊后，在离海岸约七海里的茫茫夜海中沉没，304名乘客和船员仅有22人生还，282人遇难，直接经济损失9000万元，发生了新中国成立以来最大的一次海难事故，被称为“中国的泰坦尼克号”。

海难发生时，有关方面进行了全力救援。部队、武警和当地政府出动数千人，大马力渔船、救捞船、海军舰只17艘，在出事海域援救落水人员，附近16个村庄的5000多名村民沿海岸线搜救。事故发生后，国务院成立了“11・24”特大海难事故调查处理领导小组。

二、事故原因

事故主要是由于在恶劣的天气下，“大舜号”没有充分的准备，没有做好车辆、货物的绑扎等应急措施引起的。船上61辆车存在紧固不好的情况，有的车用一两根链条加固，在船左右摇摆的过程中，车、货必然会产生碰撞。船上的车加固不牢，在船左右摇摆的情况下，燃油漏出，加固链拉断，车与车相撞产生火星，也不排除电缆漏电，遇油燃烧起火。车辆碰撞是发生火灾的直接原因。

另外，“大舜号”船长操作失误，烟大公司对安全工作重视不够，安全管理存在漏洞，施救手段落后等原因也是导致事故的重要原因。“大舜号”船长调整航向时船舶横风横浪行驶，船体大角度横摇。由于船载车辆系固不良，产生碰撞，致使起火，船机失灵。在灾难行将降临之时，船长也没有宣布弃船，更没把船舱里的人叫到甲板上，船翻沉使大多数人扣在了船舱里，而被救的22人，都是船翻沉时在甲板上被抛进了海里，被救援的船和岸边群众救起来的。烟大公司在安全与效益面前对安全工作重视不够，在烟大公司的会议记录中，多次出现车货混装绑扎不良导致一些事故隐患，但都没引起烟大公司的注意，就在这次海难之前40天，烟大公司的另一艘同类型轮船“盛鲁”号在大连附近海域翻沉，这次事故仍没能引起公司的重视，最终导致同样的海难事故再次发生，后果更加严重。

“大舜号”遇险后，烟大公司及时向当地海事部门、省市有关部门和交通部报告。当时海况下，除了“烟救”13号能出海，其他救援船连港口都出不去。这种情况下，直升机应该是救援效果最好的。当地领导也向有关方面请求给予支持，但在这种条件下，直升飞机性能不行，无法起飞。“大舜号”在距离岸边不远，又是白天呼救，大批救援船只已赶到现场的情况下，仍然沉没并造成大量人员死亡，暴露出了海上救援从管理到手段的落后。

三、事故处理

事故调查结果最终认定，“11·24”特大海难事故是一起在恶劣的气象和海况条件下，船长决策和指挥失误，船舶操纵和操作不当，船载车辆超载、系固不良而导致的重大责任事故。烟大公司等有关单位的安全管理存在严重问题，对这起事故负有重要责任。根据调查结果，有关责任人员受到严肃处理。烟大汽车轮渡股份有限公司总经理高峰、副总经理于传龙等4名责任人员被开除党籍、开除公职，并依法追究刑事责任；时任山东省省长李春亭、交通部部长黄镇东等13名领导干部和有关人员受到相应的纪律处分。

四、事故教训

事故发生后，山东省吸取事故教训，颁布了《山东省水路运输安全管理办法》，为了以“11·24”特大海难事故为鉴，决定把每年的11月24日作为全省“安全生产工作的警示日”，以吸取这起海难事故刻骨铭心的教训。此后，国家对海上救援体制进行了改革和规范，对救援力量进行充实和完善，提高了海上救援的水平。

第三节 道路交通黑火药爆炸特别重大事故

2005年3月17日凌晨4时，浙江省衢州市汽车运输集团有限公司浙H00517大型卧铺客车行至江西省梨温高速公路上饶境内路段48千米785米处，追尾碰撞前方同方向行驶载6吨黑火药的赣A24929货车（该车挂靠江西省银轮汽车租赁服务有限公司），引发爆炸，造成31人死亡（客车28人，货车3人），直接经济损失924.9万元。

一、基本情况

1. 肇事车辆情况

客车，浙H00517大型卧铺客车，检验有效期至2005年8月30日。车辆为浙江衢州汽车运输集团有限公司所有，实际承包人彭卸土。该车2005年3月14日从衢州出站门检车况正常。该车核载32人，事故发生时实际载客28人。

货车，赣A24929中型厢式货车，检验有效期至2005年9月30日。车辆为江西银轮汽车租赁服务有限公司所有，核定载货1.99吨，实际载货6吨，驾驶室乘坐3人。

2. 肇事车驾驶人情况

客车驾驶人2人：

蒋耀福，浙H00517客车驾驶人，男，1960年3月生。驾驶证号：330802600320241。准驾车型：A1、A2。初次领证日期：1989年9月20日。陈建平，浙H00517客车驾驶人，男，1964年5月生。驾驶证号：330821640506601。准驾车型：A1、A2。初次领证日期：1986年10月30日。

货车驾驶人1人：

彭庆令，赣A24929货车驾驶人，男，1964年11月生。驾驶证号：362222641102213，准驾车型：A1、A2。初次领证日期：1987年6月10日。

3. 事故涉及单位情况

湖南省浏阳市七宝山烟花材料厂为村属企业，生产烟花爆竹原材料黑火药，年产量260余吨，产值约150万元。该企业持有浏阳市公安局核发的《民用爆炸物品安全生产许可证》、《民用爆炸物品销售许可证》、浏阳市工商局核发的《企业法人营业执照》，事故发生时以上证照均在有效期内。

浙江省温州市苍南县平等烟花爆竹厂为股份制企业，产品主要为地面和手持喷花类烟花。2005年2月完成了安全评价工作，已进入换发生产许可证的申报阶段。2005年3月17日事故发生后该厂被关闭。

江西省南昌市银轮汽车租赁服务有限公司为中外合资企业，有《道路运输经营许可证》，经营范围为道路普通货物运输。肇事车辆赣A24929号货车挂靠该公司。

浙江省衢州市汽车运输集团有限公司为股份制企业，有交通部核发的二级客运资质企业，主要经营客运业务。肇事车辆浙H00517客车系该公司所有。

二、事故原因

1. 事故的直接原因

浙 H00517 客车驾驶人夜间及雨天在高速公路上驾驶车辆未减速行驶，且未与同车道前方车辆保持安全行车间距，正向偏右追尾碰撞赣 A24929 货车尾部引起爆炸。赣 A24929 货车严重超载，违法载运爆炸物品，未悬挂警示标志，在高速公路上未按规定车道行驶。湖南省浏阳市七宝山烟花材料厂技术厂长赖运文、会计谢树达、浙江省温州市苍南县平等烟花爆竹厂股东周科生非法买卖、运输黑火药是造成事故严重后果的重要原因。

2. 事故的主要原因

(1)湖南省浏阳市七宝山烟花材料厂违反《民用爆炸物品管理条例》，违法销售黑火药。七宝山烟花材料厂主管销售会计谢树达主动联系温州市苍南县平等烟花爆竹厂股东周科生，在其未办理《爆炸物品购买证》的情况下为其购买黑火药，并未查验《爆炸物品购买证》即予发货。

(2)江西银轮汽车租赁服务有限公司忽视对挂靠车辆及驾驶员的安全管理，挂靠车辆超运输许可范围违法运输黑火药；浙江省衢州市汽车有限公司对司机安全教育不到位。

(3)湖南省浏阳市七宝山乡政府对烟花爆竹企业履行监管职责不到位，对辖区内存在违法销售黑火药的行为失察。

(4)湖南省浏阳市有关职能部门对危爆物品销售环节的监控不力，在购买方无有效购买手续的情况下，生产企业违法销售黑火药，致使此次道路交通事故后果扩大。

(5)江西省南昌市运管处对江西汽车租赁服务有限公司监督检查不严格，对已发现存在的安全隐患督促整改不到位，对被许可人从事行政许可事项监督不力。

三、对有关责任人员的处理

蒋耀福、谢树达、彭庆令3人已在事故中死亡，免予追究责任。

由司法机关处理2人：

(1)赖运文，湖南省浏阳市七宝山烟花材料厂技术厂长，犯危险物品肇事罪判处有期徒刑三年。

(2)周科生，浙江省苍南县平等烟花爆竹厂股东，犯非法买卖爆炸物罪判处有期徒刑十年，剥夺政治权利一年。

给予相应党纪、政纪处分9人：

(1)张江林，浏阳市七宝山乡安监站站长(行政事业干部，参照公务员管理)，对事故后果的扩大负有主要领导责任，给予行政降级处分。

(2)曾少新，浏阳市七宝山乡铁山村村民委员会主任，对事故后果的扩大负有主要领导责任，给予党内警告处分。

(3)张之俭，浏阳市七宝山乡党委副书记、纪委书记，对事故后果的扩大负有重要领导责任，给予党内警告处分。

(4)陈遐龄，浏阳市公安局危爆大队三中队中队长(正科级侦察员)，对事故后果的扩大负有重要领导责任，给予行政记过处分。

(5)刘广，浏阳市公安局副局长兼危爆大队大队长，对事故后果的扩大负有重要领导责任，给予行政记过处分。

(6)蔺传球，浏阳市安全生产监督管理局副局长，对事故后果的扩大负有重要领导责任，给予行政记过处分。

(7)王克平，南昌市运管处货运所副所长，对事故后果的扩大负有重要领导责任，给予行政记过处分。

(8)宋铭煌，南昌市运管处货运所副所长，对事故后果的扩大负有重要领导责任，给予行政警告处分。

(9)龚都昆，南昌市运管处副处长兼货运所所长(副科级)，对事故后果的扩大负有重要领导责任，给予行政警告处分。

四、对有关部门的处理

湖南、江西、浙江三省有关部门依法依规对相关生产经营、运输单位及其主要责任人给予行政、经济处罚。

企业主要负责人自受处分之日起，五年内不得担任任何生产经营单位的主要负责人。

责成浏阳市人民政府向长沙市人民政府作出书面检查。

第四节　“4·29”铁路行车特大事故

1997年4月29日10时48分，京广线湖南省境内荣家湾车站发生了324次旅客列车与818次旅客列车追尾冲突行车特大事故。

一、事故经过

1. 概况

1997年4月29日10时48分，昆明开往郑州的324次旅客列车行至京广线荣家湾站1453 km914 m处，与停在站内4道的818次旅客列车尾部冲突，造成324次旅客列车1至9号车厢颠覆，10至11号车厢脱轨；818次旅客列车15至17号车厢颠覆。

2. 经过

1997年4月29日，818次旅客列车（长沙——茶岭）全列编组17辆，总重901 t，由长沙机务段ND2型222号机车牵引，司机李睿、副司机李伟和长沙列车段运转车长罗建华担当值乘，长沙客运段担当客运乘务。列车于10时35分到达荣家湾站4道停车，计划待避客车324次。

324次旅客列车（昆明——郑州）全列编组17辆，总重882 t，由长沙机务段DF42520号机车牵引，司机李建文、副司机陈勇和长沙列车段运转车长谭列军担当值乘，郑州客运段担当客运乘务。列车10时42分通过黄秀桥车站后，荣家湾车站值班员曾海泉即布置信号员李满娟办理324次列车Ⅱ道出站信号。324次列车凭荣家湾车站进站信号机绿色灯光进站，行至12号道岔处，司机发现列车进路不对，立即采取紧急制动，停车不及，与停在站内4道的818次旅客列车尾部发生冲突。

二、现场勘察、鉴定及模拟试验

1. 列车冲突时间、地点及现场状态

冲突时间：1997年4月29日10时48分。

冲突地点：京广线1453 km914 m处(荣家湾站内4道)。

事故机车、车辆于5月2日7时48分全部起复，车站恢复正常行车。

2. 人员伤亡及损失情况

(1)人员伤亡情况：这起行车事故共造成死亡126人，重伤48人，轻伤182人。

(2)行车设备损坏情况：机车报废1台，客车报废11辆、大破3辆、中破1辆、小破1辆，线路损坏415 m，直接经济损失415.53万元。

3. 与事故有关的设备现状

信号员在办理324次1道正线通过进路时未发现控制台有任何异状，光带显示正确。事后经查证控制台和解锁盘各部铅封守好齐全；12号道岔反位开通4道，道岔无任何损伤。

4. 列车运行监控记录装置检索情况

324次本务机车DF4型2520号列车运行监控记录装置主机(长机—016)，从机车上封连线卸下后送岳阳机务段转储检索。

记录数据为：

信号显示:324 次列车 9 时 35 分从长沙开车至荣家湾进站信号,全程显示绿灯。

进站速度:荣家湾进站时,每小时 117 km。

列车管风压:荣家湾进站时为 600 kPa,行至 1454 km12 m 处,风压为 550 kPa,3 秒钟内降至零。

撞车位置:1453 km914 m 处。

检索结果表明:324 次列车进荣家湾站时信号显示绿色灯光,就由 1 道正线通过。机车乘务员发现错进轨道时,立即采取了紧急制动措施。

5. 事故原因模拟试验情况

1997 年 5 月 3 日 9 时 03 分至 10 时 26 分,技术调查组根据"4·29"事故调查领导小组批准的"4.29"特大事故调查组模拟试验提纲,对 4 月 29 日 324 次旅客列车与 818 次旅客列车尾部冲突原因进行了现场模拟试验。模拟试验的结果验证了事故发生的原因。

三、事故调查

经过调查、模拟试验及技术分析结果表明,导致这起行车事故的原因及过程是:4 月 29 日 8 时许,长沙电务段荣家湾信号工区工长吴荣忠,安排信号工郝任重、谢兰英对荣家湾站内南端 12 号道岔区段以南的道岔及信号机的电缆盒进行配线整理、加端子牌和内部卫生清扫,吴荣忠自己在信号楼内担任联系。8 时 30 分左右,谢兰英步行来荣家湾站南端 14 号道岔处,开始对 14 号电缆盒进行清扫、加装端子牌编号;郝任重骑自行车来到 12 号道岔处开始进行作业,郝先打开 12 号道岔 XB 变压器箱,半箱内的 1 号端子电缆线甩开,擅自使用二极管封连线,将 1、3 号端子封连(此时 12 号道岔处于定位),而后又将 HZ-24 电缆盒打开,进行配线整理。10 时 22 分,车站办理 818 次旅客列车进 4 道接车线路时,郝任重发现 12 号道岔由定位转至反位，马上打电话问吴"现在上行什么车进 4 道"？吴回答"是 818 次"。吴告诉郝"818 次进站后我要接车"，并要求郝停止作业。10 时 35 分，818 次列车进入 4 道停车后，郝任重又用电话与吴荣忠联系，问"上行还有车吗"，吴回答"上行有车"，但郝任重未及时将二极管封连线卸下，恢复 1 号端子电缆线，而是坐在工具箱上与荣家湾工务工区巡道工彭拔群聊天。10 时 42 分，车站办理 324 次旅客列车 E 道通过进路，控制台Ⅱ道上行进出站信号均显示绿灯，Ⅱ道通过进路显示白光带，12 号道岔显示定位（由于郝的二极管封连线未卸下，甩开的 1 号端子线未接上，故 12 号道岔实际仍处于反位）。当郝任重看到 324 次列车将要进站时，仍未将二极管卸下，恢复 1 号端子电缆线，也不采取拦停列车的措施，而是站在一旁躲车，直至 324 次与 818 次尾部发生冲突。事故发生后，吴荣忠在运转室给郝任重打电话，问郝"是不是你支了什么设备，自己去检查一下"，郝接完电话，急忙回到 12 号道岔 XB 箱处，将二极管封连线卸下，恢复 1 号端子电缆线，骑自行车离开现场。

四、结论

这起事故的直接原因是：长沙电务段荣家湾信号工区信号工郝任重当日在 12 号道岔电缆盒整理配线作业时，瞒过车站值班员，将 12 号道岔 XB 变压器箱内 1 号端子电缆线甩开，致使 12 号道岔在反位时不向定位转动；又擅自使用二极管封连线，将 1、3 号端子封连，造成 12 号道岔定位假表示，破坏了 12 号道岔与Ⅱ道通过信号的连锁关系。郝任重在 818 次列车进站后及发现 324 次列车将要进站时，既不将二极管卸下，恢复 1 号端子电缆线，又不拦停列车，导致本应从Ⅱ道通过的 324 次旅客列车进入 4 道，与停在该道的 818 次旅客列车尾部相撞。

因此，这起事故的直接责任者是长沙电务段荣家湾信号工区信号工郝任重。

五、事故性质

关于这起事故的性质，有两种意见。一种认为这是一起生产过程中的破坏事故，另一种认为这是一起违章作业造成的责任事故。

六、对责任人的处理建议

对在这起事故中构成犯罪的人员，建议由司法机关依法追究其刑事责任，对其他负有责任的有关人员，建议由监察部牵头，原铁道部监察局配合按有关规定作出处理。

七、事故教训和建议

这起事故教训是沉痛的。事故的发生反映了荣家湾信号工区现场作业失控，信号连锁设备缺乏有效的监测手段，当设备遭受人为破坏时，不能得到有效的监测，同时，也暴露出长沙电务段管理不严，防范不力。

为吸取事故教训，建议采取以下措施：

1. 要从思想认识上牢固树立安全第一的观念

在当前铁路运输十分繁忙的情况下，更要正确处理好安全与效益的关系，切实解决好运输生产与设备维修的矛盾，加强安全管理，确保铁路运输安全。

2. 要从技术手段上采取防范措施

要加大科技含量，采用先进的冗余技术，提高信号连锁设备的可靠性。对联锁设备要实行微机监控，实现自动记录、自动报警，最大限度地提高设备的监控水平，防止人为因素造成的事故。

3. 要从强化管理上加强现场作业控制

对影响信、联、增长设备正常使用的维修作业，应严格落实双人作业制度，加强岗位作业互控，车、电部门间的联控。严格维修作业的联系、要点、登记制度，加强日常维修和施工作业的检查指导，堵塞安全管理上的漏网，切实落实各项安全措施。

4. 要改革现行信号维修体制

为解决设备维修与运用的矛盾，要改革现行信号维修体制，改变现在利用行车间隔、零星要点的维修方法，信号设备必要的维修作业纳入月度运输计划或采用开“天窗”的维修方法进行。

5. 要加强安全重点部位的防范

以这次事故为教训，立即在全路范围内广泛深入地开展一场“反违章、防破坏、保安全、保畅通”活动，加强铁路治安保卫和安全重点部位的防范，严格关键工种的人员审查和把关，提高广大职工的政治敏锐性和警惕性，严防破坏，特别要警惕生产作业过程中的破坏。

第五节　中国某航空公司“10・26”空难事故

一、事故概况

1993 年 10 月 26 日，中国某航空公司 MD—82 型 B2103 号飞机执行航班飞行任务，在福州义序机场降落时发生一等飞行事故。机上共 80 人，旅客死亡 2 人、重伤 10 人(其中机组 2 人)。

B2103 号飞机当天执行 MU5398 航班任务，11 时 50 分从深圳起飞，预计到达福州时间 12 时 50 分。12 时 32 分与福州机场塔台建立联系，由左座操纵飞机加入 IGS(仪表引导系统)进近，在 IGS/DME(仪表引导和测距仪)1.7 海里，高度 170 米时飞机状态正常，当航向由 125°转至 78°(着陆跑道方向)时进入云中。由于转弯坡度小，退出转变后(高度约 120 米，距跑道入口约 2 千米)飞机偏右较多(最多时 350 米)，高度也偏高。这时机组向左修正(最小时航向 50°，与跑道夹角 28°)，并收油门下降高度，左座感到自己已修正困难，就将飞机交给右座教员操纵。当飞机距跑道入口约 1 千米时，机组觉得落地困难，决定复飞(此时飞机高度约 20 多米，飞机已接近跑道入口)，机长加油门到复飞推力，并收襟翼，收起落架。由于飞机姿态不稳，高度没有上升，而且还在继续下沉，机长无力使飞机恢复正常状态，又决定迫降。油门在复飞推力上仅停 4 秒钟，又将油门收回。飞机进入跑道 1983 米时机尾擦地，随后机身后部也相继擦地，一直冲到跑道头 385 米处的一个小水塘，飞机折为三段，机头靠在马路边上，朝向约 35°，机尾掉进水塘，飞机报废。

二、对事故调查证实

机组人员技术和身体状况合格；

飞机状态良好，适航；

燃油、滑油、液压油化验结果正常。

天气实况为静风，能见度 4 km，小雨，云底高 900 m，有少量碎云，云底高 270 m，温度 19℃，高度表拨正值 1018 hPa。13 时 00 分，天气实况为静风，能见度 4 km，小雨，云底高 900 m，有少量碎云，云底高 360 m，温度 19℃，高度表拨正值 1017 hPa，不利于降落。

当日该机承载 6858 kg，不超重，配载平衡符合要求。

因此，根据对事故现场勘察和向机组、旅客及目击者调查，本次事故排除非法干扰和人为破坏因素。

从现场勘察看，当日飞机在福州机场由西向东(78°)落地，进跑道 1983 m 机尾首先擦地，偏离跑道中心右侧 0.4 m，在跑道上滑行了 417 m(偏离中心线最多为 18 m)，冲出跑道东头，机尾及机身后部在跑道上划痕由窄变宽(从 0.06 米至 2.6 m)，机尾擦地后飞机逐渐开始破损，在跑道上发现 VHF 天线残片和电子零件残片；冲出跑道 15 米处出现主起落架承力件的碎块和飞机蒙皮碎块，同时开始出现旅客行李散落物。

距跑道东端 95 m 有一条高 1 米，宽 1 米的砂坝，被飞机冲出两条宽 30—50 cm 的宽的缺口，缺口处有飞机结构残片及主起落架轮壳和舱门，距跑道东端 210 m 处飞机前缘缝翼撞掉一部分。

飞机主体残骸停留在跑道东端 385 m 处，机头撞在公路的路基上，机尾在水塘中，机身折为三段。飞机左大翼翼尖失落，右大翼翼尖在 15 m 处折断，襟翼在放出位。飞机前起落架已与机体分离，主起落架仍在舱内，并处于收上位。左、右机翼油箱内仍有大量燃油。

三、事故原因分析

(1)按照福州机场仪表进近程序规定，当 IGS/DME 高度 170 m，距离 1.7 海里机组没有看到跑道时，应该按复飞程序立即拉升，但机组并未执行规定，而是继续盲目进近。

(2)当飞机高度下降到 95 m 机组看见跑道后，发现飞机偏右较多，已不具备着陆条件的情况下，机组仍不复飞，而是大角度、大下降率向左修正，一直下降到 20 m 左右，飞机高度、速度、方向均不正常，机组感到落地困难，才决定复飞。

(3)当加油门复飞 4 s 后，由于发动机延迟性，尚未达到复飞时，飞机下沉，姿态不稳，机组情绪紧张，又将油门收回进行迫降，结果进入跑道 1983 m 才接地，最后冲出跑道。

造成这次事故的原因，是机组违反福州机场仪表进近程序。当下降到最低规定高度不能转为目视的情况下，仍然盲目下降和进近，没有按规定果断复飞，再加之机组配合不好，操纵失当造成了此次事故。

四、从事故原因中得出教训

(1)没有遵守规章制度。福州机场仪表进近程序是依据福州复杂的净空等条件制定的，是复杂的地形和复杂天气情况下的一种特殊进近方式，该机组未按有关最低下降高度规定执行，以致造成严重事故。

(2)没有坚持“八该一反对”。在B2103号机前半小时之内有两架飞机因看不见跑道而复飞，B2103机组也知道前面两架飞机复飞的原因，但并未引以为戒，而且贻误了多次复飞时机，而导致事故。

(3)机长放手量大，机组配合不好。飞机在进近过程中，机长没有随机监控飞机，对副驾驶操纵动作提示少、上手晚。在航迹偏差大、飞机姿态不稳的情况下，副驾驶将飞机交由机长操纵，机长也无能为力。在飞机复飞后，左座副驾驶未按规定将右手扶在油门杆上，而机长认为副驾驶帮助操纵飞机，在机长收起起落架、收襟翼时，造成飞机短时间失控。

(4)当天福州机场12时00分天气实况报少量碎云270 m，13时00分报少量碎云360 m，均高于机场开放标准，而当时有3架飞机进场，下降到规定高度均不能出云或看不见跑道，对此，福州气象和飞行指挥部门应总结教训，改进服务工作。

五、改进安全措施

(1)严格执行仪表进近程序，对机场仪表进近程序和现场着陆的最低标准，每个飞行人员都应不折不扣地遵照执行。在最低下降高度不能转入目视飞行时，必须复飞。

(2)认真贯彻“八该一反对”。“八该一反对”是保证飞行安全的实践经验总结，是贯彻落实飞行规则和有关规定，正确处理飞行中遇到的各种情况的通俗概括，对保证飞行安全至关重要。因此，各级领导，各飞行机组要认真组织学习《关于正确掌握“八该一反对”确保飞行安全的暂行规定》，务必认真贯彻执行。

(3)带飞教员要尽职尽责。起、降过程中，教员要做到手不离杆，脚不离舵，使飞机始终处于教员的监控之下；教员在带飞过程中，要严格掌握放手量，做到早提醒，早纠正，以免贻误时机；当天气复杂，带飞有困难时，应中止带飞，亲自操纵飞机，并对可能遇到的复杂情况应有准备，将机组力量调配至最佳状态。

(4)提高指挥和气象服务质量。在复杂天气情况下，观测人员要随时注意天气情况的变化，提高测报准确性，通过控管人员及时通报机组，并提醒机组注意。

第六节　电石运输火灾事故案例分析

2005年6月28日，黑龙江省齐齐哈尔市昂—榆公路榆树屯中心处，一辆满载40t电石的货车发生电石遇雨引起燃烧的火灾事故，经消防战士冒雨12h的奋力扑救，火灾被扑灭，未发生爆炸事故，造成直接经济损失40多万元，1名押运人员轻伤。

一、事故经过

6月28日清晨，齐齐哈尔市榆树屯地区连降2天的中雨后转为小雨。6时10分，一辆发自内蒙古的装载有40 t电石块体的运输货车，在昂—榆公路榆树屯村中心处检查休整，当货物押运人员胡某检查货物上覆盖的一层塑料布和一层苫布是否捆绑完好时，发现货车的中后部的几处地方正在冒出烟气，急忙走近查看，看见电石上的覆盖物被划开几道裂缝，雨水正不断灌进车厢，导致电石遇水发生燃烧，生成的带有恶臭味的烟气从裂缝中冒出来。见此情景，胡某与司机2人，拿着铁锹，爬上车厢，掀开电石覆盖物，准备将失火的电石清除掉，但是，只挖了几锹，胡某就觉得脚下发烫，同时覆盖物下面冒出越来越浓的恶臭气味，令人难以承受，2人急忙跳下车去，拨打火警电话求助。

消防队员赶到后，电石车厢附近已是浓烟四起，热浪袭人，他们一方面迅速展开扑救，先用干粉灭火剂将火势控制住，用吊车将货车车厢倾覆，派人冒险将货车车头部开出失火现场，然后马上组织人力，将地面的电石尽量摊开，将电石灰烬推到路边的排水沟中。另一方面为防止气体中毒事故和杜绝附近出现明火，及时与当地公安部门联系，紧急疏散现场附近居民700多人。在经过消防战士连续12 h的雨中奋战之后，火灾被扑灭，险患险情得以排除。

二、事故原因分析

电石的化学名称为碳化钙，工业用品多为灰、黑或黄褐色块状物。电石遇水反应生成乙炔气体和氢氧化钙，乙炔气体与空气混合在一定浓度条件下遇到火花即发生爆炸。电石中所含杂质与水同时发生反应，生成有恶臭味的有毒硫化氢气体。在危险化学品分类中，电石属一级遇水燃烧物品。在电石的生产、储存、运输等环节中，严禁雨淋、水浸、受潮。当电石发生燃烧和爆炸时绝对不能用水灭火，只能用干砂、干粉灭火剂扑救。经调查分析，本次事故的原因如下：

1. 货主获利心切，冒险托运

据事后了解，这车电石在装车时，当地就在下雨，但货主为图短期获利，只在确认收货地当时没有下雨的情况下，强求货车司机开车上路。

2. 货车司机缺少经验，贸然承运

在承运此次货物之前，这位货车司机用自己的新货车只承运过一些普通的货物，没有运输过危险化学品的经历。在缺乏经验的情况下，听从货主命令，在对电石进行了货主认为妥当的覆盖之后，贸然在雨中出发，进行禁水危化品的运输。

3. 押运人员缺乏责任意识

胡某作为此次货物运输的押运人员，未尽职守，疏于对货物的认真查看，致使火灾隐患未被及时发现和排除，以致酿成这次事故，并致被灼伤的后果。

三、预防措施

(1)加强“三危”物品的安全管理宣传教育,认真贯彻执行《危险化学品安全管理条例》各项规定,加强危化品生产、储存、运输、使用各环节的安全检查,切实保障人民生命财产安全。

(2)对于从事危化品工作的相关人员,可采取多种措施,进行相关法律、法规、规章、安全知识和紧急救援知识的教育培训,对于故意违反者给予严惩。

(3)对于发生的各类事故,严格按照“四不放过”的原则,进行严肃处理,决不姑息迁就。

第七节　药品仓库特大火灾事故案例分析

2005 年 11 月 8 日 4 时 30 分,陕西安康市汉滨区长寿医药连锁有限公司药品仓库发生火灾,烧毁仓库的 9 间库房和 1 座简易库房,过火面积 588 平方米,烧毁大量中西药品及两辆货车等物品,直接经济损失 192.7 万元。起火原因系空调线路短路所致。

一、基本情况

安康市长寿医药连锁有限公司属民营企业,注册资本 80 万元,法人代表陈吉平,主要经营中西药品及医疗器械。该公司的仓库位于安康市育才西路 129 号,主要储存中西药品及医疗器械。该仓库的产权单位为安康南枫工贸有限公司,该建筑始建于 1971 年,占地面积 588 m^2,共有 9 间库房和 1 座简易库房,为单层砖木结构,长 49 m,宽 12 m,高 3.5 m,耐火等级为三级,库房外有室外消火栓 1 个、4 kg 干粉灭火器 6 具。在其东面为停车场地,西面与安康市缫丝二厂锅炉房一墙间隔,南面与安康市喜洋洋育才路分店的货品库房毗连，北面紧连安康市汽车配件厂的配件库房。

2003年，长寿医药公司与当时该仓库的产权单位安康市汽车配件厂签订了2003年10月15日至2006年10月15日的仓库租赁合同，2005年，汽车配件厂将该仓库的产权转卖给安康南枫工贸有限公司，长寿医药公司改租安康市南枫工贸有限公司的简易库房，租期一年（属续签合同）。该仓库所有药品、烧损车辆分别在中国人民财产保险股份有限公司（投保金额80万）、中华联合财产保险公司、永安财产保险股份有限公司进行了投保。

该药品存储仓库在投入使用前，未向消防部门申报安全检查，也未被列入消防安全重点单位，由于该仓库位置隐蔽，投入使用后，失控漏管。

二、火灾经过及扑救情况

1. 火灾经过

11月8日4时30分仓库发生火灾，4时32分安康市汉滨区公安消防中队接到报警后，出动3辆消防车（东风-140水罐车、解放-141水罐车、黄河6吨位水罐消防车）、40人赶赴现场，4时37分到达现场，同时调集中国水利水电三局企业消防队消防车（东风-140）1辆、队员3人前往增援。由于建筑属砖木结构，空间大，可燃物多，火势蔓延迅速，加之东面是空地，空气充足，周围道路狭窄，进攻路线少，玻璃碎片多，水源缺乏，给扑救工作带来很大困难。消防中队到场时火势已进入猛烈燃烧阶段。为迅速控制火势，首先到场的官兵用2支水枪从正面进攻，后继官兵到场后又组织2支水枪分布在仓库的东南面，将蔓延的大火隔离，确保了喜洋洋育才路分店仓库的安全。经过消防官兵近40 min的奋力扑救，大火被有效控制，6时30分被完全扑灭，周围群众及参战官兵无人员伤亡。

2. 火灾损失

这次火灾烧毁砖木结构库房（单层）9间、面积388平方米、简易库房面积 200 平方米、中西药品、两辆货运车被烧损，无人员伤亡，直接经济损失 192.7 万元。

三、火灾调查处理情况

1. 火灾原因

这起火灾起火部位位于北侧第二间库房后半部，起火点位于吊顶内，起火原因为空调线路短路所致。

2. 处理情况

依据有关法规，将对这起火灾事故的责任人、责任单位作出处理，有关处理事宜正在进行之中。

3. 存在问题

(1)单位主管领导不重视，法律意识淡薄。作为药品仓库于 2003 年投入使用，中途曾装修过一次，存放的医药属易燃可燃物品，且存放量大，应列入重点单位，但该公司自投入使用以来并未向消防部门进行申报，装修也未经消防部门审核和验收，单位主管领导对消防工作不重视，法律意识淡漠。

(2)消防安全管理混乱。长寿医药公司与安康市南枫工贸有限公司在承租合同中签订的协议虽然包含了消防内容，但管理流于形式。该仓库值班员擅自脱离岗位，不按消防安全管理规定履行职责，也未对仓库进行巡视检查。自 2004 年春节前长寿医药公司检查过一次电器线路之外，再未对仓库进行经常性的安全检查。起火时无人在场，是东面家属楼上的居民听见仓库医药瓶爆破声并发现火苗后才向消防中队报的警。由于未及时报警，火灾蔓延迅速，消防中队到场时火势已进入猛烈燃烧阶段。

(3)城市公共消防设施建设滞后，水源不足。发生火灾后，该仓库仅有一个室外消火栓，且水压不足，消防车取水耽搁了灭火时间。

(4)消防力量不足，装备落后。这次灭火出动中队仅有的 3 辆消防车，由于火势大，又抽调企业消防队 1 辆消防车，充分暴露出现有车辆装备严重短缺。

(5)消防监督力度不够大。该仓库从 2003 年投入使用后，消防机构在历次火灾隐患整治和专项治理中都未能发现并将其列入重点单位。由于人员少、仓库位置隐蔽、监督检查不及时、不到位，出现失控漏管。

四、改进措施

(1)进一步加强社会消防安全责任制的落实，建立消防安全自查、火灾隐患自除、法律责任自负的消防安全管理机制。

(2)强化公众消防法制观念，提高对消防安全重要性认识，杜绝违法违章行为，建立健全和落实岗位防火责任制。

(3)依靠政府加大城市公共消防设施的建设力度，扭转消防设施严重“欠账”的局面。

(4)通过多种渠道筹集资金，解决公安消防部队装备严重不足的问题，满足灭大火、救大灾的需要。

附件　安全标志(GB 2894—2008)

一、禁止标志

禁止标志是禁止人们不安全行为的图形标志。其几何图形为带斜杠的圆环,背景为白色,斜杠和圆环为红色,图形符号为黑色。禁止标志如下图所示:

禁止启动
No starting

禁止合闸
No switching on

禁止转动
No turning

禁止叉车和厂内机动车辆通行
No access for fork
life trucks and other
industrial vehicles

禁止乘人
No riding

禁止靠近
No nearing

禁止入内
No entering

禁止推动
No pushing

禁止停留
No stopping

禁止通行
No throughfare

禁止跨越
No striding

禁止攀登
No climbing

禁止跳下
No jumping down

禁止伸出窗外
No stretching out of the window

禁止倚靠
No leaning

禁止坐卧
No sitting

禁止蹬踏

禁止触摸
No touching

禁止伸入
No reaching in

禁止饮用
No drinking

禁止抛物
No tossing

禁止戴手套
No putting on gloves

禁止穿化纤服装
No putting on chemical fibre clothings

禁止穿带钉鞋
No putting on spikes

禁止开启无线
移动通讯设备

禁止携带
金属物或手表

禁止佩戴心脏
起搏器者靠近

禁止植入金属
材料者靠近
No access for persons

禁止游泳
No swimming

禁止滑冰
No skating

禁止携带武器
及仿真武器
No carrying weapons
and emulating weapons

禁止携带托运
易燃及易爆物品

禁止携带托运
有毒品及有害液体

禁止携带托运
放射性及磁性物品

二、警告标志

警告标志是提醒人们对周围环境引起注意，以避免可能发生危险的图形标志。其几何图形是正三角形，图形背景为黄色，三角形边框及图形符号均为黑色。警告标志如下图所示：

当心机械伤人
Warning
mechanical injury

当心塌方
Warning collapse

当心冒顶
Warning roof fall

当心坑洞
Warning hole

当心落物
Warning falling object

当心吊物
Warning overhead load

当心碰头
Warning overhead load

当心挤压
Warning crushing

当心烫伤
Warning scald

当心伤手
Warning injure hand

当心夹手
Warning hand pinching

当心扎脚
Warning splinter

当心有犬
Warning guard dog

当心弧光
Warning arc

当心高温表面
Warning hot surface

当心低温
Warning low temperature/
freezing conditions

当心磁场
Warning magnetic field

当心电离辐射
Warning ionizing radiation

当心裂变物质
Warning fission matter

当心激光
Warning laser

当心微波
Warning microwave

当心叉车
Warning fork lift truck

当心车辆
Warning vehicle

当心火车
Warning train

三、指令标志

指令标志是强制人们必须做出某种动作或采用防范措施的图形标志。其几何图形是圆形，背景色是蓝色，图形符号是白色。指令标志如下图所示：

必须戴防毒面具
Must wear gas defence mask

必须戴护耳器
Must wear ear protector

必须戴安全帽
Must wear safety helmet

必须戴防护帽
Must wear protective cap

必须系安全带
Must fastened safety belt

必须穿救生衣
Must wear life jacket

必须穿防护服
Must wear protective clothes

必须戴防护手套
Must wear protective gloves

必须穿防护鞋
Must wear protective shoes

必须洗手
Must wash your hands

必须加锁
Must be locked

必须接地
Must connect and earth terminal to the ground

四、提示标志

提示标志是向人们提供某种信息(如标明安全设施或场所等)的图形标志。其几何图形是长方形,底色为绿色,图形符号及文字为白色。提示标志如下图所示:

击碎板面
Break to obtain access

应急点
First aid

应急电话
Emergency telephone

紧急医疗站
Doctor

参考文献

[1] 海峰,张丽立,孙淑生. 我国现代物流产业政策体系研究[J].武汉大学学报(哲学社会科学版),2005(5).

[2] 许唯. 贯彻“安全第一,预防为主,综合治理”安全生产工作方针的思考[J].安装,2011(7).

[3] 崔国璋等. 安全生产基础知识(第三版)[M]. 北京:中国劳动社会保障出版社,2010.

[4] 刘清,徐开金. 交通运输安全[M]. 武汉:武汉理工大学出版社,2009.

[5] 储雪俭. 物流配送中心与仓储管理(第 2 版)[M]. 北京:电子工业出版社,2010.

[6] 公安部交通管理局. 道路交通事故处理工作手册[M]. 北京:中国人民公安大学出版社,2009.

[7] 陈玉广,刘立文. 突发事故应急救护[M]. 北京:中国人民公安大学出版社,2009.